生物多样性与传统知识丛书

U0227045

遗传资源及相关传统知识获取与惠益分享案例研究

主　编　薛达元

副主编　赵富伟　武建勇　李方茂　周玖璇

中国环境出版社·北京

图书在版编目(CIP)数据

遗传资源及相关传统知识获取与惠益分享案例研究 /
薛达元主编. —北京：中国环境出版社，2014.8
　（生物多样性与传统知识丛书）
　ISBN 978-7-5111-1987-2

　Ⅰ.①遗… Ⅱ.①薛… Ⅲ.①生物资源—种质资源—
研究　Ⅳ.①Q311

中国版本图书馆 CIP 数据核字（2014）第 160099 号

出 版 人　王新程
责任编辑　张维平
封面设计　宋　瑞

出版发行　**中国环境出版社**
　　　　　（100062　北京市东城区广渠门内大街 16 号）
　　　　　网　　址：http://www.cesp.com.cn
　　　　　电子邮箱：bjgl@cesp.com.cn
　　　　　联系电话：010-67112765（编辑管理部）
　　　　　　　　　　010-67112738（管理图书出版中心）
　　　　　发行热线：010-67125803，010-67113405（传真）
印　　刷　北京市联华印刷厂
经　　销　各地新华书店
版　　次　2014 年 11 月第 1 版
印　　次　2014 年 11 月第 1 次印刷
开　　本　787×1092　1/16
印　　张　18.5
字　　数　430 千字
定　　价　72.00 元

前　言

　　1992 年，168 个国家签署了世界环境与发展领域的重要法律文件——《生物多样性公约》（Convention on Biological Diversity，CBD），至今已经有 193 个国家成为公约的缔约方。CBD 确定了三个主要目标，即：① 保护生物多样性；② 促进其组成部分的可持续利用；③ 公平合理地分享因利用遗传资源所产生的惠益。20多年来，CBD 为了实现前两个目标，付出了许多的努力，也取得了丰硕的成果。然而，CBD 的第三个目标即公平合理的惠益分享并未实现，遭人诟病的"生物海盗"（Bio-piracy）现象并没有得到缓解。发达国家仍在凭借其先进的科技和雄厚的财力，未经发展中国家尤其是土著和地方社区的事先知情同意，收集和利用它们的遗传资源及相关传统知识，获取巨大的经济和社会效益。2010 年，历经 10 年博弈，发达国家和发展中国家终于在日本名古屋达成了历史性的《关于获取遗传资源和公正、公平分享其利用所产生惠益的名古屋议定书》（Nagoya Protocol，NP）。《名古屋议定书》的签署和生效，标志着惠益分享时代的来临。

　　我国生物多样性丰富，民族文化异彩纷呈，各族人民在数千年的生产和生活实践中创造和传承着大量传统知识，保存和保育了大批重要生物遗传资源。然而，由于外来文化冲击、管理制度不健全、保护意识不高等原因，我国生物遗传资源及相关传统知识长期遭受生物海盗的剽窃，流失形势十分严峻，国家和地方社区作为生物遗传资源及相关传统知识的持有者其权益受到严重侵害。《名古屋议定书》要求各国采取立法、行政和政策措施，促进公平分享因生物遗传资源及相关传统知识利用所产生的惠益，遏制生物剽窃现象，这为有效保护我国生物遗传资源及相关传统知识提供了很好的契机。2010 年国务院发布实施《中国生物多样性保护战略与行动计划（2011—2030 年）》，把制定生物遗传资源及相关传统知识的获取与惠益分享制度作为战略目标、战略任务、优先行动和优先项目，计划未来20年内逐步建立并完善我国生物遗传资源及相关传统知识的获取与惠益分享制度。

为应对国际国内新形势，满足国内生物遗传资源及相关传统知识保护的现实需求，环境保护部近年在实施"生物多样性保护"专项的过程中，委托环境保护部南京环境科学研究所、中央民族大学生命与环境科学学院等单位开展生物遗传资源及相关传统知识获取与惠益分享案例调查和研究，重点调查贵州、云南、湖南等省少数民族地区生物遗传资源及相关传统知识的开发利用现状，尤其是获取与惠益分享现状，针对性地提出生物遗传资源及相关传统知识获取与惠益分享监管的政策建议。本书集合了自2010年以来调查到的17个案例，分别涉及特色农作物、经济作物、畜禽、蔬菜、传统医药等生物遗传资源及相关传统知识，收集到大量的第一手资料，为国家制定获取与惠益分享制度、政策提供重要的科学支撑。

参加调研和撰写研究报告的人员及单位详见各章节末尾的署名，主要有薛达元、赵富伟、武建勇、李方茂、周玖璇、李丽、李发耀、杨胜文、韦祥龙、李俊年、蒙祥忠、杨钮、戴蓉、雷启义等。在野外调查和研究工作中，得到贵州、云南、湖南等地方政府的积极支持和帮助，特别是各少数民族群众的无私帮助，在此一并致谢。

本书作者专业不尽相同，在个别学术问题上看法不尽一致。可以求同存异，各章文责自负。由于编者水平有限，书中不免存在不少缺点和错误，希望读者批评指正，以便今后修改提高。

编　者

2014年6月·南京

目　录

案例研究一
黎平香禾糯惠益共享

一、黎平香禾糯概况

黎平侗族香米（黎平香米）是贵州省黔东南州黎平侗族群众世代选育、种植的传统水稻品种，是糯稻的一个品种，故又称"香禾糯"，被联合国粮农组织（United Nations Food and Agriculture Organization，FAO）列为世界特种稻米。糯稻在中国民间有大小糯种分类体系，香禾糯属于大糯范畴，有"糯中之王"美誉。香禾糯有"满寨香"之誉，意为"一家蒸饭，满寨飘香"。黎平香米选用黎平侗族社区传统优良糯稻品种，在黎平县特殊的地理环境生长，在传统的"稻—鱼—鸭共生农业生态系统"中育种、栽培、精加工而成。

图 1-1　侗家姑娘正在采收成熟的香禾糯（李发耀摄影）

黎平香米是一个包含着数个品种类别和类属层次的种群系列，大体可分为五大类别，每个大类之下又有至少 1～3 个品种级别。生长期从 60～170 d 不等。据调查，黎平香米目前保存的品种有 18 个（见表 1-1）。

表 1-1　黎平香米遗传资源品种（黄岗、坑洞）

序号	汉语名称	侗语名称
1	列珠糯	Kgoux lieec jus
2	六栓天	Kgoux liogc xebc maeml
3	矮绍朝糯	Kgouq jimn saos taemlc
4	高绍朝糯	Kgoux jmil saot pangp
5	得伍糯	Kgou dees mgax
6	杉树皮糯	Kgoux biic pagt
7	黄芒糯	Kgoux bieengh mant
8	万年糯（或古糯）	Kgoux weenh
9	金洞糯	Kgoux kgoux
10	红禾糯	Kgouq hongq hoq
11	森山糯	Kgoux yingc longl
12	小牛毛糯	Kgoux bienl guic lagx
13	龙图糯	Kgoux bieengh liongcluc
14	高千糯	Kgoux gaos tinp
15	六十天糯	Kgoux liogc xebc maenl
16	香禾糯	Kgoux yangc dangl
17	三尾糯	Kgoux yangc sanp semp
18	老牛毛糯	kgoux bienl guic laox

近年来，黎平香米因品质特殊，逐渐声名远扬。市场价格一路上涨，从 2007 年的 7 元/kg 上涨到 2012 年的 30 元/kg。目前，在政府和各界人士的推动下，已经成立了香禾糯协会，完成产品的商标注册、地理标志注册、省级地方标准制定等工作，确立了以 oux yongc（榕禾），oux beens（筊须禾），oux weenh（王禾），oux yeel（蛙禾），oux lix jus（雷株禾），oux naeml liagp（冷水禾）等六个品系为主的黎平香米地理标志产品保护制度。

二、开发与惠益分享现状

黎平香米品种、品系繁多，但产品开发较为成熟的仅"长芒白香禾"。"长芒白香禾"是黎平香米中的一个优良品种，该产品米粒椭圆形，圆润饱满，色泽洁白，有自然清香，食用柔软可口，浓香扑鼻，蛋白质、氨基酸含量较高。当前"长芒白香禾"的种植面积占整个侗族地区香米总面积的 80%左右。

黎平县香禾糯协会负责黎平香米的生产种植。该协会成立于 2007 年 3 月，是以双江乡坑洞村香禾糯协会和黄岗村香禾糯协会为基础共同推举产生的，协会制订相关管理章程，并在县民政局通过审批和正式注册。在县香禾糯协会成立以后，两村的协会成员仔细地分析了开发香禾糯资源面临的机遇和挑战，在此基础上制定村级专业协会的长远目标和年度任务。最初坑洞村协会计划建成一个规模达到 100 hm²（1 500 亩）的香禾糯生产基地，黄岗村计划建设达到 66.7 hm²（1 000 亩）的香禾糯生产基地，而后逐渐扩展到相邻的侗族村寨。协会决定按照有机农产品的生产技术标准来建设香米生产基地，打造侗乡香米品牌。通过民主选举，坑洞村吴光杰当选县香禾糯协会会长，黄岗村吴成龙当选为县香禾糯协会常务副会长，黄岗村的吴启兴和坑洞村的吴永梅当选为县香禾糯协会副会长。香米协会在国家工商总局注册香米商标"古芭丹"，并在国家质量监督检验检疫总局申请实施地理标志产品保护。

黎平香米的精加工和销售由黎平侗乡米业有限公司负责。该公司于 2003 年 12 月成立，是一家集水稻基地种植、订单收储、加工配组、市场营销、酿造、养殖于一体的股份制企业，是省级农业产业化经营重点龙头企业。公司地处贵州省黎平县德凤镇五里桥，占地 2 hm²（30 亩），拥有两个生产厂区和两条精制稻米生产线，日生产能力达 150 t，资产总额注册资金 150 万元，资产总额 3 850 万元，现有员工 85 人，粮食经纪人 300 余人。该公司是黔东南州最大的民营粮食加工企业，被省农发行评为 AA 级信用企业。黎平侗乡米业有限公司从 2007 年开始，以订单农业的方式，在黎平香米的核心生产区——双江乡的坑洞村和黄岗村，岩洞镇的铜关村、竹坝村、寨拱村、述洞村和高掌村——采购香禾，经过精加工投入市场。黎平香米产品投入市场，即在省内外引起强烈反响，经过几年的发展，"黎平香米"品牌知名度不断提高。到 2011 年，黎平香米种植范围已经超出坑洞、黄岗两村的范围，种植基地面积达 1 733 hm²（2.6 万亩），实现产值 9 520 万元，促农增收 2 500 万元。香米在促进农民增收的同时，已经成为黔东南地区的一大特色产业——香米产业。

黎平香米的开发利用链条包括六个环节：香米订单（公司）—组织生产（协会）—种植香米（农民）—组织与运输（协会）—加工香米（公司）—销售香米（公司）。

（一）香米订单

侗乡米业公司根据香米市场的发展情况进行香米销量规划，然后按照预计销量安排香米生产任务，将生产任务以年度订单形式细分到香米生产区域，各香米生产区根据香米订单安排生产。在这个环节中，侗乡米业公司加工和销售香米产品，控制香米在市场的大部分利润。

香米订单内容如下：
黎平县侗乡米业有限公司（以下简称甲方）
黎平县香米协会（以下简称乙方）

1. 乙方应在双江乡坑洞村、黄岗村基地种植香米，面积为 1 500 亩（1 亩=1/15 hm²）以上，乙方应筛选白香禾等系列优质品种，乙方在栽培技术方面必须按照传统栽培技术规程操作，确保香禾品质。

2. 甲方以订单方式向乙方收购香禾糯 550 t，订单收购保护价为 8 元/kg。

3. 乙方所种植的订单香禾糯，不得销售给任何单位和个人，如农户留不足口粮时，乙方愿意自行调剂。

4. 质量要求：甲方允许水分在 14%、杂质在 2% 以内。乙方按相关种植技术要求种植香禾糯，不能掺杂使假，如掺杂其他品种，甲方将按常规稻品种价格收购。

5. 交货地点：甲方仓库。以甲方过磅数量为准，数量较大的由甲方向乙方提供包装物。上车费、过磅费、运输保险费收由乙方支付，甲方支付乙方 0.6 元/kg。

6. 甲方不得拒收限收乙方粮食，做到热情接待，服务周到，随到随收，不得无故拖欠乙方货款。

7. 本合同一式两份，双方各执一份。其他未尽事宜，双方协商解决。

甲方法人代表：×××   乙方法人代表：×××

（二）组织香米生产

黎平香米协会根据公司的香米订单任务，以组织者的角色组织各村民小组和农户生产香米。香禾糯协会起初设立有坑洞村和黄岗村两个香米生产基地，承担香米生产的主要任务指标。近年来，随着香米市场的日益扩大，传统的香米生产区域也在逐渐呈恢复性发展，包括邻近的岩洞镇、乜洞乡，以及从江县的占里乡和小黄乡等，也纷纷加入商品香米的生产行列。香米生产统一以协会方式约定，规定当年香米生产的数量、品种、管理、质量要求、采购方式等，香米的相关任务及利益分配管理按香米协会章程内容执行。

（三）种植香米

农民按订单任务种植香米，其种植依据是国家质量监督检验检疫总局发布的《香米香禾糯质量技术要求》。立地条件，要求选择在海拔 300～800 m，水源条件好，排灌方便的冷、阴、烂、锈稻田和坡榜梯田种植，土壤主要为黄泥土、石灰土、潮土。栽培管理包括：水稻育秧，一般在 3 月中旬至 4 月上旬。采取湿润育秧、旱育秧均可。将秋收时预留种经晒种 1～2 d，用泥水或盐水选种，然后浸种、催芽，即可播种。湿润育秧净播种量每亩为 15～20 kg；旱育秧的净播种量每亩为 60～70 kg。水稻移栽：旱育秧的移栽叶龄 4.5～6 叶；湿润育秧的移栽叶龄 6.5～8 叶。栽插方式采取宽窄行或宽行窄株栽插，每穴 2～3 株，每亩保证落田苗 6 万～8 万株以上。栽培模式采用"稻—鱼—鸭共生"的传统生态农业模式，在秧苗 3 叶期后进行放入 15～20 日龄雏鸭共育，每亩放养 10～12 只；每亩可放养 4 cm

长鲤鱼苗 60～70 尾。在水肥管理方面采取"浅水栽秧、深水活棵、薄水分蘖、湿润灌溉"。总茎蘖苗达到适宜穗数的 80% 时，分次断水搁田。孕穗期保持浅水层，抽穗至成熟期采取湿润灌溉，收割前 7 d 断水。施肥以底肥为主，少施或不施追肥，禁止施用化肥。翻耕前每亩稻田施用 2 000～2 500 kg 农家粪肥作基肥，追肥宜采用"前重、中轻、后补"的原则，可用农家肥、饼粕、沼肥、饼粕和生物有机肥；始穗期可用沼液喷施叶面肥。香米的收获在 10—11 月适时收获，将摘下的禾捆成禾把晾晒在禾晾上 1 个月左右，使水分含量≤14.5%，按品种单收获单脱粒后进行晒干。

图 1-2　金灿灿、沉甸甸的香禾稻穗（李发耀摄影）

（四）协会组织与运输

每年 11 月后，协会按照公司的订单任务要求，到各香米生产区域将农户晒干的香禾谷集中运输到公司加工基地，公司按照订单协议价格和 0.6 元/kg 管理费付给香禾糯协会，协会按照生产清单进行资金分配安排。

（五）公司加工香米

香米加工和香米包装：香米加工按照规定的感官指标和理化指标进行，感官指标要求具体内容是色泽洁白不透明，有光泽，气味具有自然的清香味，口感蒸煮时浓香四溢，口感绵软香甜、细腻，黏而不腻，回味甘纯，组织形态米粒椭圆形，圆润饱满；饭粒完整、洁白，弹性好，表面有油光，冷凉后仍保持良好口感和柔软度，久放不馊。理化指标要求的具体内容：水分≤14.5%，直链淀粉（干基）≤1.8%，胶稠度 100 mm，蛋白质 7.0%～9.5%，白度 3 级，阴糯米率 ≤2.0%，碱消值≥7 级。在具体的产品加工执行过程中，感官要求按 GB/T 5492，采用目测、鼻嗅、品尝等方法判定；加工质量的精度按 GB/T 5502 规定执行；加工黄粒米按 GB/T 5496 规定执行；加工不完善粒按 GB/T 5494 规定执行；加工杂质按 GB/T 5494 规定执行；加工碎米按 GB/T 5503 规定执行；水分按 GB/T 5497 规定执行；直链淀粉按 GB/T 15683 规定执行；胶稠度按 GB/T 17891 规定执行；蛋白质按 NT/T3 规定执行。最后，公司将香米进行产品包装设计，其中包装上印制黎平香米协会注册的"古芭丹"商标。协会作为地理标志申请主体，支持公司在包装上印制"中华人民共和国地理标志产品"标识，公司利用自身的大米销售网络在市场组织香米产品销售。

（六）销售香米

公司负责香米产品的销售，盈亏自负。

在香米遗传资源获取和惠益分享的链条中，存在香米的种子利益（种子权利益）、种植利益（初加工利益）、香米的品牌利益（市场利益）、香米的深加工利益（附加值利益）、香米的政策利益（隐性利益）、香米的可持续开发利益（战略利益）等六个利益节点。目前公司占据香米惠益分享链条的核心位置，公司进行香米市场品牌建设，农民按要求种植香米，协会统筹管理，三个角色互相配合。公司使用香米的商标"古芭丹"和地理标志标识"黎平香禾糯"，每年给予县香禾糯协会一定费用。从数据上看，黎平香米每年能产出不少于 55 万 kg，可加工成成品米 40 万 kg 左右，按照当前香米市场价格 30 元/kg 计算，香米产值大约是 1 200 万元，再加上数十万千克的米糠产值，黎平香米的最终产值最后会达到 1 300 万元。

农民收益＝香禾谷 8 元/kg×40 万 kg+0.6 元/kg×55 万 kg（协会运输费与管理费）

　　　　　＝353 万元

显然，农民虽然也受益，但不是主体利益。市场信息不对称，市场行为能力不对等，导致产区（尤其是核心产区）的农户的利益没有真正体现出来，他们是黎平香米的传统育种人。

三、香禾糯管理现状

黎平香米现有管理能力主要有：产品地方标准执行能力、地理标志产品质量技术要求执行能力、地理标志产品管理办法推行能力、侗族习惯法对香米遗传资源的管理能力、香米协会的市场行为能力等。

图 1-3　侗寨香禾糯丰收（李发耀摄影）

（一）政府部门对黎平香米遗传资源的管理能力

2008 年，黎平县农业局牵头制定了《黎平香禾糯》（DB 52/541—2008）省级地方标准。该标准起草团队成员包括乡土知识专家、水稻专家、农学专家、农业标准化专家、知识产权专家等。经过数次公开讨论，社区意见反馈与修订，在贵州省农业厅和贵州省质量技术监督局的组织评审下，该标准得以正式发布，成为贵州省的省级地方标准。它规定了黎平香米的术语和定义、品质要求、试验方法、检验规则、标志、标签、包装、运输、贮存，另外还附加规定了黎平香米的产地环境：日照、气温、地形、降水、土壤、水源、环境空气，适用于黎平香米的生产和经营。该标准所称"黎平香米"是指选用黎平传统优良糯稻品种，在黎平县特殊的地理环境生长，利用传统"稻—鱼—鸭共育生态农业"管理技术，经加工精制而成。米粒椭圆形，圆润饱满，色泽洁白，有自然清香，食用柔软可口，浓香扑鼻，其蛋白质、氨基酸较高的优质稻米。该标准以香米协会为推行主体，实施进展顺利。

2009 年，黎平县政府向国家质检总局成功申请实施了"黎平香米"地理标志产品保护。国家质检总局颁布了黎平香米地理标志产品保护的质量技术要求，规定了香米的名称、种源、地理标志产品保护范围、立地条件、种植、采收、加工、感官指标、理化指标等质量技术要求，并强制性执行。2011 年，黎平县质监局牵头制定并推进实施《黎平香禾糯地理标志产品管理办法》，办法根据《中华人民共和国食品安全法》《中华人民共和国标准化法》和《地理标志产品保护规定》等法律法规，提出黎平香米的具体保护实施内容。《黎平香禾糯地理标志产品管理办法》对黎平香米地理标志产品管理机构及其职能职责进行了明确规定，进一步规范了香米地理标志产品专用标志的申请、使用的工作流程，对香米产品的质量要求、生产加工和销售环节提出了严格的规范。《黎平香禾糯地理标志产品管理办法》有效保护了黎平香米知识产权权益，推进实施了黎平香米的地理标志产品产业。

以上法规政策的执行状况总体良好，在一定程度上对黎平香米产生了积极的可持续性的保护影响。

（二）侗族社区对黎平香米遗传资源的管理能力

侗族社区主要通过习惯法来管理香米的遗传资源。侗族是分布在我国湘、黔、桂三省（区）的一个古老民族，其传统文化源远流长。侗族习惯法历史悠久、功能齐全、权威性极强。它在传统社会中扮演着保障生存、劝教戒世、扬善抑恶、抵御外敌的角色。"侗款"具有原始契约的色彩，在很多地方有特殊的社区调和功能，可以在香米生产种植中发挥一定重要的作用。在香米种植的核心区域，侗族习惯法依然能够发挥很大作用，具体内容包括：规范的立约、古老的"口诵法"、原始的"石头法"、流行的"栽岩法"、初生的"成文法"、款碑款约。

（三）香米协会与公司不对称的市场行为能力

目前，只有黎平侗乡米业有限公司在开发黎平香米的精加工和销售。由于香米资源开发具有垄断性质，香米产品的中后期市场设计主动权掌握在公司，而香米协会则处于弱势地位。以商标为例，"古笆丹"商标是香米协会于 2007 年在国家工商局正式注册的，在协会的弱势地位下，商标的使用权已经让渡到公司。按照注册商标的功能分析，"古笆丹"商标已经获取商标专用权，这是在核准注册的情况下取得的商标专用权利保护。

商标注册可以防止他人使用相同或近似商标。香米种植区域对"古笆丹"商标是普遍认同的，按照商标法规定，"古笆丹"商标注册的意义有以下几点：

（1）显著性：指其区别于具有叙述性、公知公用性质的标志；区别于他人商品或服务的标志，便于消费者识别；

（2）排他性：指注册商标所有人对其商标具有专有权、独占权、禁止权；未经许可，他人擅自使用即构成侵犯商标权；

（3）价值性：商标代表商标所有人生产或经营的质量信誉和企业形象，商标所有人通过商标的创意、设计、申请注册、广告宣传及使用，使商标具有了无形价值，将使商品和服务的附加值得到不断的提升；

（4）竞争性：是参与市场竞争的工具。商标知名度越高，其商品或服务的竞争力就越强，是为企业可持续发展提供保障的主要因素。

注册商标专用权包括商标使用权和商标禁止权两个方面。商标使用权，是指商标所有人在商标局核准的商品或服务项目上使用其注册商标的权利。商标禁止权，是指商标所有人可以禁止其他单位或个人，未经许可擅自在与核准商品或服务项目相同或类似的商品或服务项目上使用与其注册商标相同或相似商标的权利。黎平香米商标转让事件反映香米协会市场行为能力亟待提高。

图1-4　黎平香米品牌——"古笆丹"（雷启义摄影）

四、获取与惠益分享模式

（一）黎平香米利益相关方分析

黎平香米产业是一个多方参与的综合项目。从参与主体看，包括：香米种植社区村民（育种者与种植者），侗乡米业开发有限公司及其他支持香米遗传资源开发的企业，黎平县香禾糯协会，其他社区组织（包括：各种植香米的自然界村的村委会、老人协会、农民专业合作社、妇女协会等），基层政府（包括县/乡政府及职能部门），行动援助组织，香米遗传资源研究者。从获益对象看，是以香米经营者为核心受益主体的多方利益联系体。从获益方式看，有直接方式与间接方式，直接获益包括香米遗传资源种群保护，香米地理标志产品保护，香米产品市场销售，香米产品质量标准控制，香米市场价格提升；间接获益包括香米育种者利益，香米品牌市场利益，香米协会内部利益分配，不同香米社区利益竞争，新的农民专业合作社成立，香米产业链利益，研究者利益，消费者利益。

不同利益相关方的获益途径不同：

（1）香米育种者：知识产权制度中的植物新品种保护申请，育种方法的专利申请，育种权益的市场授权与转让；

（2）香米种植者：香米优质产品生产，市场产品价格提高；

（3）香米产品的市场经营：产品品牌推进，建设销售网络，产品市场拓展；

（4）香米协会：组织生产管理，协调社区内部的受益分配；

（5）香米消费者：优质香米产品消费；

（6）社区其他组织：社区资源的参与式管理和开发；

（7）传统社区的弱势群体：参与社区公共福利分配，可持续生计利用机会增加；

（8）基层政府政策制定者与政策实施者：提高政策效率，促进香米遗传资源的有效保护与合理开发，促进香米社区生计的全面发展。

侗族妇女在日常生产中承担繁重的劳动（妇女与香米种植有着紧密的联系）。随着香米产品的经济价值显现，必然会提高妇女的地位和影响，进而也会增强妇女在文化传承中的自信意识和在社区生计中的自主决策权等。

香米遗传资源种群的维系，可以使当地社区的生物多样性得到维护，而与之密切联系的社区文化多样性也可以更好地得到保护，特别是与香米遗传资源相关的传统知识也可以更好地得到保存。社区的可持续生计在生物多样性与文化多样性良好的互动下就会自然得到巩固，从而也维系了侗族人群与侗族村寨的可持续发展。

侗族社区有大量的香米遗传资源及相关传统知识，但同时又是知识产权法律意义上的弱势群体。保护和开发黎平香米在某种意义上就是保护弱势群体，就是保护少数民族的生存利益。侗族社区会因香米开发产业而增加生计发展的资源。

（二）黎平香米遗传资源的保护现状

1. 积极性的品种资源保护措施

（1）香米育种者的权利。香米传统种植区域现在大约有 oux yongc（榕禾），oux beens（笾须禾），oux weenh（王禾），oux yeel（蛙禾），oux lix jus（雷株禾），oux naeml liagp（冷水禾）等为六大品系 18 个品种。这些品种均是侗族劳动者在长期的生产生活实践中不断选育而成。随着遗传育种技术的发展，这些传统品种的价值不断彰显出来。侗族社区的育种者应该参与香米遗传资源开发所获利益的惠益分享。

（2）香米地理标志产品。黎平香米于 2009 年通过国家质检总局的技术审查，获得中华人民共和国地理标志产品保护。保护内容包括产品名称、产地保护范围、产品种源获取、产地立地条件、产品种植、产品栽培管理、产品采收、产品感官指品、产品理化指标。按照地理标志保护产品的相关规定，黎平香米产品标识的使用者必须按照上述规定使用标识。使用前的推荐、审查、监督、跟进等工作与香米协会（申报主体）密不可分。由于只有一家公司介入黎平香米开发，相关制度配套不完整。具体内容包括：允许和鼓励多家米业公司使用黎平香米地理标识，黎平香米地理标志产品保护范围限定于地理标志产品保护管理部门批准的范围，任何单位和个人使用黎平香米地理标志产品专用标志，必须依照《地理标志产品保护规定》，经申请审核，并经国家质检总局审查合格注册登记后发布公告，生产者可在其产品上使用地理标志产品专用标志，并获得地理标志产品保护。

地理标志标识使用申报设在黎平县香米协会，负责受理黎平香米地理标志产品专用标志的使用申请，并对使用申请进行初审，负责管理黎平香米地理标志和产品专用标志的使用。生产的黎平香米应具有该地理标志保护产品的品质和外观，符合相关国家标准、行业标准和地方标准的要求。生产者需要使用黎平香米地理标志专用标志，应向申报办公室提出申请，同时提出以下资料：黎平香米地理标志产品专用标志使用申请书、由当地政府主管部门出具的产品产自特定的地域证明、有关产品检验机构出具的检验报告。申报办公室对生产者提出的申请进行初审，初审合格后由申报办送省质监局审核，审核合格后，再报国家质检总局进行审查，予以注册登记后，方可在其产品（或包装）上使用地理标志产品专用标志，获得地理标志产品保护。使用黎平香米地理标志产品专用标志的标签、包装箱（物），必须经申报办审核备案后方可定量印制。生产者使用黎平香米地理标志产品专用标志的标签，包装箱（物），每年必须有计划和说明，年终有确切的使用数量，并上报申报办，申报办再报送保护办，申报对专用标志的使用情况不定期进行监督检查。申报办委托有关产品质量监督检验机构，对获准使用的"黎平香米"地理标志产品专用标志的茶产品质量进行不定期的监督检验。获准使用黎平香米地理标志产品标志的生产者，未按强制性国家标准组织生产的，其产品质量未经指定质检机构检验或产品监督检验不合格的，申报办将报请保护办，建议撤销其黎平香米地理产品标志使用注册，停止使用黎平香米地理标志产品专用标志。

（3）香米遗传资源种群保护。长芒白香禾是黎平香米中比较白而且产量高的一种。在市场利益的驱动下，长芒白香禾的种植面积逐年扩大，已占到黎平香米整个种植区域约80%的比例，有单一化发展的趋势。维系香米遗传资源种群，侗族有非常丰富完整的香米传统知识，包括选种、育种、混种、换种等，特别是混种。在同一田块中，同时种植着两种乃至4种以上的糯稻品种。混种又可细分为随机混种、分片混种、分行混种、中心周边混种4种操作方式。

随机混种指选取插秧与成熟期相近的两个或两个以上的糯稻品种，按不同的比例在播种前将谷种混合，然后一次性撒种，撒种时也不分辨品种而是随取随插。分片混种是侗族村民在插秧时节注意到了气候变化的趋势和自己田块的特性，在兼顾经济效益的情况下，与其他村村民之间部分交换稻秧，从而使得在自己的田块同时有着两种或者两种以上的糯稻品种并行生长。分行混种即在插秧时有意识地将不同品种的糯稻按条按行插秧。这一混种办法可以起到病虫害蔓延的隔离带作用，同时收割也方便，可以分条分行摘禾。这种混种办法目前在黄岗只有少数农户使用。边缘中心混种则是一种较为传统的混种方法，即将两个品种的糯稻分别种植在水田中央和边沿，其作用与分片混种相同。

边缘中心混种仍盛行于侗族的坝区稻田，最大的好处就是将每一个田块都形成一个独立的种植单元，使相邻田块的病虫害难以相互感染病的田块。种植在边缘的稻种都是最能抗病抗虫的稻种，而不追求其产量的高低。

有不少种植区追求香米的产量和效益，在公司的香米订单指挥下，选择产量高的香米品种单一化种植。大量农户在种植香米的过程中，均使用化肥增加产量，如岩洞镇。因此，建议在注重香米效益的同时，协调香米遗传资源的保护。要建立香米遗传资源品种数据库，制定香米单一品种采购和多品种采购的附加条件，制定传统育种者的鼓励措施，制定外来者获取香米品种的获取证书。

2．防御性品种资源保护措施

（1）黎平香米传统知识的数据库。在香米核心区域建立香米现存品种的选种、育种、混种、换种的种子银行（契约制度），设立核心保护区，建立香米、持有人、传承群体、传承制度的有效鼓励机制。建立香米遗传资源及其传统知识数据库。该数据库主要以登记制度进行管理，是指通过登记册或者数据库等形式对香米传统社区和人群的传统知识进行系统的收集、整理、记录和注册。登记的好处在于把传统知识汇集起来，便于更好地保护和管理社区资源。该香米传统知识数据库为现有的香米遗传资源保护提供了合法性，并且使现有知识产权制度能够容易地检索到与香米传统知识相关的信息，从而有希望防止针对已经被公开的主题获得专利权，达到防止不当授权的目的，这种方式首要作用在于提供在先技术证据，以避免知识产权的不当授予。

（2）黎平香米特殊性专利的保护。特殊性专利是香米传统知识防御性保护中的一项积极权利，主要是针对当前黎平香米面临的"生物海盗"危机展开。近年来，随着黎平香米被外界不断知晓，外界对黎平香米兴趣浓厚，尤其是不少科研院所，采样、分析、育种、申请专利等事件时有发生。因此，建立黎平香米的"来源披露"管理制度非常有必要。在专利申请涉及遗传资源及相关传统知识时，申请人应该：① 就直接或间接利用遗传资源和相关传统知识做出陈述；② 提供来源地或土著社区知情同意的适当证据；③ 就这些材料进行国际认证，没有认证，专利申请将自动驳回。对于传统社区来说，在不能清楚确定传统知识的市场效益回报之前，用较高的费用去申请一项专利未必合算，但是对于外来者利用传统知识提出来源地披露要求却是必需的。这种防御性质的保护具有可行性和有效性。从我国现有的相关法律法规来看，《专利法》第二十六条规定：依赖遗传资源完成的发明创造，申请人应当在专利申请文件中说明该遗传资源的直接来源和原始来源；申请人无法说明原始来源的，应当陈述理由。《人类遗传资源管理暂行办法》第十七条：我国境内的人类遗传资源信息，包括重要遗传家系和特定地区遗传资源及其数据、资料、样本等，我国研究开发机构享有专属持有权，未经许可，不得向其他单位转让。获得上述信息的外方合作单位和个人未经许可不得公开、发表、申请专利或以其他形式向他人披露。这两项法律要求利用者披露遗传资源的来源，或对其来源作出说明。

（3）黎平香米反不正当权利的争取。反不正当权利争取的内容相当广泛。从黎平香米遗传资源市场利用的层面，主要是抵制与香米产品相关市场产品直接和间接的不当利用，其表现形式主要是指当前的不正当竞争内容。依据现在一般的看法，不正当竞争内容大体包括五个方面，"假冒，包括商标、商号和商品外观的假冒；虚假广告，对自己商品或服务的质量、功能、特征等进行误导消费者的陈述；毁人商誉，以虚假陈述的方式诋毁他人的商品、服务、商标、商号或商业信誉等；淡化，包括淡化他人的商标和商号；盗取他人商业价值，主要是指未经许可使用他人已经披露的商业信息，并且造成了对他人商业利益的严重损害"。目前，一些假冒产品以黎平香米的名称销售，如贵阳某公司生产的吊脚楼牌黎平香米。

执笔人：李发耀

贵州大学

附录　黎平香米注册商标转让合同

商标权转让人全称（以下简称甲方）：贵州省黎平县香米协会

商标权转让人地址：贵州省黎平县双江乡坑洞村　　　　　邮政编码：557300

商标权受让人全称（以下简称乙方）：贵州省黎平县侗乡米业有限公司

商标权受让人地址：黎平县旅游生态工业园区（五里桥）

根据《商标法》的有关规定，基于甲、乙在实际经营中甲方为乙方的下属子公司，现对法定经营主体及商标权进行调整，本合同就甲方为所有人的所有商标一并转让到乙方名义下，便于经营和管理，商标权转让具体事宜拟定如下：

一、本合同所涉及的被转让商标详细资料如下：

序号	商标名称	注册号	类别	商标权限期
1	古笆丹	2009.12.21	第 30 类	2009.12.21—2019.12.20

二、甲方的权利与义务

1. 甲方应保证是上述被转让商标的权利所有人，保证该商标为有效商标及上述商标资料的准确性，保证没有第三方拥有该商标所有权，商标权利无瑕疵。

2. 甲方同意将上述商标的所有权无偿永久转让给乙方，并保证在类似商品（服务）上没有其他相同或近似商标，否则将予以一并转让。

3. 甲方必须向乙方告知，在本合同签订之前，被转让商标所有的仍在法律有效期内的许可、质押、合作等权利与义务事项，不得隐瞒。及时将本商标所有权转让事宜通告原当事人，并取得认可或终止原合同。自本合同生效之日起，前述事项均应变更由乙方为该转让商标的权利当事人，原合同所规定的全部权利和义务将由乙方享有和承担。

4. 合同生效后，甲方应及时将被转让商标的商标注册证原件与相关的资料交付乙方保管及使用，并按法定由乙方向国家商标局提出商标转让申请。

5. 合同生效后，甲方不得使用、许可他人使用、质押或向第三人再转让该被转让商标。除非合同被终止执行。

6. 本合同商标转让申请费用由乙方支付。

三、乙方的权利与义务

1. 乙方应于甲方一起向国家商标局提出商标转让申请，并负责在国家商标局办理本合同被转让商标的转让申请手续，承担相应的费用。

2. 在本合同生效后，至国家商标局核准商标转让申请期间，商标所有权仍属甲方，但乙方可以按独占许可使用形式使用该被转让商标，直至被转让商标申请被国家商标局核准为止。

3．被转让商标在向国家商标局办理申请转让手续，并取得核准发布转让公告后，乙方成为该被转让商标的权利所有人。

4．上述受让的商标有到期续展，由乙方根据企业调整情况，选择适合的主体办理续展申请。

5．乙方应当保证使用被转让注册商标的商品或服务的质量。

四、双方的违约责任

1．本合同生效后，甲方仍在继续使用、许可他人使用、质押或向第三人再转让该被转让商标的，除应立即停止外，由此产生的法律责任由甲方承担。

2．甲乙双方在商标转让过程中通过短期许可使用该商标，必须保证产品的质量和对品牌和商誉的保护起到积极作用，否则承担违反上述原则产生的责任。

五、合同的解除

1．由于某一方的原因或行为导致本合同商标转让申请未能被国家商标局核准，转让无法继续进行，所造成的责任人应承担责任赔偿对方由此造成的经济损失，无过错方有权终止合同。

2．因其他不可抗拒的原因，商标转让无法继续进行的，本合同自然失效，甲乙双方应及时各自退回已交付对方的款项和资料。

六、其他约定事项

1．甲方转让给乙方后，甲方所生产的原料产品销售给乙方生产加工、销售。

2．甲方每年向乙方组织生产原料供应，乙方要给予甲方最低保护价收购及签订农业订单，并每年给予甲方部分办公经费和帮扶责任。

七、合同纠纷的解决方式：基于双方实际上为总公司与子公司的权属经营关系，因转让产生的纠纷由二者协商解决。

八、本合同自签订之日起生效。本合同一式三份，甲乙双方各执一份，商标转让申请时提交国家商标局一份。

转让方：（签章）　　　　　　　　　受让方：（签章）
日　　期：2011 年 12 月 20 日　　　日　　期：2011 年 12 月 20 日
法定代表人：×××　　　　　　　　法定代表人：×××
电　　话：　　　　　　　　　　　　电　　话：

案例研究二
黑尔糯米惠益共享

一、黑尔村概况

师宗县位于云南省东部，曲靖市东南部，地处滇、桂两省（区）结合部。东与罗平县接壤，东南与广西壮族自治区西林县隔江相望，南邻文山州邱北县，西南与红河州泸西县毗邻，北倚陆良县，全县国土面积 2 783 km²。地跨东经 103°42′～104°34′，北纬 24°20′～25°00′，境域纵距约 90 km，横距 56 km。境内最高海拔英武山主峰 2 409.7 m，最低海拔高良坝泥河与南盘江交汇处 737 m。黑尔村位于师宗县龙庆彝族壮族乡，四面环山，属于低热河谷槽区，是较为封闭的一个村庄。

图 2-1　黑尔糯米主产区——云南师宗县黑尔村（周玖璇摄影）

黑尔村辖大平寨、小平寨、石头寨、大寨、观花、中寨、甘田、田心、雨灯、新寨、雨龙、发蒙、飞塘、洞拉等 14 个村民小组，现有农户 944 户，人口 4 247 人，农业人口 4 206 人。可以说，这里的人们几乎全部依赖着农业生活。全村耕地面积约 223.07 hm²，人均耕地 0.053 hm²，林地 145.89 hm²。这里海拔为 1 100 m，年平均气温为 17.2℃，年降水量是 920 mm，非常适合种植水稻、玉米和花生等农作物。

黑尔耕地大体分为水田和旱地，现主要种植杂交稻和玉米。由于老品种糯谷等作物易倒伏、产量低，新中国成立后，新引进了台北 8 号、珍珠矮、广籼 3 等新品种杂交稻，对当地老品种糯米等作物冲击很大，并导致白谷、半边谷等老品种的灭绝。现在水稻的种植，面临的最大问题是稻瘟病，其次是稻飞虱的危害。

二、研究内容和方法

（一）研究内容

1. 调查了解师宗县黑尔村传统水稻种质资源的发展现状。

2. 总结传统农业种质资源保护方法和措施，分析其各自的不同优势和不足，探索适宜该传统农业种质资源保护的策略。

（二）研究方法

1. 文献研究

搜集定点社区的相关信息的统计资料，如查阅《师宗县志》《师宗县农业志》《师宗县林业志》等，同时，根据 2011 年黑尔社区农业种质资源多样性调查结果分析，选定本次案例研究的目标种质资源——传统黑尔糯米，并对传统黑尔糯米的相关文献资料进行收集、总结和分析。

2. 访谈调查

调查研究采用参与式农村评估（PRA）方法，以及半结构性访谈等方法，对研究社区的村社干部、关键人物（长期从事农业生产、德高望重的老人）进行深入访谈，了解传统黑尔糯米的保护现状及应用情况。

与村级和县级植保部门负责人进行访谈，全面了解相关政策、法规、公约以及发展规划等。

3. 问卷调查

应用户级水平农业生物多样性评价方法（HH-ABA），在 2011 年黑尔社区农业种质资源多样性调查研究的基础上，本次调查采用关键农户重点问卷调查的方式，选择黑尔行政村的大寨村、中寨村、雨灯村、洞拉村、雨龙村、新寨村、甘田村、观花村和发蒙村等 10 个壮族自然村中能够运用普通话，能够独立思考和表达，有丰富农业发展经验且具备一定的文化素质的 70 户关键农户进行个案问卷调查，了解传统黑尔糯米种植、保存和利用的现状，威胁、风险和现有措施，以及开发利用和保护主体的能力等。

4．数据分析

采用 Excel 软件进行数据分析。

三、资源现状

（一）品质

黑尔糯米为师宗县黑尔壮族村寨名优特产，栽培历史悠久，气味醇香，颜色白纯，性质柔韧，味道爽口。新中国成立后，1959 年 9 月，黑尔槽行政管理区把当地产的糯米 23 kg 寄给毛主席、周总理，回信汇人民币 7.71 元，并附信[1]：

> 云南省曲靖地区师宗县黑尔槽管理区：你们带来的特色产品——糯米，中央已经收到，主席和我会过一餐，招待外宾三餐，完了。优质、高产，希望你们保持和发展。
>
> 中共中央、国务院办公厅
> 周恩来
> 1959 年 12 月

传统的优质黑尔糯谷，株高穗长，不耐肥，只需少量农家肥，农民老乡告知化肥会"烧苗"，因此它全凭田里的自然养分供给，顺其自然生长，故米质所含养料天然营养。扬花期，田间一派芬芳馥郁。成熟的谷穗，谷粒饱满，裹满毛茸茸的细密粉末，金灿灿的颜色，十分怡人。黑尔糯谷碾出的米粒又白又大，上甑蒸或罗锅煮，一冒气，香气飘逸。蒸其他饭可以不让人知道，蒸黑尔糯米却瞒不住别人，确是名副其实的十里飘香。熟了的糯米饭，油光闪亮，又黏合又柔韧，抓一团放进嘴里，爽口诱人。搁置一两天的糯米饭不需要加热，味道不变，柔软如故。若蒸熟趁热撒上白糖或拌上蜂蜜，口味更佳。

（二）相关传统知识

稻米文化是中国各少数民族共同的文化，依附于各民族文化的发展而发展。它不仅在饮食文化中占据重要的地位，而且是传统礼仪中不可或缺的文化元素，同时，它更是将饮食和礼仪有机结合造就了别样的形实文化。在壮家宴席上，主食以稻米食品为尊；在馈赠礼品中，以粽子、糍粑、米饼等稻米食品为上；新客到家，有些地方以甜米酒为敬，有的

---

1 黄吉生. 名优粮品——黑尔糯米. 云南农业，1996（9）：15.

则请喝一碗米粥；娶亲或三朝，要撒米花，如柳江穿山外婆给外甥送背带，会撒一路米花而至；婚嫁丧葬时亲友互助，送的往往不是钱，而是稻米或稻米加猪肉；甚至某家儿子中考，必包一斗米的"状元粽"，宴请亲友；等等。

1. 饮食中的糯米

如果说壮族人日常饮食中粳米占主导地位的话，那么糯米则担当了壮族节日饮食的"主角"，特别的珍贵，人们在日常生活中都舍不得食用它，只有到了节日和馈送礼品及祭祀等特殊的重大场合才将它派上用场。

糯米饮食文化[2]可谓是种类繁多的一整套体系，制作的食品有色、味、香俱全的五色饭、糍粑、油堆和沙糕，有外形奇特的各种粽子，有吃法与众不同的包生饭，有金灿灿的黏小米饭，还有无论是节日或平时都受欢迎的米粉，以及米酒、甜酒、米饭、螺蛳粥、肉末茴香粥、黑糯粥、马杆脚、捏面、米饼、米粉、榨粉、炒饭等 20 多种，与之相应的还有多姿多彩的制作技艺、烹饪技术、饮食方法和礼节。

（1）五色糯饭。一般是用上等糯米做的。先将糯米洗净，盛在几个瓦盆内，然后分别用可食用的野生植物汁，如用黄花汁或姜黄汁、枫树叶汁、密蒙花汁和红蓝草等，与瓦盆中的糯米浸泡，泡出黄、紫、红、蓝颜色来，待米粒软硬适中，颜色不深不浅，再与白色糯米（亦先浸泡）一起蒸熟，就成了色、香、味俱佳的五色糯米饭。吃时蘸上砂糖，香甜可口，三月三佳节，必不可少。

相传古时候有五位仙女来到壮乡，壮家人热情地接待来自天上的娇娥，用金竹、毛竹、斑竹、烤红的刺竹搭成五色干栏让他们居住，给他们披上五彩斑斓的壮锦。但吃的饭只有白色，于是壮族人又用红兰草、黄饭花、枫叶、紫蕃藤的汁浸泡糯米，做成红、黄、黑、紫、白五色饭，仙女们吃到这色、香、味俱全的糯饭，十分赞赏，遂流传下来。有的地方春日赶歌圩，姑娘们都得带五色饭，就餐时姑娘们围成一圈，邀请小伙子们共同分享。如某个姑娘的五色饭无人分享，她会羞得无地自容。为此，有的村寨每年都要组织做五色饭比赛，看谁的最好，以提高技艺。优胜者获得巧姑娘、巧媳妇的美名。

壮族人吃五色糯米饭一般是先把手洗干净，然后将糯米饭揉成圆团状，粘上糖等佐料，带有古代"抟饭而食"的遗风。据说五色糯米饭的前身青粳饭是为祭真武神而做的："相传古净国王的太子，生而神猛。他到东海漫游，遇到一位天仙。那天仙送给他一把宝剑，叫他到湖北武当山去修炼，经过 42 年的修炼，他便修成正果，能飞天遁地，威镇妖魔。东海妖魔见了十分害怕。而东海妖魔是专门兴风作浪，淹没庄稼的邪恶，由于有真武大帝的威力镇锁，使它邪恶常不能得逞。于是为了感激真武大帝，各地都建有真武阁庙，常年供奉。特别是每年农历二月底三月初，人们插完秧，便隆重举行庙会和社日，祭祀真武大帝，以求得他的保佑，使农作物生长良好，来年获得丰登。"这些糯米饭制作出来后，大都是先用于祭祀敬神，神"享"后人才能享用。

---

2 黄安辉. 壮族饮食文化研究. 桂林：广西师范大学，2002.

（2）糍粑。外形与北方的烧饼相似，但原料和做法不同。先将糯米浸泡，然后蒸熟，立即倒入木槽或石臼中捣碎，再用手捏成碗口大小的扁平圆块即成。趁热吃，软韧可口。如果夹些红糖或芝麻馅，更加香甜。放冷后能够放置一段时间，吃时可油炸、油煎、水煮或火烤，使之胀软，清香诱人。糍粑通常是春节等节日的食品，也有的是新谷登场的时候制作的。

（3）粽子。你见过斗米一个大的粽子吗？这种叫驼背粽的大粽，壮乡独有。这种大驼背粽要煮一个通宵，宴客时每人吃一片就足够了。一个粽子可供两三桌人吃用，表示宾主团圆和美，别有一番深意。壮族的粽子种类可多了，有猪仔粽、牛角粽、羊角粽、三角粽、驼背粽等。形态各异。按制作方法，又分为包米粽和包糕粽。包米粽是将糯米（适当掺些粳米）浸泡一夜，然后用粽叶包成所需的形状，包好之后煮熟即成。这种粽皮是专门包粽子用的阔叶，长一尺五左右，宽五六寸，绿色，柔软而有韧性，所包粽子煮熟之后，在粽子上留下淡绿的颜色，散发出诱人流涎的清香。包糕粽是将浸好的糯米水磨成浆，过滤稍干，即可包扎。不少壮族人喜欢把稻秆烧成灰，用滤出的水浸泡糯米，做成乌黑色的粽子，气味芳香。有的在包糕粽中拌些红糖，做成甜馅。更多的则是用生肉条加些作料，裹些绿豆渣，放些花生仁，包在中间做馅。粽子是春节必不可少的食品，也是亲戚之间互相赠送的礼品。

（4）马脚杆。壮族人特有的节日食品，做法和粽子差不多，糯米也要泡禾秆灰水，但包的时候要加上八角粉、草果粉和腊肉丝，扎成马脚的形状，故称为马脚杆。因为有八角粉和腊肉丝，气味特别芳香，吃后满口余香。

（5）沙糕。壮族人喜爱的糕点。制法是把大米（糯米粳米各有一定比例）炒熟，碾成粉，加入红糖末和芝麻等作料，用木模压成杯口大、一指厚的圆饼，两边都带花纹，有时还涂些颜色，味道香甜。五块摞在一起，用印花沙纸包好，叫做一"封"，是壮族人走亲串友常用来做馈赠的礼品，有的还用来做定亲的礼物。

（6）甜米酒。黑尔糯米是酿制米酒的好原料，制作方法、工序极简单，但米酒极优。黑尔糯米必须用大瓦缸或不会渗水的容器。首先，将蒸熟的糯米饭冷却后（不能过冷）撒上酒药，用筷子翻弄均匀，然后装进不渗水的容器里，上面盖上树叶或干净的纱布。第三天米酒即成。这样酿出的米酒汁多渣少，透亮的酒汁，醇厚甜腻，喝上一口，甜津津的，酒不醉人人却自醉了。难怪当地老人酿制甜米酒只要传统的黑尔糯米。

2. 节日中的糯米

无论是外来节日，如春节、清明节、端午节、中秋节等，还是黑尔壮族的传统节日或祭祀，如叫牛魂、祭龙王、祭龙林、祭铜鼓、男人节等，糯米在饮食生活中都发挥着巨大功能，有着极为重要的地位。

黑尔壮乡有14个自然村，至解放初还保存有14面铜鼓，平均每寨一面。壮族敬之如神，年年定时祭祀，非逢丧葬或节庆日，不乱敲响。黑尔壮语祭铜鼓为"督勒尼"，该乡大年初一的头一件事就是祭铜鼓。是日凌晨一二时许，打三岔河或三岔沟汇合处的水一挑，将铜鼓洗净，舂一个大粑粑（全糯米制作）放在筛子里。上摆"三牲"（即肉一刀）、茶一杯、酒两杯、菜六碗（四晕两素）。再将筛子放在铜鼓上，由主祭人边叩头边祷告。其祭词如下：

"走老保家，认老保人。铜鼓神！铜鼓神！今天过年，请你临门。酒肉茶饭来献你，心肝肠肚样样全。两素四晕都办到，请你保估降吉祥：五谷丰登，六畜兴，全家老小，健康成长。在家无病无痛，出门逢凶化吉。好人相逢，恶人远离，旗开得胜，凯旋而归，国泰民安，天下太平！"

祭毕，敲响铜鼓，用竹篮子、木桶或木颤去合，发出"隆……翁翁……"的响声，非常悦耳。敲至初三即收起来。以后逢节庆或丧葬，谁家要敲，需用酒肉各一斤祭祀才能借去敲，平时有专户保管。

黑尔扫墓另有特点，新坟献白饭，老坟染黄饭，坟头墓标用红、黄、蓝、绿等彩纸做成。先祭墓龙树后祭坟，他们认为墓龙系地脉龙神，无树要立石，上刻"本境墓龙之神位"。

"竜树"是壮族各村寨的保护神，每年都要举行较大规模的集体祭祀活动。祭祀日期一般在农历三月。祭品有牛、羊、猪、鸡及用面蒿和各种植物颜料拌糯米做成的红、绿、紫、蓝、黄等彩色的"竜粑"。每年轮流由村寨中的几户人家组织祭祀，按户收取祭品和经费开支。届时，各户派一名男子参加，由寨老带到林，将猪、鸡、羊等宰杀，向树祭献。献毕，在祭地聚餐或将宰杀的猪、鸡、羊肉平分到户。

（三）利用和保护现状

1. 发展现状及趋势

（1）种植起源时间。《师宗县志》[3]记载："黑尔糯米，沁香、油润、富于黏性，曾为朝廷贡米"。此后，再无法查实，《县志》中所指朝廷不知何时，但是可以确定的是黑尔糯米种植历史非常悠久。同时，接受调查访谈的受访者表示有记忆起，黑尔糯米便是自家农业种植中不可或缺的老品种，特别是 70 岁以上高龄的老农家谈起都说传统黑尔糯米在黑尔村的种植时间至少上百年了，他们的祖辈们就已经在种植了。黑尔糯米因其自身的生物学特点，对其种植地域条件具有较高的要求，因此具有一定的局限性。黑尔糯米一旦离开了黑尔村，生长受制，品质下降，这一点得到了当地农业部门专家的认同，这也是"黑尔糯米"此名得来的缘由，现在已然成为当地优质糯米的代表，具有了一定的市场品牌效应。

（2）应用状况。由于黑尔糯米醇香，它不仅是当地壮族人们的生活必需品，更是壮族节日时的特色食品，如花米饭，所以当地壮族保留黑尔糯米种植的主要原因是自家留用，在 2011 年调查研究中，此原因占保留原因的 59%，而在此次的调查中，91% 的受访者表示自家食用是继续保留黑尔糯米种植的主要因素。在市场方面，黑尔糯米具有市场单价高的特点，在近年的市场销售中，尽管价格是杂交糯米的两倍还多，但仍出现供不应求的现象，

3　《师宗县志》编纂委员会. 师宗县志. 昆明：云南大学出版社，1977.

俨然黑尔糯米已成为当地农民的主要经济收入之一。在 2011 年调查研究中，保留黑尔糯米种植是为了较好的市场经济利益这一点占保留原因的 39%，而在此次调查中，68%的受访高度赞许了黑尔糯米近年来成为当地壮族人们主要经济收入之一，并表示这一趋势将促使更多的农户重视黑尔糯米的生产，市场发展也会越来越好。除此之外，黑尔糯米具有适应当地气候条件的优质特性，是当地宝贵的种质资源和传统知识，被当地壮族人民保留至今。

（3）种植现状及变化。2011 年黑尔种质资源多样性调查研究中，61%受访者仍保留黑尔糯米的种植，其种质来源主要是自家留种，其次是在当地集市上或者当地种子交易市场购买，而其他的受访者则表示没有再种植了。然而，在此次的调查中，57%的受访者表示黑尔糯米的种植减少了，33%的受访者乐观地表示尽管黑尔糯米的种植较许多年前大大减少了，但是近年来随着市场价格的提升和需求的增加，种植又开始增加，这将是一种好的趋势。此外，其他 9%的受访者表示没有变化，这主要是强调自家种植的情况，而对于整体情况，他们仍有所保留。

（4）种植变化原因。在 2011 年黑尔农业种质资源多生性调查研究[4]中，39%的受访者表示已不再种植黑尔糯米，其原因包括：36.6%受访者表示因为黑尔糯米产量低、易倒伏等原因拒绝种植；26.8%的受访者认为由于环境的变化，黑尔糯米已经不具有原来的味道；24.4%的受访者因为缺少生产资料、7.3%的受访者因为缺少劳动力而不能种植黑尔糯米；还有 4.9%的受访者选择种植高产的杂交稻。庆幸的是，已没有种植的部分受访者农户表示愿意再次种植，因为黑尔糯米毕竟是壮族的传统食物，是当地壮族人民的宝贵传统资源。

在本次调查中，受访者表示导致黑尔糯米在当地种植减少的原因主要包括黑尔糯米自身产量低，使得农户为了提高产量而选择种植杂交品种，气候变化或干旱影响其种植环境，可耕水田有所减少，近年来有害生物危害较以前相对严重，市场价格不稳定，以及农村劳动力向城镇转移等，使得很多农户虽保留种植，但也仅是种植很少的面积只为自己家留用。受访者大都给出几种不同的原因来解释黑尔糯米发展中逐渐削减且几乎出现丧失的风险。

表 2-1　黑尔糯米减产原因

减少的原因	所占比例/%
产量低	49
土地减少	38
气候变化	21
有害生物危害	13
市场价格不稳定	13
劳动力转移	8
仅自己吃，及其他	5

4 王思铭，周玖璇，况荣平，等. 民族村落农业种质资源多样性变化及其原因分析——以云南省师宗县黑尔壮族社区为例. 生态与农村环境学报，2012，28（4）：380-384.

自 2010 年一位年轻关键农户尝试通过自家传统种植黑尔糯米并取得了良好的市场效益后，黑尔糯米的市场发展潜力似乎得到人们的认可，很多农户也都纷纷开始恢复种植，加入到黑尔糯米的发展中来，至此种植较两年前也逐渐增加。对此，83%的受访者均表示，黑尔糯米近两年有所增加的原因主要是价格高，市场经济因素的推动。当然，这少不了黑尔糯米香气沁心，口感柔软富黏性的自身的优质特点。

（5）发展趋势。总体来看，传统黑尔糯米在当地的种植较以前表现出逐渐减少且几乎出现丧失风险的发展趋势，可喜的是，近两年，由于市场效益出现好转，使得少数农户开始恢复或大面积种植，在我们的访问中，一位受访者说道，他们村的一位除自家 1 亩左右水田全部种植黑尔糯米外，又租了 3 亩种植黑尔糯米。然而，这种增加的趋势会不会持续下去呢？

调查中，仅有 6%的受访者表示，以后不会再种植了，主要原因是气候变化导致天气越来越干燥，水田已经改旱地无法再种植了；或者家里地少，黑尔糯米产量低，无法满足生活经济所需，所以不打算再种植了。当然，节日时，他们会通过交换或购买传统黑尔糯米制作节日美食的传统是不会变的。

同时，22%的受访者信心满满地表示，会继续种植或可能会扩大种植。一方面，黑尔糯米是黑尔壮族人民宝贵的传统文化和种质资源，不可丢，需要继续保留；另一方面，它的价值正在越来越多地得到市场的认可，经济价值会越来越高，这对于增加收入，提高经济水平将是一种不错的选择。

然而，大多数的受访者（72%）表达了继续观望的态度。一方面，黑尔糯米易倒伏，产量低以及有害生物危害等不利方面，仍使得人们不愿意投入大量的成本和精力来种植；另一方面，黑尔糯米近年来市场高效益的现象是否可以持续下去仍不可知，所以大家不愿贸然扩大种植，担心会影响到经济收入，导致原就贫困的现状无法承担这样的风险。但是，大多数的受访者都表示会继续保持少量的种植，自家留用，更重要的是传统黑尔糯米种质资源不能丢。

2. 社区保护意识和措施

（1）与当地民族社区发展的关系。传统黑尔糯米在当地种植的历史悠久，是当地民族社区的一种重要的传统农业种质资源，是宝贵的优质稻米资源。那么，它的保存、推广和发展与当地民族社区的发展密切相关。首先，它与当地壮族饮食习惯和文化密切相关，特别是当地壮族节日所需的主要的美食，这是受访者们给出的最一致的观点，78%的受访者都特别强调了传统黑尔糯米体现了当地的传统知识和民族文化。同时，59%的受访者对于黑尔糯米的经济价值给予了高度的肯定，认为传统黑尔糯米是当地壮族社区农业发展的重要的作物资源，与其社区经济发展密切相关。

（2）价值认可情况。一直以来，具有宝贵遗传资源的传统黑尔糯米与黑尔社区壮族人民的传统知识、民族文化和经济发展密切相关。黑尔壮族人民早已将其作为生产生活中重要的所需资源之一。

通过调查，64%的受访者高度评价了传统黑尔糯米的遗传资源特性，强调了黑尔糯米在长期发展中已经成为当地壮族的民族需要，这体现在黑尔壮族人民特别的美食文化中。同时，49%的受访者结合近两年黑尔糯米良好的市场经济效益，强调了其对于当地社区经济发展的价值。因此，黑尔壮族人民对于传统黑尔糯米的传统知识、民族文化和经济发展方面的价值有着较高的认可度。

（3）保存方式。传统黑尔糯米在现代农业迅猛发展的今天仍旧被保存下来，主要源于其本身宝贵的遗传特征，与黑尔壮族社区长期所产生的传统知识和民族文化价值，以及正在日益凸显的经济价值等。保留种植和利用是当地人保存传统黑尔糯米的主要方式。在种植方面，传统黑尔糯米的种子来源主要是自家留种，同时，传统黑尔糯米对当地环境条件具有高度的适应性，农民一直采用传统的精耕细作方式种植，施用生态的农家肥，不使用任何化学肥料和农药。然而，随着化学肥料和农药的推广应用，一些农民开始施用化肥取代农家肥，喷施农药防治病虫害。这样，省时省力，一时间受到农户的青睐，但是随之带来的似"烧苗"的现象导致黑尔糯米生长严重受损。因此，现在种植黑尔糯米，当地农民仍施用传统的农家肥，而因黑尔糯米本身对于病虫害有很好的抗性，农药的施用量也远少于杂交稻，甚至可以省去农药的施用。通过种植，传统黑尔糯米的种子不断地被保留下来，同时，长期精耕细作的传统耕作方式，保护了黑尔糯米的种植环境，可以减少黑尔糯米遗传特性恶性突变的风险。

在利用方面，黑尔壮族人民很好地将传统黑尔糯米应用到日常习惯性饮食和壮族民族节日的传统文化中，赋予了黑尔糯米的传统知识和民族文化的价值，成为黑尔壮族人民不可或缺的传统种质资源。与此同时，推动传统黑尔糯米的市场经济发展，使其具有了良好的市场发展潜力和经济价值，成为黑尔壮族人民减少贫困和增加经济收入的来源之一。

（4）市场发展现状。在传统黑尔糯米经济发展中，解决市场流通是首要的任务。过去，黑尔糯米只在社区内通过交换或少量买卖的方式进行流通，未形成市场。2000年左右，龙庆乡农技站的技术人员通过调查发现黑尔糯米生产有逐年减少的趋势，意识到黑尔糯米丧失的风险，开始考虑应用市场经济的手段促进农户继续保存种子和种植。通过口头协议的方式，与少数农户建立购买关系，以略高于市场价（黑尔糯米价格与杂交稻相当或高于杂交稻）的价格如数收购。然而，黑尔糯米产量低，这种收购方式对于增加农户收入几乎没有作用，因此，农户对于扩大种植毫无兴趣，种植减少趋势仍在继续。然而，龙庆乡农技站收购黑尔糯米以促生产的手段却并非完全无效，它促进了市场中购买群体的发展。他们将收购过来的黑尔糯米糙米进行简单的加工、筛选和包装，以礼品的形式赠送给县政府相关部门和其他有实力的消费人群品尝。通过几年的努力，黑尔糯米醇香爽口的味道征服了越来越多的消费者，他们开始与龙庆乡农技站预定下一年的黑尔糯米。2010年，年轻的黑尔村支部书记何某决定尝试并开始用自己家的田恢复传统黑尔糯米的生态种植，同时借鉴乡农技站的经验发展黑尔糯米市场进行销售，大幅度提高价格（8元/kg），结果销售一空，供不应求，得到了较好的经济收益。在2010年的良好基础上，2011年，有四户农户参与到何书记大力发展传统黑尔糯米的生态种植中，并且将收获的黑尔糯米交给何书记统一进行销售，价格增加到 10～12 元/kg，有精致包装的黑尔糯米产品价格涨到 18～20 元/kg，较普通杂交稻，价格几乎翻了 2～3 倍，尽管如此，同样被"一抢而空"。两年的试验取得了良好的结果，这不仅增加了何书记和参与农户的积极性，更是发挥了典范的作用，其他农户纷纷效仿，均来找何书记取经，并自愿加入到行动中。2012 年，农户数增加到 11 户。为了更好地恢复传统黑尔糯米的生态种植，发展良好的生态市场，何书记同 8 户农户商议，于 2011 年 8 月 9 日，正式注册成立了"师宗县龙庆乡黑尔生态农业种植专业合作社"，并完成了合作社章程，意在为发展生态种植和生态市场的农户提供咨询、服务和帮助，目前主要以传统黑尔糯米发展为开始，这俨然为黑尔村农户开启了一道发展生态农业，增加农业收入，减少贫困的大门。此外，2012 年年初，合作社为传统黑尔糯米正式注册了商标，起名为"那依谷"，这是壮语中黑尔糯米的叫法，是为了告知人们黑尔壮族人民自己的糯米。对于合作社的态度，受访者表示大家都是支持的，但是由于文化水平有限，很多人并不太了解合作社，因此还在观望和了解。"尽管将面临很多的困难和挑战，例如当地的文盲率很高，意识低，想让他们正确地认识生态农业发展的重要性和必要性需要一个长期的过程，但是这毕竟有了一个良好的开始"，何书记带着希望和担忧地说道。

除此之外，传统黑尔糯米也得到了其他收购商的关注，在黑尔糯米市场还尚未完全建立时，来自于县里的部分经销商也在抓契机，发展传统黑尔糯米的市场。这些经销商有的与个别农户签订口头协议，有些则没有任何协议。对于当地农户来讲，仅有很少的农户（7%）表示愿意与这些收购商签订口头合作协议，而大部分的农户则表示依价格而定，哪怕年初有口头合作协议，但是谁给的价高就卖给谁。

3．社区管理能力

传统农业种质资源保护和利用的基础和主体在于社区和种植农户。社区和种植农户是传统种质资源的传承者，同时也是其保护的主要力量，因此，农村社区对于传统种质资源保护意识和管理能力对于传统农业种质资源的保护和利用发挥着重要的决定性作用。

传统黑尔糯米在黑尔社区种植和发展已有上百年的历史，已经成为黑尔社区重要的传统知识和民族文化，同时也是经济发展的重要种质资源。在这个过程中，黑尔壮族人民拥有着大量的传统农耕知识和技术，并积累了丰富的种植经验，他们习惯并熟练于保留种子、施用农家肥和少用或不用农药等，这给保存和发展传统黑尔糯米打下了坚实的基础。

然而，在发展传统黑尔糯米的经济市场中，社区农户却略显吃力，经验不足。调查中，97%的受访者都表示农户在市场销售中的能力差，如谈判能力，通常都是收购商定价，他们说多少就是多少。如出现自身经济利益受损时，通常不采取任何措施，只有极少数人遇到这种情况时，会向村委会或农技站的人员反映。现在村里成立了合作社，受访者表示，希望合作社能够发挥群众代言人的作用，帮助农户提高意识，争取农户经济利益最大化，同时出现争端或利益受损时，能够出面帮忙解决。

四、黑尔糯米的保护模式

(一) 基于传统知识和民族文化的保护

传统黑尔糯米因其自身优质的遗传生物学特征成为黑尔社区壮族人民喜爱的传统农业种质资源。黑尔壮族人民在长期种植和保存传统黑尔糯米的历史进程中，不仅积累和掌握了丰富的黑尔糯米种质资源的传统知识和农耕技术，而且充分利用其优质特征将其应用到生活饮食和壮族民族文化中，实现了黑尔糯米的传统知识价值和民族文化价值。正是基于这两大价值，黑尔壮族人民一直将传统黑尔糯米种质资源保留下来。尽管因种种原因，传统黑尔糯米的种植呈减少的趋势并有丧失的风险，但是社区壮族人民仍坚持自留田地保留少量的种植面积，以满足生活特别是传统节日所需。这是一种基于传统知识和民族文化的以社区农户自主保护为主体的传统种质资源保护模式。

这种保护模式具有自发性、长期性和可持续性的特点，同时也具有一定的无序性，需要对保护全体社区农户进行鼓励和意识教育，增强其对传统种质资源重要性的认知和保护的意识，提高保护能力，强化科学性。

(二) 基于经济价值的保护

黑尔糯米的经济价值在实践中已经得到认可和证实。尽管案例中传统种质资源的市场发展尚处于初级阶段，但是"农民合作社"、"农户+公司"、"政府推动农户"的模式在实践中分别都有体现。

1. 农民合作社

以关键农户为主体，带动其他农户共同发展传统黑尔糯米的市场经济，通过经济利益的驱使促进农户恢复传统黑尔糯米的种植，防止传统种质资源的丧失。这种模式中关键农户的带头作用非常重要，特别需要成功的典型案例来支撑，从而增加其他农户的信心，促进其共同参与。此外，在这种模式中，生产者农户是直接的获益者。然而，农户的意识高低对于合作社的有序和可持续发展将带来一定的影响，有可能是负面的影响，这就对合作社关键农户的管理能力提出了较高的要求。

2. 农户+公司

黑尔糯米是以农户种植，公司收购的方式进行合作，合作双方并无有效的合同或协议。双方在选择时，通常是以经济利益最大化为导向，农户选择出价较高的公司，尽管之前与其他公司有过口头协议，但真正交易时，原有的口头协议将无任何作用；而公司对于口头协议也同样会出现不履行的情况，不按协议要求予以收购。在这种模式中，农民的相关能力是有限的，如谈判能力，较容易处于劣势，以较低的价格出售给收购公司，公司加工包装后将以双倍或更高的价格推广到市场，赚取高额利润。在这种模式下，需要建立健全合作管理机制，通过制度建设保障农户在合作交易中的利益。

在案例中，我们看到的是农户种植与收购公司的合作模式。除了与收购公司合作，也有与开发公司合作的模式，在这种模式中，开发公司起主导作用，农户与公司间或租赁关系或雇佣关系，那么，惠益的直接获得者将是公司。这种模式会带来传统种质资源流失的风险。因此，农户与开发公司合作的传统种质资源的保护模式需要加强管理，建立健全完善的政策管理体制。

3. 政府推动农户

地方政府相关部门推动农户保护传统种质资源，采用拉动经济发展的方式，促进农户继续保存和种植。在这种模式中，保护主体仍旧是社区农户，政府起保障和推动作用，在经济收益上略显不足。然而，在案例调查中，大部分的受访者在谈及期望时，均表示希望政府能够予以扶持，加大技术支持。保护传统种质资源，离不开政府的正确引导和大力支持，需要从政策上予以保障，管理上予以加强，建立完善的传统种质资源的市场经济发展机制，保障基层保护者的利益，防止传统种质资源的流失。

总之，传统农业种质资源的保护和利用需要社会各利益相关方的共同参与，因地制宜，以种质资源的传统知识价值、民族文化价值和经济价值等方面为基础，发展具有地方特色的传统农业种质资源保护和利用策略及发展模式。

执笔人：周玖璇

云南思力生态替代技术中心

附录　少数民族社区对传统种质资源保护、管理和发展调查问卷

承诺：此调查仅用于研究，不进行任何商业化行为。

调查员：_____　问卷编号：_____

调查地：_____省_____县_____乡（镇）_____村

调查时间：_____年_____月_____日

调查对象：_____　性别：_____

联系电话：_____

一、发展现状及趋势

1．品种_____

2．历史种植时间（年限）_____

3．种植量变化：□增加　　□减少　　□没变化
　　□其他_____

4．变化因素（原因）：_____

5．应用现状：□自家食用　□市场零售　□随机公司收购　□指定公司收购
　　□其他_____

6．传统种质资源形成与推广过程中与当地民族和社区发展的关系（如与民族饮食文化有关？与社区农户经济发展有关？与传统知识有关？……）

_____

_____

7．发展潜力和未来趋势（如大规模发展……）_____

_____

二、社区保护意识和措施

1．对传统种质资源的价值认可度（为什么要种植？如民族需要？经济需要？……）

_____

2．使用何种方法或何种传统生产方式和生活习俗将传统种质资源保存至今（如何保存？）_____

3．对公司收集传统种质资源的认可度（是否自愿同意？或因何种利益考虑？）

_____

4．对承担公司种植计划的响应程度（是否积极？或因何种利益考虑？）

_____

5．如有签署协议，对开发公司的协议和实施效果的满意程度：□非常满意　□满意　□一般不满意　□非常不满意　为什么_____

_____

6．有何诉求（或期望）_____

三、社区管理能力

1．农户的自我保护能力是体现在个体农户还是社区的集体力量：□个体农户　□集体力量　□共同　□其他_____

2．农户与开发公司经济关系中的自我保护能力：

（1）□谈判能力非常好　□谈判能力好　□谈判能力一般　□谈判能力差　□谈判能力非常差

（2）□履行协议能力非常好　□履行协议能力好　□履行协议能力一般　□履行协议能力差　□履行协议能力非常差

（3）□维护自我利益能力非常好　□维护自我利益能力好　□维护自我利益能力一般　□维护自我利益能力差　□维护自我利益能力非常差

3．社区或农户与当地政府和开发公司之间有无沟通的渠道：□有　□无　如果有，是_____

4．出现争端时，解决机制？（如何解决问题/矛盾？）_____

案例研究三
威宁苦荞惠益共享

一、概况

(一) 威宁自然地理

威宁彝族回族苗族自治县位于贵州西部,为毕节市辖县。毗邻云南,地处黔西北高原。既是贵州的"屋脊",又是滇东北走廊的交通要塞,还是国家新阶段扶贫开发工作重点县之一。全县总面积 6 295 km²,平均海拔 2 200 m,森林覆盖率 31.7%;县境中部为开阔平缓的高原面,四周低矮,是贵州省面积最大、海拔最高的县。全县辖 35 个乡镇,620 个行政村(居委会)。2007 年末总人口 120.4 万人,汉、彝、回、苗、布依等 18 个少数民族在此栖居。少数民族人口占全县总人口的 25.1%[1]。

据文献记载,威宁在秦朝时属汉阳县地界。清康熙三年(1644 年)平水西、乌撒,次年载乌撒卫置威宁府。取威镇安宁之意。1913 年置威宁县,1954 年成立自治县,是全省乃至全国成立较早的自治县。境内分布有中水汉墓群、彝族向天坟、奢香古驿道遗址、千年古刹凤山寺、明代疆界碑、吴三桂金殿、蔡锷点兵场、石门坎柏格里墓等众多历史文化遗迹。

全县属亚热带湿润季风气候,年均气温 10～12℃,夏季平均气温 23.2℃,年均降雨量 962.3 mm,无霜期 208 d,年均日照时数 1 800 h。低纬度、高海拔、高原台地的地理特征,使这里的光能资源和风力资源为贵州之冠,威宁县城也因年平均日照数为 1 812 h,被气象学界命名为"阳光城"。盛产丰富优质的农畜产品,是我国南方最大的畜牧业基地之一,也是著名的"马铃薯之乡"、"中药材之乡"、"南方落叶水果基地",拥有 2.67 万 hm² 的中国南方天然大草原——百草坪。

龙街镇是威宁苦荞最密集的种植地区之一,位于威宁县城西北部,距离县城 61 km。全镇面积 286 km²,平均海拔 2 100 m,东经 103°54′～104°12′,北纬 26°05′～26°00′。人口

---

1 引自 http://www.gzweining.gov.cn(accessed 2013-10-24).

总数 4.9 万人，农业人口 4.2 万人，耕地面积 3 724.87 hm²。主要民族成分有：汉族、彝族、苗族、回族、布依族等，辖 24 个行政村。少数民族占总人口的 46%。全年日照时间为 1 220 h，无霜日 308 d，年平均降水 1 100 mm。2011 年财政收入 240 万元，农民人均占有粮食 378 kg，人均年收入 4 000 余元，人均耕地 0.09 hm²，全镇共有粮食种植面积 5 612.73 hm²。主要粮食作物有玉米、洋芋、荞麦（苦荞、甜荞）等，经济作物有干果（核桃）、水果（西瓜）、烤烟、蔬菜等。

（二）资源特征

1. 培育和生产历史

威宁素有"荞乡"之称，是贵州省苦荞生产的重要基地。

苦荞是威宁自治县各族人民最早栽种的粮食作物之一，该县自古就有"高原荞乡"的美誉。据彝文史料记载，至少在公元前 14 世纪中期，该县彝族人民就有着种植苦荞的历史。《威宁县志》记载："明年，威宁大饥，出仓荞平粜，荞尽，言于贵西道史斌，斌令其弟朗山同良嗣劝民之有盖藏者赈之，全活甚众"。苦荞是该县远近闻名旅游食品荞酥、荞饭、荞酒、荞疙瘩、荞面粉、苦荞茶等的主要原料。威宁荞酥成为明代开国皇帝朱元璋的贡品，当时荞酥被明朝庭称颂为"南方贵物"。威宁苦荞的培育、加工已至少有 3 000 年的历史。

改革开放以后，威宁县的其他粮食作物如马铃薯、玉米的种植面积不断扩大，苦荞的种植面积也随之减少，部分地区减少了约 85%，如龙街镇。

2. 品质特征

苦荞、苦荞麦，英文名 Tartary Buckwheat，亦称"鞑靼麦"，民间俗称"土四环素"、"土三七"、"荞叶七"。苦荞麦 *Fagopyrum tataricum*（L.）Gaertn.为蓼科荞麦属一年生草本植物[2]。茎直立，高 30～70 cm，分枝，绿色或微逞紫色，有细纵棱，一侧具乳头状突起，叶宽三角形，长 2～7 cm，两面沿叶脉具乳头状突起，下部叶具长叶柄，上部叶较小具短柄；托叶鞘偏斜，膜质，黄褐色，长约 5 mm。花序总状，顶生或腋生，花排列稀疏；苞片卵形，长 2～3 mm，每苞内具 2～4 花，花梗中部具关节；花被 5 深裂，白色或淡红色，花被片椭圆形，长约 2 mm；雄蕊 8，比花被短；花柱 3，短，柱头头状。瘦果长卵形，长 5～6 mm，具 3 棱及 3 条纵沟，上部棱角锐利，下部圆钝有时具波状齿，黑褐色，无光泽，比宿存花被长。花期 6—9 月，果期 8—10 月。广泛分布于亚洲、欧洲及美洲。我国东北、华北、西北、西南山区有栽培，有时为野生。生田边、路旁、山坡、河谷，海拔 500～3 900 m。贵州盛产优质苦荞。

---

2 引自《中国植物志》，1998，25（1）：112.

图 3-1　威宁苦荞（李丽摄影）

《本草纲目》记载："苦荞味苦，性平寒，能实肠胃，益气力，续精神，利耳目，炼五脏渣秽；降气宽肠，磨积滞，消热肿风痛。除白浊血滞，积泄泻"。《备急千金要方》和《中药大辞典》都有苦荞的记载："可安神，活气血，降气宽肠，清热肿风痛，祛积化滞，清肠功效"。

威宁苦荞产量高、品质好，曾有细白米苦荞、黑苦荞、大白米苦荞、尖嘴苦荞、刺荞等五个传统品种，但现在保存的仅有细白米苦荞和黑苦荞两种，其他品种早已失传。

威宁是公认的优质苦荞生产地。大街、龙街、雪山、哲觉、观风海、梅花山等乡镇是县内苦荞的主要产区。

图 3-2　集市上的荞凉粉（李丽摄影）

（三）种植条件和方法

通过对龙街镇 20 多位苦荞种植户的访谈调查发现，村民大多不知道苦荞的种植历史。相传明朝时当地就已经在种植苦荞，并将其作为主粮。

1. 种植条件

威宁苦荞被普遍认为是一种"懒庄稼"，无需专业的技术和过多的时间投入即可种植。但它对气候、地形、土壤、种植方法等还是有一定要求的。

（1）气候和地形。威宁县海拔 2 200～2 400 m 的山区，最适宜种植苦荞，而且还很有利于苦荞品质的保证。

苦荞虽是短日照作物，但对日照要求不严，在长日照和短日照下都能生育结实。生育期时最适宜的温度是 18～25℃。凉爽的气候和湿润的空气有利于产量的提高。当温度低于 10℃或高于 32℃时，植株的生长发育受到明显的抑制，而造成减产。苦荞生长快，一般三个月左右。

（2）土壤。当地盛传："三年两头种，三年两不种"，就是"休耕"。休耕有利于土壤有机成分的累积。若耕地连续种植苦荞超过两年，那么第三年的苦荞收成会大大减少。当地村民还流传着"火烧荞"的故事，讲述的是春季炼山后种植苦荞，夏秋丰收的事情。

2. 传统的种植方法

（1）播种。威宁一年可以种植两季苦荞。每年的农历三月或四月份播种，农历六月前后收获，这种苦荞称之为"早荞"。每年农历六月份播种，九月份收获，称之为"迟荞"。但部分地区由于受局部气候、土壤、人为因素的影响仅能够种植"早荞"。

在选种上，播种前选用颗粒饱满、均匀的种子，有利于提高苦荞的产量和总体质量。种植苦荞的传统方法是用烧过的碎骨头和种子拌着播撒，有时混合有农家肥和磷肥。骨头烧过之后含有钙、钾、磷等多种矿物质，能够被苦荞吸收，促进生长。71 岁的老人张某说："用晒干的牛粪和磷肥跟种子一起撒下去，荞子长得更好。"

（2）追肥。所谓"追肥"，是指在苦荞长至 20～30 cm 高时，施化肥或农家肥，这对于苦荞的生长十分重要。这一时期正是苦荞生长的关键期，充足的养分能够加快苦荞的生长和营养积累。在雨后施肥更能够促进苦荞对养料的吸收，在当地，多数农户是选择在雨后进行施肥。

关于肥料，绝大多数村民现在基本上都使用化肥，而苦荞开发公司多不支持使用化肥，鼓励使用人畜粪便、草木灰等肥料。

（3）除草。使用除草剂会导致苦荞大量减产甚至死亡。首先是因为耐除草剂的苦荞品种未开发出来，其次是苦荞生长速度较快，田间杂草一般在苦荞最初发芽的时候有部分影响，随着苦荞的生长，高度超过杂草之后就不受杂草影响了。当地村民从不担心杂草的问题，基本上都没有去除过杂草。

（4）抗虫害。威宁苦荞的培育源于对野生苦荞的引种驯化，因而能够保存天然的抗虫害特性。在当地人的历史记忆中，很少出现病虫害导致苦荞大量减产的现象。

（5）收获。苦荞收割一般选择温度高、有微风的晴朗天气，便于收割、风干、储藏。一旦在收获期间逢到连阴雨天气，苦荞就会大大减产，甚至会颗粒无收。2012 年村民张某的苦荞亩产不到 50 kg，就是受到了连天阴雨的影响。

（6）储藏。存放方式很简单，只需跟一般谷物同等的条件就可以。当地农户通常用麻袋装包后置于干燥处。

（四）品种、种植规模及变迁

1. 大部分品种丧失

在龙街镇调查发现，除了细白米苦荞，余下的四个品种几乎无人种植，也没有保留这些品种的种子。村民陈说："土地下放前就很少知道有人种这种品种了，更何况现在的人都不分什么品种了。"

（1）尖嘴苦荞、黑苦荞（二者极为相似，较难区分，但事实上尖嘴苦荞较黑苦荞而言细而长，并且黑苦荞颜色较深。）的减少是因为外壳太厚，淀粉量少，市场价格相对较低，威宁苦荞种植户多不愿种植。尖嘴苦荞，已经消失。黑苦荞在其他乡镇还有部分存在。这两个品种颜色深、味道重，口感与其他苦荞相比之下略显苦。

（2）大白米苦荞，刺荞，这两种品种很少有人见到，就连 71 岁的村民张某都没见到过，只是儿时听说过这些品种。据说在改革开放时期这两种品种就已经很少种植。

（3）细白米苦荞又称之为小白米苦荞，种子色白，光滑圆润，口感好，产量高，为普及品种。

由于单一化种植细白米苦荞以及其他品种的丧失，已经没有其他品种可供当地村民挑选。在调研过程中所走访的几位青年人（30 岁左右），很多都不能区分不同的品种。

2. 种植面积大幅减少

苦荞种植面积的变化主要是在 20 世纪 70 年代，现在总产量减少了约 90%。在 20 世纪五六十年代以前，苦荞是龙街镇的主食之一，产量虽然很低，但是由于其他农作物的产量与苦荞无异，且人力物力投入少，村民大都种植苦荞。改革开放之后，政府引进优良玉米、洋芋品种到当地种植，产量不断得到提升，部分农户逐渐放弃种植苦荞。尤其是 2000 年，威宁洋芋的知名度大大提升，价格也不断攀升，每亩洋芋的经济产出要远比苦荞要高得多，因此绝大部分农户都不种苦荞，改种洋芋了。

而在整个威宁县，原本家家户户都种植的苦荞，如今仅在大街、龙街、雪山、哲觉、观风海、梅花山等少数较为偏远的乡镇种植。

3. 威宁苦荞资源减少的原因

（1）当地粮食结构变化。苦荞在威宁的种植、传承都是因为它曾经是当地人的主食之一。但随着马铃薯、玉米的成功引进、产量提高，种植苦荞的人就很少了。种植马铃薯、玉米的收益远比种植苦荞的收益要好得多。比如说马铃薯，产量高，种植方法简单，方便管理，市场价又高，又可作为主食。玉米也同样，很多人也因此不愿种植苦荞了。

（2）经济效益低。苦荞产量低，过去即使丰收，也只能够满足自家的需求，不愿也没有余粮出售。相比较而言，马铃薯、玉米既能够提供温饱，又能够提高经济效益，逐渐挤压了苦荞种植。同时，威宁县的农业扶持政策多是针对马铃薯、经济林、中草药和畜牧养殖的，对苦荞种植没有激励措施，故农户更多选择种植其他作物。此外，威宁马铃薯的价格不断提升，而苦荞的价格并无较大变化，再加上亩产的巨大差异，二者总的经济效益相差悬殊，农户更愿意将有限的土地种植马铃薯而非苦荞。

（3）地方品种遗传资源保护意识不足。无论是农户还是政府，对苦荞作为一种遗传资源的保护意识严重不足。村民主要从产量和能否带来经济效益方面考虑是否种植苦荞，没有保存种质资源的意识。一些尚在种植的农户或区域，也主要基于饮食习惯和文化传统；此外，威宁农村主要劳动力大量外流到外地去打工，家里的土地很多已经荒芜。年老的人或者妇女又不能种植太多的土地，一定程度上使苦荞的种植面积减少。在被访问的近 20 位村民中，有 50%的人把希望寄托于当地政府，认为如果政策合理，在以后可能会促进苦荞的开发。余下的则多是认为苦荞是好东西，但很难有人会认识到这一好处。

政府尚未意识到苦荞作为遗传资源的独特性和开发利用价值。据说该县农科所也成立了一个小组研究威宁苦荞，但该所研究人员认为："本地苦荞虽然味道好点，但产量太低了，根本不利于长远发展，要想卖到外面去，就要有销量，不然农科所为什么这么推广这些品种啊？"从提升产量上考虑，威宁农科所近年还引进了一批外来品种，以取代传统品种：如 KQ09-2（西农 9940）、KQ09-3（平西 01-043）、KQ09-4（兴苦 2 号）、KQ09-5（昭苦）等品种。虽然未投入推广，但也能够体现出对威宁苦荞传统品种的认知和态度。

（4）其他产区的竞争。20 世纪 70 年代中期到 90 年代初，威宁荞酥是国际知名特产，威宁的苦荞产业一度兴旺，全县苦荞种植面积最高年份达 40 万亩以上。随着国内云南、四川、山西等苦荞产地产业化的兴起和发展，威宁苦荞被远远甩在了后面。

目前，威宁年种植苦荞面积约 16 万亩，年产量约 1.5 万 t，大量以原料销往省外或出口，仅有 2 000 余 t 在本地进行开发利用。成型并深受消费者喜爱的荞酥系列产品大多为传统手工作坊式生产，至今仍停留在地方特色食品层面。其余荞酒、荞面、荞麦片、荞茶等苦荞系列产品也因企业规模化程度低、技术含量低等原因无法抢占市场。威宁苦荞尚在整个产业市场的低端挣扎。

二、威宁苦荞的市场潜力

（一）传统的利用方式

苦荞在当地的传统利用方式，主要是磨成面粉，加工成各种饭食，包括："苦荞粑粑"、"苦荞饭"、"苦荞凉粉"、"苦荞粥"、"苦荞面疙瘩"、"苦荞稀饭"等。

其中，苦荞的利用与彝族关系密切。在彝家山寨，无论婚丧喜事，逢年过节，还是宗教活动，饮食祭祀都离不开荞麦食品。彝族熟制的荞麦食品有"千层荞饼"、"荞年糕"、"荞凉粉"、"虫荞饼"、"蛇荞饼"、"荞麦饭"等多种。

除了民间自用，目前威宁当地市场化程度最高的苦荞制品当属威宁荞酥。荞酥是彝族的传统点心，用荞面、红糖、菜油、小豆、芝麻、玫瑰、瓜条等原料精制而成的带馅糕点。有扁圆和扁方形两种，正面刻有花纹，色泽金黄，清香酥甜。这种糕点传说由明代贵州彝族女土司奢香的厨师丁成久创制的。始为专供土司奢香夫人食用，上刻有九龙捧寿的图案，曾在朱元璋生日时进献，被列为贡品之一。后来才慢慢变为民间大众的食品。

近年来，随着苦荞营养价值的发现，用苦荞面加工的荞饭风靡全省。在省会贵阳，很多餐馆都会供应荞饭，价格比米饭高出数倍。

（二）新的开发利用方式

威宁苦荞正由商业公司进行多样化的开发利用。市场上出现的新产品主要有：苦荞茶、苦荞米、苦荞醋、苦荞酱油、苦荞酒、苦荞颗粒（OTC 药物）、苦荞粥、苦荞牙膏、苦荞麦皮枕头等。

威宁得天独厚的自然地理和苦荞种植传统等综合优势，以及所蕴含的丰富的民俗、旅游、营养、健康等优势，都显示着威宁苦荞有着很大的开发潜力和广阔的市场前景。

苦荞产品主要消费对象是高中档消费人群，多数出售到广东、福建、浙江、广西、云南等沿海发达城市。值得深思的是，一方面，威宁苦荞的商业开发日益扩展，市场需求也越来越大，产品价格也一路走高；另一方面，威宁苦荞在当地的收购价却一直未有提升，成为导致这一优质地方品种在当地日渐萎缩、面临失传的重要原因。

三、种植开发现状及政策

（一）种植政策

目前威宁地区的农业发展主要依靠的并不是苦荞，而是其他经济作物，因此农业的投资重点也不在苦荞。威宁农业政策有相关的一些鼓励威宁特色农产品开发的一些政策，但扶持重点是其他作物，如：烤烟、马铃薯、西瓜等。也有小额贷款的优惠政策，但并不是针对苦荞种植的。威宁自治县农村信用社有小额贷款的扶贫政策，贷款额在 3 万～5 万元，手续较为简单，利息很低，约为 0.009 元。还有"小额妇女"贷款项目，用于农村妇女创业的资金信贷，限额 10 万元，一年内无利息，只要没有不良贷款历史的农村妇女都可以贷款进行创业。但这种政策并没有针对性，威宁苦荞的种植和开发很需要相关政策的支持。

此外，威宁农民种植苦荞所要承担的费用比较大，比如在肥料、种子上，但是当地政府并没有相关的补贴。而且在收获过程中所承担的风险也很大，一旦减产却没有相关的灾害补偿，这也就造成了威宁苦荞的面积大幅下降。

龙街镇政府有意发展苦荞种植，正在积极寻找开发苦荞的一些公司，发展订单农业。龙街镇一共有 667.67 hm² 以上的土地适合种植，就是因为其他的原因导致这种传统农业逐渐走向衰落。赵镇长说："我们有很多的土地，只要哪家公司愿意为我们提供种子、肥料、价格定位，我们就可以大规模种植"，从这点上讲，种植苦荞，发展本地区的经济是很有可能的。

赵镇长认为，目前制约威宁苦荞发展的主要原因是市场因素。他表示，如果有订单，当地可迅速组织成立苦荞种植专业合作社与企业对接。好处在于：

（1）种子、肥料有来源，不必担心种植户种植成本提高的问题；

（2）收购价格有保证，既然由合作社进行对外价格协商，就能保证苦荞价格的提升。防止地方收购站压低价格，进而提高种植户收入；

（3）对传统品种的复壮也有利。合作社成立之后，会有相关技术部门对威宁苦荞的传统品种进行复壮，使苦荞的品种更加丰富，也使苦荞适合更多的不同的消费人群。

（二）开发现状

在当地，专注于威宁苦荞开发的企业仅有贵州省威宁县金荞农产品专业合作社、贵州省威宁高原大西门荞叶七经营部。这些企业对于威宁苦荞的市场期待性比较高，威宁县金荞农产品专业合作社胡经理对威宁苦荞就有着很大的自豪感和优越感；威宁高原大西门荞叶七经营部的老板是威宁本地曾经的苦荞种植户，对威宁苦荞的特点、优势非常了解，因此这些企业多专注于威宁本地苦荞的开发。其他企业也有关于苦荞的开发利用，但大多不是针对于威宁苦荞，而是对全国各地区的苦荞进行收购、加工、推广、销售。如四川西昌森景实业有限责任公司、乐山市大风顶食品有限公司、西昌山瑞食品公司和山西清高苦荞产品营销有限公司等。

（1）与其他苦荞开发公司相比，威宁苦荞的开发商经营规模相对较小，技术处于起步阶段。威宁县金荞农产品专业合作社于 2006 年注册，现仍处于资金回笼阶段。贵州省威宁高原大西门荞叶七经营部于 2012 年注册，投入资金累计 500 万元，公司员工目前为 7 人，基地、厂房等基础设施近期落成，技术开发也处于起步阶段。

（2）威宁苦荞开发企业现有的开发产品品种多样，但依然处于起步阶段，需要技术、资金的支持。

贵州高原大西门荞叶经营部于 2012 年注册，投入资金 500 万元，拥有约 200 hm² 的厂房和耕地。该公司已经和多个乡镇洽谈过订单农业的合作，基本达成一致，但希望政府能给予种植补贴。

近年来，威宁县借鉴马铃薯产业化发展的成功经验，积极申报承担科技部科技成果转化项目《苦荞黔苦系列新品种示范》、省农业厅特色农产品项目《苦荞黔苦系列良种生产及示范基地建设项目》等,在小海、二塘等乡镇示范种植新品种黔苦系列 3 000 hm²、原种繁殖 36.67 hm²、种子生产 233.33 hm²,引导群众进行苦荞科技化、规模化种植,并有 200 hm² 已获得国家无公害苦荞产地认证。

2010 年,苦荞保健食品开发项目——贵州"国荞"科技有限责任公司在毕节地区注册成立,并启动了 1 000 万元的科技开发项目资金。生产包括苦荞软胶囊、苦荞硬胶囊、苦荞精华提取、苦荞茶、苦荞营养羹等高附加值的保健食品。目标是五年之内建立种植万亩苦荞,年加工苦荞 5 000 t,产值 5 亿元,国际国内建立销售中心的中国苦荞行业龙头企业。

以企业为主的科技攻关取得成果,由贵州在京博士团注册成立的北京中博联创苦荞科技有限公司和苦荞科研所已申请注册了"国荞"、"天荞"商标,并开发出 4 个专利产品,其中已有 2 个获得国家知识产权审查通过。

四、惠益分享现状

威宁苦荞在商业开发过程中,完全没有体现对遗传资源所有者的知情同意和惠益分享原则。

龙街镇的农户一般会将苦荞拿到附近的集市上,售卖给收购商。丰收时节,未加工的荞麦的价格仅为 0.4 元/kg,歉收或不当季时,荞麦收购价为 0.75 元/kg;加工成荞面后,价格为 1~2 元/kg。农户并不了解这些荞麦和荞面通过收购商后流向哪里,作何用途,以及加工成产品之后到达消费者手中的价格。

在威宁苦荞仍有分布的乡镇,基本上每个场坝都有苦荞收购点,中间商将零星收购的苦荞转运到县城后,主要流向餐馆、荞酥加工商,以及其他商业开发企业。县城市场上供应本地人的荞麦或荞面价格一般在收购价的基础上每千克上浮 0.5 元左右。

对苦荞开发企业而言,苦荞收购价被当成商业秘密,不肯透露。由于威宁苦荞的产量和规模近年来急剧下降,威宁当地的加工和开发企业除了在当地采购之外,已大量使用外地原材料,但以威宁苦荞的名义加工产品和销售。

以威宁苦荞为主要开发对象的威宁高原大西门荞叶经营部负责人透露,威宁苦荞供应不足,已严重影响了企业的正常运转。在 2012 年的最后一个季度,该公司能收购到的威宁苦荞仅为 500 kg 左右,远远不能满足生产能力,基本上每周只能开工一两天。

与此同时,商业企业已经敏锐地发觉威宁苦荞作为遗传资源的市场价值。以威宁高原大西门荞叶经营部为例,已将威宁苦荞开发为 15 个产品,并且全部申请了专利,专利权归企业所有。该企业的负责人曾是苦荞种植户,对威宁苦荞的特点、优势非常了解,因此专注于威宁本地苦荞的开发。为解决原材料供给困难,该企业正在自建 200 hm² 苦荞种植基地,种植威宁传统的细白米苦荞。该公司负责人表示,自建的基地将完全采用传统的种植方式,他表示,只有传统的种植方式才能保障威宁苦荞独特的营养价值和口感。

公司负责人认为,企业没有义务将苦荞的开发情况告知品种来源地区,产品的专利权也应完全归企业所有。关于回馈村民，他认为，如果产品畅销，企业自然会提高原材料收购价，村民就能受益了。

在威宁苦荞种植较为普遍的乡镇，地方政府普遍欢迎企业的开发行为，认为可以通过订单农业提升农民的收入，但没有遗传资源保护以及代表农户争取知情同意和惠益分享的意识。

大量威宁苦荞以原材料的方式流入不同类型的加工开发环节，作为遗传资源的使用状况完全失控。如威宁县对外贸易公司常年向外供应荞麦，并在与威宁仅一山（梅花山）之隔的六盘水市设立了办事处。六盘水市近年以六盘水、威宁一带的苦荞为主要原材料，扶持龙头企业开发苦荞产品，建立了苦荞粉、苦荞饭、苦荞羹、苦荞挂面、苦荞香茶等多条食品生产线并申请了国家专利和注册商标。

五、问题与建议

由于没有建立遗传资源保护和惠益分享的观念和机制，威宁苦荞长期以原材料方式供给市场，资源原生地居民的利益完全没有保障，造成资源在当地的迅速萎缩，甚至面临失传的危险；同时，遗传资源以原材料方式大量外流，被企业和他国窃取利用的风险极大。调查显示，一方面是日益高涨的苦荞制品价格和需求，另一方面是威宁苦荞种植户的贫困，以及因收购价极低而放弃苦荞生产的现实，就是问题的核心所在。

针对这一个案，建议如下：

为遏制和防止遗传资源被"窃取"，应尽快建立威宁苦荞作为原材料出口的流向跟踪，并由国家相关部门登记备案，如有海外企业或科研机构用以开发并申报知识产权，可由国家层面进行"维权"。

尽快启动威宁苦荞作为遗传资源的基础调查，建立资源数据库，明确原生社区的范围。

加强对威宁苦荞的基础研究，为品种提纯复壮和改良提供技术支持，在保持品种特点和品质的基础上，提高产量和抗气候风险能力，解决品种扩繁的技术障碍。

支持地方企业的市场开发，以产业发展带动品种繁育。

支持农民建立专业技术协会或合作社，以提升进入市场和与开发商谈判博弈的能力。

最重要和关键的是，需要在法律层面明确威宁苦荞作为遗传资源的权利关系，在商业开发的过程中，要求获取者和开发者履行知情同意和惠益分享原则。

执笔人：李 丽 杨 钮

贵州日报社

案例研究四
雀鸟朝天椒惠益共享

一、研究区域概况

雷山县位于黔东南苗族侗族自治州西南部，东临台江、剑河、榕江县，南抵黔南自治州的三都水族自治县，西连丹寨县，北与凯里市接壤。距省府贵阳 184 km，距州府凯里 42 km。全县总面积 1 218.5 km²，辖 4 镇 5 乡，共 157 个行政村，1 305 个村民小组。2009 年末总人口（户籍）149 789 人。县境内世居着苗、侗、水、瑶、彝等五个少数民族。少数民族人口占 92.32%，其中，苗族人口占总人口的 84.78%。

雷山县属于亚热带温润季风气候，境内森林覆盖率达 64.4%。其中最高海拔 2 178 m，最低海拔 480 m。最高处即雷公山，系苗岭之巅，为贵州苗岭山脉东段总称，主峰海拔 2 178.8 m，雷山县因此而得名（雷公山位于雷山县城东北面，距县城 30 km）。雷公山，史称"牛皮大箐"，苗语称"播别勒"，意为"雷公居住的地方"。雷公山顶年均气温只有 9℃。雷公山全境垂直气候差异明显，四季分明，气候温和，冬无严寒，夏无酷暑，雨量充沛。境内年平均气温为 14～15℃，"冬暖夏凉"是其主要的气候特征。

图 4-1　雷公山深处的雀鸟苗寨（李丽摄影）

雷公山自然保护区群峰起伏，由冷塘山、乌东山、野草坡、木姜坳、雷公坪、冷竹山、猫鼻岭、九洞山等 11 座海拔 1 800 m 以上的山峰组成，地跨雷山、台江、剑河、榕江四县，总面积 4.73 万 hm²，其中雷山县辖区 3.51 万 hm²。雷公山地处长江水系和珠江水系的分水岭地带，是清水江、都柳江主要支流的发源地，长江水系和珠江水系的重要支流。

雀鸟村位于雷山县方祥乡之西部，雷公山东面脚下，距县城 41 km，距方祥乡政府驻地 6 km，平均海拔 1 558 m，国土总面积 2 107.3 hm²，耕地 58.94 hm²，其中中低产田达 42.94 hm²，可开发利用荒山荒坡 342.2 hm²。该村处于雷公山腹地的崇山峻岭之中，全部属于雷公山国家级自然保护区核心区，是贵州省 100 个一类重点扶贫乡镇的重点扶贫村之一。全村有 8 个村民组 241 户 917 人，全部都是苗族，全村劳动力 575 人，外出打工 127 人。

雀鸟村近些年主要以生态农业为产业，村寨先后成立了雀鸟村中药材种植协会、茶叶协会、农业促进会、辣椒协会、苗森中药材种植合作社等农村经济合作组织，以生态农业产业为重点的特色产业开发，现建成了生态农业示范基地 166.67 hm²，有 14 户农户搬迁到产业基地发展产业，初步形成了"麻、辣、菜、猪、茶"即天麻、朝天椒、山野菜、黑毛猪、茶叶的产业发展格局，全村的农民人均年纯收入由 2000 年的 908 元增加 2011 年的 3 810 元。产业不断的发展，越来越多的年轻人选择离开东南沿海地区打工生活，纷纷返乡创业。现雀鸟的两个黑毛猪养殖基地、一个林下养鸡场、两个朝天椒种植基地都是打工返乡青年创办的，积极带动村寨更多的农户加入特色农业的发展行列。

二、雀鸟朝天椒种植现状

（一）雀鸟朝天椒特性及传统种植技术

雀鸟苗寨有着悠久的朝天椒种植历史。雀鸟种植的辣椒只有两个品种："长椒"（辣椒 *Capsicum annuum* var. *annuum*），当地苗族称"收带"；"朝天椒"（簇生椒 *C. annuum* var. *fasciculatum*），称"收勾"。村民认为这两个品种都是本地的传统品种，很久以前就开始种植。雀鸟朝天椒属典型的小果型圆锥椒，因其特辣、特香而著称，是雀鸟苗族群众长期驯化栽培和自然选择的产物，是雷山县的地方特色品种。雀鸟朝天椒为一年生栽培，株高在 30～60 cm，茎直立，单叶互生，花白色，花期 6 月初至 7 月底，果实簇生于枝端。全草入药，根、茎性温，味甘，能祛风散寒，舒筋活络；并有杀虫、止痒功效。据分析，雀鸟朝天椒含香味成分 29 种，维生素 C 的含量是普通辣椒的数倍，维生素 B、脂肪、粗纤维、胡萝卜素及钙、铁等人体必需的营养元素也较丰富，故其香味、辣味和鲜味俱全。

图 4-2　雀鸟朝天椒植株（李丽摄影）

雀鸟朝天椒具有较强的地域性和稳定性。雀鸟朝天椒与众不同的特点，主要取决于得天独厚的地理环境和传统的种植方式。雀鸟属于亚热带高原地区，地势相对较高，日照充足，昼夜温差较大；种植基地平均海拔 1 200 m 以上，这里冬季来得早，周期长，夏季来得晚，周期短，独特的季节气候造就雀鸟朝天椒独特的香辣味。雀鸟朝天椒种植几乎是用新土耕种，从不播撒化肥，坚持使用农家肥，把新土上面的灌木林砍伐后焚烧，作无机肥使用。独特的气候、土质和种植方式造就了雀鸟朝天椒的独特口感与品质。

雀鸟朝天椒的种子都是农家自留种。一般在收获的季节选取果实饱满的朝天椒，放置在冬季烧火取暖的房间，雀鸟苗族同胞冬季在这种房间烧火取暖，温度适中而且房间湿度适合种子保存。4 月初，将稻田里晒干的田泥平整移到要育苗的土里，再混合上在冬季烧来的草木灰，为育苗做准备。将朝天椒种子散在育苗地里，定期施放农家肥，保持土壤湿度适中，5 月初便开始出苗。同时准备移栽的土地。

图 4-3　雀鸟朝天椒簇生的果实（李丽摄影）

雀鸟朝天椒移栽田土分成两种。地势较高长有灌木丛的向阳坡，一般是黄色沙土。将灌木丛砍掉自然晒干后焚烧，土层表面就留有一层草木灰，再将土地翻整好。这种地种植的朝天椒特辣、香味也比较重。另外一种是在上年放干然后松土平整好的田里或是用田泥做土的菜地。这种地种植的朝天椒辣味较淡一些。

6月初开始移栽，按行株距45 cm×30 cm，每亩3 500～4 000丛，每丛3株，坑6～7 cm深，放置农家肥草料。选择植株的要求是株高20 cm，苗龄50 d左右，具有10～14片真叶，节间长1.2 cm，叶色正绿，根系发达，已生2～3次侧根，无病虫害。雀鸟朝天椒喜温、喜肥、喜水，不耐浓肥、忌雨涝，移栽后应做到以下几点：

松土，及时松土除草，可促进根系生长发育，提高土壤温度。土壤水分较多时，松土还可散湿，有利于根系生长。

分期追肥，可分2～3次进行追肥。已经施了农家肥，有缺肥现象，再施少量粪尿进行根外追肥。

抗旱排涝，雀鸟朝天椒根系浅，怕旱怕涝，特别是盛果期，如缺水，产量会严重受影响。应小水勤浇，保持土壤湿润。高温天气忌中午浇水，以免降低土壤温度，造成落叶、落花、落果，一般在傍晚浇水。

雀鸟苗族群众还有一个种植朝天椒的小窍门：在夏季雨后不能让人或动物闯进椒地。苗族群众认为"这时候辣椒的灵魂会出来享受清新的空气，进去会让它们受惊吓导致不结果"。较为科学的解释是：夏季是雀鸟朝天椒的盛花期，由于它的花梗较细瘦，动物干扰易致花朵凋落，从而影响产量。

图4-4　雀鸟朝天椒的田间管理（李丽摄影）

雀鸟朝天椒在 9 月份收获，采摘完成后，用稻草系成串串。挂在小房间里面，在房间里烧火保持房间温度在 15℃ 左右，保持干燥状态，进行烘干。烘干后，将朝天椒放置在密封的塑料袋中，防虫防潮。

（二）朝天椒在村民生活中的地位

村民常说：“吃惯了雀鸟的辣椒，外面的辣椒就一点味道都没有”。村民用朝天椒来做蘸水，而长椒用来炒菜或作其他调味料。村民食用辣椒做法是：将朝天椒在火炉里烘烤，吹去灰烬，碾碎，然后和花椒、木姜籽、葱蒜等香料混合制成蘸水。能增强食欲，促进消化。也用作其他食品加工的调料，使味道更鲜美。

雀鸟朝天椒不仅是一种必不可少的食品，同时在苗族文化中也占有重要的位置。辣椒在苗族文化里面象征吉利、辟邪的寓意，当家里有人生病或是身体不适，苗族会请来鬼师为病人做法事。鬼师会用红辣椒和其他物品挂在门头或放在进村的路口，寓意驱赶和拦阻邪气，保佑家人健康长寿。在春季播种的时节，村民用辣椒、树根、红白纸捆成一把，插在田里祈求风调雨顺、保粮食满仓；酿米酒时，把一根辣椒、两三颗木炭放在酒糟里，才能保障酿出好酒等，可见辣椒在苗族同胞的生活占有重要的地位。

（三）雀鸟朝天椒种植状况

雀鸟朝天椒的市场价格维持在 60 元/kg（干重）左右，但一直没有形成规模化种植。每户种植面积 0.02 hm² 左右，每年每户收获 300 kg 左右（鲜重）。全村一年累计收获也只有 1 500 kg 左右（干重）。2010 年 9 月，雀鸟成立了全县唯一的一个辣椒协会。2012 年，五户村民扩大种植面积，每户种植一亩左右，预计亩产 1 000 kg 左右（鲜重），但全村的总量也没有得到提升。雀鸟朝天椒没有形成规模化种植，农户、辣椒协会、政府都一致认为有如下原因：

（1）劳动力流失。大量青壮年劳动力外出务工，导致雀鸟苗寨农业生产力不足。辣椒种植和田间管理需要的劳动量很大，焚烧草木灰、翻土、施农家肥等都需要青壮年劳动力。

（2）地理条件限制。雀鸟村位于雷公山腹地的山脊上，地势陡峭，大部分土地都是坡耕地，耕种和管理难度较大。另外，雀鸟村位于雷公山国家级自然保护区的缓冲区内，不能大规模砍伐树林，种植朝天椒。再有就是陡峭复杂的地形，交通困难也是造成难以规模化的原因。

（3）缺少技术支持。雀鸟朝天椒种植一直依赖传统技术，缺少科学化种植和规范化管理。幼苗成活率低，病虫害严重，产量不高。

三、开发与惠益分享案例

2010 年，黔东南州中南贸易有限责任公司开发注册的“雀鸟香辣辣”辣椒品牌，参加

"巴黎国际博览会"，使雀鸟朝天椒的名扬海外。村民和政府都认为雀鸟朝天椒未来发展潜力很大。

（一）开发合作契机

雷山县政府大力发展旅游业和特色生态农业，要求每个乡镇加大力度发展出不同的特色农业产业。2010 年，县政府给每个乡镇派发一个免费注册农业发展协会的指标。方祥乡大力宣传，动员村民申请注册辣椒协会，鼓励雀鸟村民种植朝天椒，免费为村民发放 10 万元的肥料补助款。乡政府为辣椒协会提供申请材料，帮助村民在县民政局注册成立"辣椒协会"。辣椒协会成员内部进行物资、技术的相互交流和支持，例如统一购买种植物质、统一进行种植技术交流培训等。

黔东南中南贸易有限公司主要经营黔东南土特产，一直看好雀鸟朝天椒的市场潜力。在乡政府的牵线下，黔东南中南贸易有限公司与雀鸟村村委会达成口头协议：开发注册"雀鸟香辣辣"品牌朝天椒产品；租用村委会办公楼为加工车间；以高于当季市场价的价格收购雀鸟农户种植的朝天椒。这样就形成了"公司+村委会+种植农户+协会"的合作格局。

（二）各方职责

利益相关方之间的关系较为微妙，黔东南中南贸易有限公司和雀鸟村村委会是开发协议（口头）的当事方，而乡政府、雀鸟辣椒协会、种植户并不在协议的范围之内。种植户和企业之间并没有明确的合作关系。口头协议之外的利益相关方存在着隐性的协议关系，比如政府指导协会、协会为协会成员服务、村委会引导农户种植朝天椒、农户为公司提供朝天椒等。

1．乡政府

政府在所有的关系职责中起到中间人、监督人的角色，乡政府作为公司、村委会合作关系的牵线人。在雀鸟很多特色农业产业中，政府利用自己的行政力量和丰富的信息量，寻找外界合适的企业，进行招商引资。同时政府根据自己的行政规划，指导村委会进行规划发展方向，同时负责监督村委会的产业发展方向和规模规划。但是在雀鸟朝天椒种植开发的协议或是口头达成的协议中，没有出现政府具体的权利职责。

2．公司

在合作期间，公司负责雀鸟朝天椒的品牌开发，在工商局申请注册专利商标；负责品牌包装设计、营销渠道的开拓等。公司购买辣椒产品加工设备，在雀鸟建立食品加工厂，以高于市场价的价格购买雀鸟农户种植的朝天椒。

3．村委会

村委会职责是规划、指导农户进行朝天椒的种植，宣传、鼓励农户种植优质的朝天椒。完成政府每年规划的朝天椒种植面积，给予农户、辣椒协会关于朝天椒种植、烘烤技术培训及相关市场信息。辅助公司在村寨里收购朝天椒，作为公司、种植农户的联络人；为公司提供租用作为产品加工的厂房，最后公司租用村委会的办公大楼作为加工点。

4．辣椒协会和农户

协会负责积极发展村寨的辣椒种植农户加入协会，为协会成员提供技术、信息支持，同时组织协会进行互助合作种植。农户为公司提供优质的朝天椒。

（三）惠益分享现状

雀鸟朝天椒的开发过程中，最大的问题在于合作协议的非正式性。公司和村委会之间达成的口头协议，既没有明确规定双方的权利和义务，也无法约束和保护其他核心利益相关方的权责，如协会、农户。政府、协会、农户三方在开发过程中的自我定位、角色关系是暧昧的，难以界定自己的职责和利益。雀鸟朝天椒的开发难以顺利进行，更遑论实现公平的惠益分享。

1．利益相关方的权利认知

村委会和企业达成合作意向之初，并未在村民发布和告知雀鸟朝天椒项目开发事宜。也就是说，开发项目没有得到村民的事先知情同意。这种先天的程序不足，阻碍了企业、协会、农户后期的合作关系，也导致各利益相关方在合作中的不平等。黔东南中南贸易有限公司注册了"雀鸟香辣辣"品牌，垄断性经营雀鸟朝天椒，是最大的受益主体。公司后期的不规范甚至欺诈性经营，在原料采购上以次充好、冒名顶替等，致使"雀鸟香辣辣"品牌经营失败，雀鸟朝天椒声名受损。

从村民的角度来看，合作开发雀鸟朝天椒有利可图。认为只要收购价格高于当季市场价格，农户的收入就会有所改善；同时企业能够提供稳定的销售渠道，雀鸟朝天椒的销售前景良好。实际上，农户本是雀鸟朝天椒的品种培育者，理应成为开发项目中的核心利益相关方之一，且应分享不菲的收益。然而，由于村民和地方政府缺乏对遗传资源的权利的认识，而且合作协议的约束力太弱，村民在合作失败后难以维权。

图 4-5　"雀鸟香辣辣"的外包装（李丽摄影）

案例一：25 岁的杨成高中毕业后，到深圳开始自己的打工生涯，在一个大型企业里，从学徒到技工，工资也是从 1 000 多元提高到 3 000 多元。但是 2011 年年底回到雀鸟，看到雀鸟朝天椒非常乐观的市场前景，毅然决定留在家乡，开始发展种植朝天椒。2012 年，杨成种植 1 亩多的朝天椒，预计收获 800 斤左右的朝天椒，收益 24 000 元左右。"当初我是由于情感生活上有一些不快，想回家调整心情，没有想到会留在家里种起辣椒。现在他们都笑话我因为感情而回家种辣椒的故事，但是留在家种辣椒每年也是有一两万元的纯收入，再加上种植其他经济作物如茶叶、折耳根，我每年的收入也是和在外面打工差不多。而且在家里我比较自由，不再受老板的气，自己当自己的老板很舒服！"

案例二：60 多岁的杨立交（苗名），长期生活在山上，种植辣椒和养蜂。只有过年过节才回到家。在山上他养了几十箱的蜜蜂，种植 2 000 多株朝天椒。他说去年光卖出蜂蜜就收入 1 万多元，再加上七八千元的朝天椒收入。"在山上睡一年就收入差不多 2 万元，我觉得很划得来"。

案例三：杨山往（男、46 岁），是返乡进行种植创业青年杨成的父亲："我们村民也知道有个公司来发展辣椒市场，做成一个叫'雀鸟香辣辣'的盒子。但是他们只购买一次的辣椒，后来就从没有过来买，听说他们用其他村子的辣椒去冒充。这是不行的，因为雀鸟辣椒只有雀鸟才能种出这个香味，听说现在这个公司也垮台了，剩下的加工机器、盒子都还堆在村委会那里。我觉得我们雀鸟辣椒这么出名，政府、村委会应该带动村民发展，自己搞成一个牌子，自己卖出去才有搞头。"

案例四：笔者在采访乡政府的过程中，分管农业的一位副乡长也说雀鸟辣椒永远不会被侵权："雀鸟辣椒只能在雀鸟那个环境、气候土壤才能生长，尽管是同一品种，种植在我们方祥乡其他村寨也种不出那种优质的辣椒，所以不会担心遭到侵权。但是由于地形限制、村里能力有限，不能大规模发展。"

2. 配套资金、技术支持

辣椒协会和农户在整个合作中处于外围，没有平等的对话权；对项目资金、技术支持非常渴望，而又缺乏相应的权利意识。所以在项目合作过程中只能分享略高于市场价的价格这个优势，利用政府发放少量配套资金与物质，盲目接受外来的"科学技术"，而放弃了自己拥有的传统品种技术专利效益。

（四）村寨、农户对合作开发及惠益分享的态度

在合作前期，政府介绍引进黔东南中南贸易有限公司进入，和村委会达成口头协议。整个过程没有充分告知村民同意，但是村民在流传的信息中得知公司收购的价格高于市场价，村民便默认同意这一协议。但在合作中期，公司在雀鸟收购朝天椒只有一年，收购量很少并且发生一些矛盾：公司要求村民收购的朝天椒必须是不带果枝的，而雀鸟传统的收获方式是必须带有果枝才方便捆系烘干。最后公司成功利用雀鸟的品牌营销，而收购的辣

椒是外地的品种。农户都知道公司这是在盗用雀鸟的品牌，但自己没有能力去控诉公司，他们认为这是村委会、政府的应该做的事情。

当公司侵权利用雀鸟朝天椒的品牌进行营销一段时间后，由于市场购买者知道公司销售的辣椒不是真正的雀鸟朝天椒，最后以失败而告终。在走访过程中，农户们都表示这也是他们预料之中的结果，因为真正的雀鸟辣椒在市场中，只要一品味便知真假。但对于行政组织的在侵权过程中的不作为和监督力度不够，他们很有意见，他们觉得政府或者村委会应该自主注册雀鸟辣椒的品牌，进行开发销售，这样才能真正让全村获得利益，才能得到长期的发展。

案例五： 辣椒协会会长吴昊（男、30 岁）——雀鸟辣椒很有发展前途，前年我在自家的田里种三分地朝天椒，收获干辣椒 200 kg，收获 1 万多元。现在村民种植朝天椒的数量越来越多，政府应该要回本来属于雀鸟的"雀鸟香辣辣"品牌，然后村委会班子放大胆子，购买设备、包装袋，然后以村的名义开发雀鸟朝天椒，肯定大有前途，这样所有的获利才真正属于村民的。

四、建议

（一）事先知情同意

在政府引进公司、公司与村委会达成口头协议、公司注册"雀鸟香辣辣"品牌等过程中，当地政府、村委会、公司没有明确告知村民雀鸟朝天椒的开发信息和协议内容。在村委会和公司的口头协议中，没有明确注册雀鸟辣椒品牌后的惠益分享内容。无论是当地政府，还是公司和村委会都只是简单地把村民当成雀鸟朝天椒的原料供应商，而不是雀鸟朝天椒这一地方品种资源的栽培、选育主体。当地政府和村民的传统资源权利和在项目开发中的谈判能力亟须加强。

本土遗传资源开发应做好基层民主，征得大多数村民的"事先知情同意"。政府在前期规划时，要做好充分的社区基础调查，结合少数民族地区的地理、文化等要素做好规划。在招商引资前，与当地村民充分讨论项目开发的可行性；充分告知村民协议的内容以及村民在协议中的地位、惠益分享情况等。在事先告知的过程中，充分依赖少数民族传统议事制度如家族会议、寨老会议等，必要时培训村民签订协议和谈判的能力。

（二）社区要以主人的身份参与获取与惠益分享活动

雀鸟朝天椒开发中涉及多达五个相关利益方，但协议的核心是公司和村委会。公司在雀鸟朝天椒的开发链条中占有绝对主导地位，操控着合作的进程。村委会在协议关系中只是一个配合公司开发的角色。这就意味着公司、村委会、协会、农户在合作之初的关系就是不平等的。政府只在项目初期起到中间人的作用，而项目开始实施后便退出了协议关系。而它应该在整个过程中扮演一个监督者、引导者的角色。农户和辣椒协会本应是项目的主体，所有协议关系都应该围绕他们展开。他们在开发中的主人翁地位非但没有得到加强，反而被公司和村委会的口头协议边缘化了。村民是雀鸟朝天椒资源的拥有者和权利主体，必须加大力度提升农户参与传统资源获取与惠益分享能力，以主人的身份参与到传统资源获取与惠益分享中来。

（三）提升民族村寨参与获取与惠益分享的能力

少数民族地区相关职能部门，如文化部门与农业部门的合作，共同撰写本地传统遗传资源知识读本，在少数民族村寨推广阅读学习，增强民族地区传统遗传资源保护和参与惠益分享意识。同时通过观看学习其他地区遗传资源侵权的案例，组织村民进行有关培训学习，提高少数民族社区和农户对遗传资源及其相关传统知识的认知水平和保护意识。培训村民的谈判能力，让少数民族地区的农户增强合作开发遗传资源的议价能力。此外，通过案例和试点研究，提高民族地区社区和农户在履行合同和处理违规行为方面的维权能力。

（四）加强遗传资源获取与惠益分享的监督机制

少数民族地区政府建立健全保护传统遗传资源获取与惠益分享的法律法规，建立完善的监督机制。做到在引进资金开发传统遗传资源，获得遗传资源拥有主体大部分成员的事先知情同意。在签订协议以及协议各项内容条款获得村民农户的知情同意。在提供和获取双方"共同商定条件"和签订并实施惠益分享合同时，政府相关部门必须做到了解知情，核对查看是否符合各项法律、公约中提到的规则；建立相应的监督机制，做到以社区为主体的"商定条件"和惠益分享。对传统资源或传统知识获取后，对传统遗传资源的使用方进行实时监管，确保在协议商议的允许下使用；对使用遗传资源产生效益进行跟踪监督机制，对超出协议范围作出的任何行动或带来的效益，根据法律、公约进行起诉，有力保障民族地区遗传资源惠益分享力度。

执笔人：杨胜文
贵州日报社

案例研究五
刘官山药惠益共享

一、刘官山药概况

（一）刘官概况

安顺市西秀区位于贵州省中西部，地处云贵高原东部、苗岭山脉西端，长江水系和珠江水系分水岭上。东临平坝、长顺两县，南接紫云苗族布依族自治县，北邻普定县，西连镇宁布依族苗族自治县。距省会贵阳市 90 余 km，是安顺市府所在地，政治、经济、科技和文化中心，居住有汉、苗、布依、回、仡佬等 33 个民族 80 余万人。全区总面积 1 710 km²，耕地面积 2.78 万 hm²。海拔高度 1 102～1 695 m，最大相对高差 592.7 m。森林面积 105.02 万 hm²，森林覆盖率 25.58%。

刘官乡位于西秀区东部，距安顺城区 47 km、平坝 18 km、贵阳 65 km。东邻黄腊乡，西接旧州镇，南连东屯乡，北倚平坝县白云镇。地理位置为东经 106°9′49″～106°15′1″，北纬 26°13′45″～26°19′30″。海拔在 1 200～1 300 m，属亚热带季风气候。常年降水量 1 250 mm，平均气温 14.5℃，无霜期 300 d 左右，全年日照时大于 1 300 h。

西秀区是安顺屯堡文化的核心区域[1]。明初，朱元璋为率疆一统，两次"调北征南"。军事镇压并未制服西南，反叛之火不时重燃。朱元璋采纳大臣意见，以征剿与安抚相结合的策略，除置官设卫外，推行屯田制度，按三比七的比例，三成军队驻扎城市，七成军队屯驻农村，并按总旗每人领种田地 24 亩（1.6 hm²），小旗每人领种 20 亩（1.33 hm²），屯军每人领种 18 亩（1.2 hm²）的比例发给田地，使屯军和家属就此立寨安居。此外，明王朝又以"调北填南"的举措，从中原、湖广、江南等省强行征调大批农民、工匠、役夫、商贾、犯官等迁来黔中，名曰"移民就宽乡"，发给农具、耕牛、种子、田地，以三年不纳税的优惠政策，就地聚族而居，与屯军一起，形成军屯军堡、民屯民堡、商屯商堡，构成安顺一带独特的汉族社会群体——安顺屯堡，他们所居住的村寨大多以带军事性质的

1　来源：西秀区政府官网 http://www.xixiu.gov.cn/（2013-10-23）.

屯、堡、官、哨、卫、所、关、卡、旗等命名。

屯堡人挟军事之利，占据了黔中地势平坦、水土肥沃的坝子，带来了江南先进的农耕技术、工具和食蔬品种。在亦兵亦民的繁衍生息，既执著地保留原有的生活方式，又在长期的耕战及与当地土著的交流中，创造了独具特色的地域文化。至今，屯堡人仍保留着独特的语言，沿袭了明清江南汉族装束，其建筑、农耕品种、饮食等亦有明显区别于周边村寨的特点。

刘官乡系黔中屯堡村寨的中心地带。明朝洪武十四年（公元 1381 年）征南屯军立寨至今，已有 600 多年历史。辖刘官、小黑、南翠、鲊陇、大黑、周官、大寨、新寨、水桥、马场、高福、兴邦、兴红、金齿等 15 个行政村。拥有安顺少见的万亩大坝，土地平坦，素有黔中"米粮仓"之称，出产优质大米、折耳根（蕺菜 *Houttuynia cordata* Thunb.）和山药。居民约 15 000 人，以汉族为主，杂居少量苗族。

（二）刘官山药的由来和分布

山药是薯蓣科植物，原名薯蓣，因唐代宗名"豫"，故避讳改名为"薯药"，后又因宋英宗讳"曙"，遂改名"山药"。我国山药食用历史悠久，食、药兼用作物。敦煌莫高窟发掘的史料中，就有"神仙粥"的记载："山药一斤，蒸熟后去皮；鸡头半斤，煮熟后去壳捣为米，入粳米半斤，慢火煮成粥，空心食之。"

中国是山药的原产地，而贵州是山药在南方的四大起源地之一。咸丰元年（1851 年）再版撰写的《安顺府志》已将山药作为安顺物产记入府志。1983 年整理后的《续修安顺府志·安顺志》第 238 页记载"薯蓣，俗名山药，药用称淮山，长者至尺余，有黑、白二种，白者居多。富营养，宜熟食，生则麻口"。

图 5-1　西秀区山药王评比会（李丽摄影）

　　刘官乡是安顺山药最重要的出产地。据当地流传的故事，300多年前当地屯堡人就开始采挖野山药，油炸后作为节日佳肴，在集市上也有售卖。由于野山药根茎小，数量少，供不应求，老邦寨（兴邦村）有位姓黄的屯堡人就把挖来的野山药试种在自家的地里，第二年挖出来果然比野生山药大。就这样年复一年的引种、驯化、培育，形成了极具特色的地方品种，种植规模逐步扩大，产品深受当时的安顺州（今旧州镇）、大水桥（今大西桥镇）、平坝县等地人们的喜爱。

　　刘官山药的分布，有两种说法。安顺市西秀区果蔬站提供的资料称：农村实行联产承包责任制后，刘官乡境内的农户在西秀区农业局的技术指导下，种植面积不断扩大，种植山药面积 266.67 hm^2，辐射带动全区 17 个乡镇（办）种植面积 1 000 多 hm^2，年总产量 3 万 t 以上。

　　另一种说法来自刘官山药现在最大的生产基地——南翠村。南翠村位于刘官乡政府所在地西面，跟传说中首个将野山药人工种植的兴邦村毗邻。土地面积为 3.7 km^2，属高原地区丘陵地势。全村由 6 个村民组组成，总户数为 315 户，总人口 1 508 人。相传南翠村始祖赵亮，为明朝调北征南将军，功成后不愿回乡，定居此处。"南"指调北征南，"翠"指青竹茂盛，故名"南翠"。南翠村坝子宽，有 46.67 hm^2 稻田。邢江河即从村东南面流过，地势平坦，土层厚，光照足，水源好，新米要比其他地方提前半个月成熟。历史上人烟繁盛，经济发达，老人们说，一天能消费 12 头猪。

　　南翠自古以来农业发达，除了跟其他村寨一样种植水稻、玉米等常规作物外，一直种植折耳根和山药，都是药食兼用。除满足村民日常需要之外，还少量售卖。2005 年，南翠村组建山药协会，开始规模化种植山药。协会发起人何某意识到南翠村几百年的山药种子保存下来不容易，要把它发展起来。刘官山药品种由南翠村民代代相传，品种除自用外，只在 2006 年经协会会员同意，向盘县（位于贵州省西部六盘水市）的示范基地提供过。南翠村向西秀区其他乡镇提供的山药品种，都是何某从昆明引来在南翠种植驯化后的外来品种。

　　"2005 年做协会会长后，到处考察山药，云南、河北、河南等地，都要带几根回来，自己品尝，反复比较，觉得昆明山药品相口感与刘官山药最为接近，外表更光滑，水分要多些。但产量高得多。所以引进昆明山药进行驯化。提供给其他地方种植的品种，都是昆明山药，刘官山药的种子，除了向盘县提供外，没有外传。"何某说。

　　2006 年 6 月刘官山药获得贵州省农业厅无公害山药基地认证 280 hm^2。产品外销市场好，远销香港、广州、贵阳等地。2008 年，"刘官山药"成为注册商标。2009 年，西秀区将"刘官山药"申报为国家农产品地理标志产品。申报过程中，西秀区政府拟划定"安顺刘官山药"地域保护范围为西秀区境内。地理坐标为：东经 105°44′32″～106°21′58″，北纬 25°56′30″～26°24′42″，总面积 1 546 km^2，耕地面积 2.78 万 hm^2，海拔高度 1 102～1 695 m，最大相对高差 592.7 m。地理标志产品分布范围包括西秀区下辖的 17 个乡镇（办）：刘官乡、东屯乡、杨武乡、新场乡、鸡场乡、岩腊乡、黄腊乡、旧州镇、双堡镇、大西桥镇、七眼桥镇、蔡官镇、轿子山镇、龙宫镇、宁谷镇、东关办事处、华西办事处。

而据笔者在当地的调研，屯堡文化区普遍种植山药，西秀区很多村寨的种植历史都在百年以上。当地人认为，山药对水肥条件和种植技术要求较高，储藏不易，市价也较高，烹饪方式以煎炸烩汤为主。因此，无论是种植还是消费，均仅限于拥有当地最好的农耕条件、技术的屯堡人聚居区域。老人们说，只有屯堡"种得出"、"吃得起"山药。此外，由于屯堡村寨均将山药奉为酒席必备的高级菜肴，使其具备了一定的礼仪象征。而刘官乡一隅山药品质最为出众、种植最广，不仅与其优越的自然条件相关，也因为这一带曾是安顺的政治、经济、文化中心，居民生活富足，城镇繁荣，具备较高的消费水平。

（三）刘官山药的品种特征

1．外形特征

山药又名薯蓣、白苔、山薯、大薯或薯药，属薯蓣科薯蓣属，包括许多种，为一年生或多年生草本（藤本）植物，有棍棒状、掌状和块状等，外表呈赤褐、黄褐和黑褐等色，肉带丝状白色，叶互生和对生、叶柄长、侧枝多、多数为单叶，叶腋生出株芽，称为"零余子"、"山药豆"、"山药果"，可供繁殖和食用，花小、雌雄异株、蔟生、呈穗状，大都用块茎繁殖。刘官山药的根茎呈圆柱形，长达 100 cm 左右。山药皮薄，外表淡褐色，密生细须。根皮黄白色，肉白色，有黏液。肉质白色，味微甜，松软细腻，久置不变黄，久煮不散，容易加工成山药泥、山药粉。一般产量为 27～33 t/hm^2。

2．营养特征[2]

刘官山药生长于通透性较好的砂壤土，体大丰腴、皮薄、去皮后不变色、粉足、洁白、易煮，味道鲜美，入口即化。营养丰富，主要含有黏液汁、胆碱、糖蛋白、多酚氧化酶、维生素甘露多糖、植酸、氨基酸、尿囊素及皂苷元等多种营养物质；不仅做菜也可代粮，干品或提炼品还可入药，有滋身补肾、益脑利血、补脾健胃、延缓衰老、降血压和血糖等功效，能润肤养颜、健美苗条。是药食兼用的高档蔬菜、保健食品和中药材。

表 5-1　安顺刘官山药与其他品种山药主要成分含量（鲜重）　　单位：g/100 g

名称	可食部	水分	蛋白质	淀粉	灰分
安顺怀山药	82.2	76.7	3.4	15.6	0.7
安顺参薯	88.0	70.0	5.5	16.5	0.8
北京山药	82.0	80.7	2.2	15.9	0.7
上海山药	88.0	87.4	1.8	9.3	0.6
济南山药	77.0	84.4	1.8	12.2	0.6
全国山药代表值	83.0	84.8	1.9	11.6	0.7

---

2 引自《贵阳日报》：http://epaper.gywb.cn/gyrb/html/2013-04/02/content_336576.htm（2013-10-23）．

（四）与刘官山药相关的传统知识及其传承

1. 育种

农历七八月，选择个大、饱满、色泽均匀的山药豆，按株距 3 cm 左右播种，播种前用农家圈肥施足底肥，第二年秋天可收获长 20～30 cm 山药块茎，块茎上端有芽的部分称为"山药栽子"（也叫山药嘴子、山药尾子、龙头等），即为山药"种子"。山药栽子可连续 3 年使用，可有效防止山药种质退化。山药栽子的保存很讲究，需要放在室外通风处晾晒 4～5 d，待其表面水分蒸发，断面形成愈伤组织后，层积存放，并注意保温防冻。

此外，将山药豆育出的山药块茎直接分切成 13～17 cm 的山药段子，存皮萌干后亦可作为无性繁殖材料使用。

2. 播种

农历二月霜冻期结束后播种。选择强壮、未冻伤、不腐烂的山药栽子或段子作为"种子"。由于山药根茎长，不耐涝，当地人一般选取土层厚、透水性好的砂性缓坡地栽种，土层厚度至少要 1 m 以上。播种前用锄头沿标记行列开沟，植沟深 80～100 cm，将挖松的土回填 20～30 cm，在上面填入足量（约 20 cm）圈肥，再覆土约 20 cm，将备好的"种子"竖插其间，先用湿土覆盖，再覆盖一层干土，等水浸透干土后，用干土把种植沟填平。

3. 整枝去杈

1 个"种子"能萌发 2～3 个芽苗，选最强壮的留下，其余摘去。苗蔓长至 30～50 cm时，用 1.5 m 长的小竹竿，呈"人"字形交叉搭架，供苗蔓缠绕攀爬。苗蔓上架后，要及时摘除侧蔓；入夏后，苗蔓上开始生长"山药豆"（株芽），不作留种用的要及时摘除，以免影响地下山药生长。摘取的"山药豆"可食用或售卖。

4. 病虫害防治

山药的病害通常有褐斑病和炭疽病，传统的防治方法：一是保持足够间距使通风透光良好，阴雨天注意清沟排涝；二是 1 年以上的轮作；三是病发后将植株整体烧毁深埋。

5. 挖取

农历十月，一般在稻谷收割之后。先清除支架和茎蔓，在植沟一端挖 1 m³ 的大坑（以容得下一人站立作业为准），再用尖嘴锄朝植沟方向谨慎掏土，露出块茎后小心去土摘取。山药最迟在当年冬季要全部收完，否则一开春，块茎就会在土里腐烂。

收获后的山药不易保存，需存放于阴凉通风处，避免湿热生霉腐烂。还有一种储存方法是用黄泥焐：挖一个土坑，放一层山药，放一层泥巴，一层层垒起来，这种储存方式要先把山药"鼻子"（块茎顶端）切掉，避免山药发芽。

6. 使用

当地人说，山药的好处说不完。野山药，当地称为"毛椒"，可用来使伤口愈合。驯化后的山药没有这种功用，但能补肾、益寿。最直接的功用是治夜频，南翠村的老人们说：如果爱起夜，吃上一个星期山药就好了。

山药在当地主要作为节日（春节）或酒席食品。"办酒席少不下，过年家家有。"传统的烹饪方法有两种：一种是将山药去皮后炖汤；另一种是用谷壳在水中将表皮泥土擦洗干净，切块后油炸，用于烩汤或炒食。油炸可延长山药保存时间。

7. 传承及变迁

在刘官及周边地区，山药一直是部分家庭的主要经济来源。劳动力和农家肥充足，且有适宜地块的农户往往会"盘"山药卖。"盘"在当地形容山药种植艰辛，需要较高的种植技术。

山药种植的核心技术在于选育种、施肥、浇水和采挖。主要由有经验的种植户掌握，村民之间相互交流学习。南翠村村支书张某认为，以前种山药不需要专门培训，看会种的人家种，自己摸索一下就会了。而且自己种来吃，好点差点无所谓。成立种植协会后，要大规模种植，才专门请人来做培训。

南翠村民何某（23 岁）认为，人人都会种（山药），但还是 40～50 岁以上的老人才懂得里面的诀窍。比如，底肥施得太多，会烧根，施得不够，又长得不大。都是农家肥，但是用鸡粪就不行。挖山药也有门道，怎么从土层看山药的走向，我们年轻人就没经验，一不留心就挖断了，影响品相和价格。

南翠村民赵某（65 岁）认为山药功夫大。挖去 1 m 多深，年纪大就干不动。5～6 个工种 1 亩（0.067 hm^2），采收时要 30 个工。性格急躁的不行。年轻人跟着大人从小种，都懂得，但是一些诀窍掌握不好。地沟垄多宽多深，摆"种子"的株行距 20～25 cm；30～50 cm；施肥，放油饼，容易烧根，只能顺槽，离藤 7 cm，否则烧死。出藤 30 cm 时，赶紧搭支架，否则在地上乱爬，多枝混在一起像绳子一样，遮光影响地下生长；下白雨（冰雹）打坏的，叉子很多，要把 1 m 以下的叉子全部打掉；除草只能用手扯，不能用锄头铲。

2006 年，南翠村成立山药协会，开始规模化生产山药，主要用于销售而非自用。山药协会会长何某邀请安顺市西秀区果蔬站农技人员给村民做培训，传授病虫害防治知识。同时，向西秀区农业部门申请资金，购置设备对山药进行真空包装，以延长山药的储藏期，方便运送和销售。2009 年，南翠村发起成立山药种植开发合作社，在西秀区农业局支持下，申请政府资金，尝试对山药进行浅生槽栽培技术改良，目前已获得初步成功。

浅生槽栽培技术主要针对传统的深坑种植方式进行改良，采用套管将山药向下生长改为横向生长，以减少耕作和采收劳动投入。据初步测算，改良后每亩山药投入成本 1.33 万元，每亩产值 2.76 万元，利润 1.43 万元，同时，该技术使劳动力不足的农村空巢家庭也可种植山药，并扩大山药的适种土地范围，经济和社会效益均十分明显。

二、资源管理现状

（一）政府管理机制

1．山药办

2005 年 5 月，安顺市西秀区成立山药产业推进办公室，为一正两副四职的正式编制单位。但实际在岗职工仅有一人，是全额拨款的事业单位，原来是政府办代管，现在转由农业局管理。山药办的职责是：负责制定年度计划，作政策性指导，引导农民种植。

山药办成立的背景有三：① 山药种植规模扩大；② 为华泰公司（政府重点扶持的龙头企业）提供原材料；③ 为农村产业结构调整、农民增收致富，找条路子。

但实际上，山药办自成立起就只有一人在岗，有职无权，难以按照成立初衷开展工作。

2．西秀区果蔬推广站

2005 年起，西秀区果蔬推广站开始介入山药的推广种植和管理。为农户提供每年 1～2 次的种植和病虫害防治、市场营销等培训，特别是指导农民使用低毒低残留的农药和有机肥。更为重要的是，果蔬站是安顺山药地理标志的申报和执证单位。其主要职能包括：

（1）成立由专业技术人员组成的"安顺山药产地质量控制领导小组"，具体负责产地区域范围内"安顺山药"种植《技术控制措施》落实和监督工作。

图 5-2　商贩在刘官乡的村寨里收购山药（李丽摄影）

（2）每年从该站经费中安排一定的资金作为安顺山药产地质量控制工作运转经费，以保证质量控制工作正常开展。

（3）与各乡、镇政府（办事处）山药种植协会签订产品质量保证书，明确责任和量化奖罚措施。

（4）积极引导和统一组织山药种植生产过程中的化肥、农药等投入品，统一种植模式，统一技术管理措施，统一病虫害防治，统一产品销售；将相对分散的农户种植与广阔的商品经济市场衔接起来，确保产品质量，努力创建品牌，降低市场风险，提高经济效益，增强市场竞争力。

（5）对安顺山药地理标志产品保护工作做到年初有计划、年终有总结，有切合实际的具体措施和管理办法。

（6）充分利用新闻、广播电视媒体等手段加强对安顺山药地理标志产品的宣传和督导作用。

（7）负责每年对各种植基地、大户代表和专业技术人员开展为期 4 d 以上的有针对性的地理标志农产品相关生产和管理技术培训 2 次以上。

（二）社区管理机制

2005 年，刘官乡南翠村成立农民专业技术协会，发动农民集中种植山药，统一销售。协会会长何某说，协会成立的背景是为了给华泰提供原材料。华泰开发山药糊，每年需要 500 t 鲜山药。协会牵头，组织农户生产，并签订供销合同。协会和华泰的合作持续了两三年，最终因山药糊市场运作不良而停产，供销合同终止。

与合作终止后，协会继续运作，功能也逐渐扩展：

（1）推广标准化无公害种植。协会成立后，当地山药种植从 600 亩扩大至 4 500 亩，种植农户扩展至 650 户 2 300 多人。邀请农技人员上门培训，按无公害标准种植，2006 年获得农业部门的无公害基地认证。

（2）品种选育和保护。由协会统一育种并向会员提供。一般不向社区以外地区提供本地品种。据何某介绍，协会成立时成员一致同意只有会长可以留种育种，对外提供繁殖材料需要征得成员的一致同意。一般而言，会提供由昆明引进后改良的品种，本地品种只向盘县两个村寨提供过。

（3）统一营销。统一销售制止了社区内部的恶性竞争，确保了农民利益。协会成立前后，当地山药价格从 0.5～1 元/kg 一路飙升至 3.5～4 元/kg。2009 年，协会注册"刘官山药"商标，使用真空包装，山药销售价格上涨至 5 元/kg 以上。2010 年，西秀区组织申报"安顺山药"地理标志后，协会获得地理标志使用授权，山药销售价格上涨至 32 元/kg，散装山药上涨至 24 元/kg。协会多次代表社区参加各种展销会，推广刘官山药。

（4）产品开发和技术改良。2009 年，南翠村在协会的基础上，发起成立专业合作社（安顺市西秀区刘官乡天富山药种植合作社）。合作社除延续协会既有功能外，着手布局山药的深加工开发和技术改良。目前已试生产山药面条，并向政府申请项目资金 133 万元，开展山药的浅生槽栽培技术改良。现正在申请政府资金支持冷藏保鲜设备和技术。

三、开发现状

山药是食药兼优的作物，营养价值高、用途广泛，具有较高的经济价值和广阔的开发前景。目前我国大部分山药是作为滋补强壮剂入药，制成中成药，或与其他原料配伍制作成各种保健食品。

安顺市政府大力推动山药种植和开发，作为农业产业结构调整和农民增收致富的一条重要途径。目前，西秀区山药种植已达 12 000 亩，涉及乡镇 13 个，占涉农乡镇的 76%。连片的有刘官、旧州、东屯、七眼桥、蔡官、轿子山等乡镇。年产量 2.4 万 t，均价 16 元/kg，总产值超 3 亿元。

山药资源开发也碰到很多困难，主要有：

第一，前期一次性投入较高，山药"鼻子"和架杆，对贫困的农村家庭来说压力很大，推广受限。金融服务不到位，难以通过信用贷款给农户直接支持。

第二，土壤条件的限制：适宜在黏性土，且需要土层很厚。针对这个困难，政府支持了西秀区农业局与刘官山药合作社联合申报的技术改良项目，拟通过浅土槽栽培的试验和推广提升山药的适种土壤范围。

第三，管理机构不健全。由于只富民，对地方财政没有贡献，所以地方政府没有足够的积极性。

第四，深加工能力不足，受季节性限制较大。山药的深加工能力不足。之前的华泰食品厂尝试过山药糊生产，但市场不认可，两年后停产。现在由农民合作社在试产山药面条，即将鲜山药打粉后干燥，与面粉按比例调和后加工成面条，产品刚刚通过相关部门的质量检测，尚未接受市场检验。而鲜山药的储存目前仅靠真空包装，只能延长大约一个月的保鲜期，销售期仅为冬季三个月。此前，政府组织农民协会和合作社参加多次农产品展销会，都有大笔订单，仅因为无法常年供货而不敢接单。现在政府正在申请上级资金支持，拟在安顺建设现代化的冷藏保鲜设备和厂房，以解决这个难题。

四、惠益分享现状

（一）地理标志

2009 年，安顺市西秀区启动安顺山药地理标志的申报。西秀区果蔬站被指定为地理标志的申报和执证单位。申报地理标志的目的主要有两个：一是防止出现安顺山药的假冒伪劣产品；二是提升安顺山药的知名度和品质，形成品牌。

最早版本的申报书上，申报产品是"安顺刘官山药"，对产品的描述，如品种溯源、种植生产标准、理化指标检测等，均以刘官山药为对象。而在生产规模和分布范围上，则扩展至西秀区的所有涉农乡镇。申报书几易其稿，最后定名为"安顺山药"，并申报成功。这意味着，"安顺山药"地理标志覆盖保护范围不限于刘官山药传统产区，而适用于整个西秀区的山药产地。

西秀区果蔬站站长李某说，地理标志从安顺刘官山药易名为安顺山药，主要有三方面考虑：一是可增加产品规模和效益，增加申报成功率；二是申报成功后，可覆盖更广大的农村区域，使更多农户受益；三是刘官山药品种已在近年政府的大力推广下，在西秀区上述乡镇普遍种植。

就此，合作社负责人何某表达了不同看法。他认为，西秀区其他乡镇种植的山药品种并不是刘官山药品种。在西秀区不同乡镇，山药均有悠久的种植传统，各地培育了不同的山药品种，何某认为刘官山药是其中最优秀的品种，并且该品种在当地人有意识的保护下，并未外传；其二，刘官山药的品质特点除品种外，还跟种植的水土、气候等有关，也跟村民的标准化种植和管理水平有关。西秀区其他乡镇的山药的品种特性和品质与刘官山药存在一定差距，而地理标志的申报是以刘官山药为标准的，因此其他乡镇的山药并不具备使用该地理标志的条件。

山药办、果蔬站及何某均表示，地理标志的成功申报，以及政府以此为契机所作的宣传推广，给安顺山药带来很大的增值效应和市场空间。不仅刘官出产的鲜山药市场价格暴涨，整个西秀区出产的山药的价格也水涨船高，供不应求。2011 年，天富山药合作社的 4 000 亩（266.67 hm²）生产基地实现产值和销售额双双过亿。除了直接从市场获益，刘官及西秀区部分山药种植户还获得政府提供的信贷支持和农资支持。经济收益之外的其他收益主要有免费培训和市场服务。

目前，"安顺山药"地理标志事实上仅由天富山药合作社，以及何某的独资公司使用。执证单位西秀区果蔬站负责人李某表示，政府正在大力扶持其他乡镇的山药产地组建农民合作组织，培育山药生产和开发的龙头企业，符合条件的均将取得授权，安顺山药地理标志将得到更有效的利用，该地理标志取得的经济和社会效益也将为更多农户和企业分享。

（二）知情同意

知情同意原则在安顺山药的商业开发过程中，体现了比较复杂的实现层次。

以南翠村为例，在早期与华泰集团的合作中，是在政府的协调下，通过农民专业技术协会进行价格谈判并组织农户生产销售。在协会层面，应该说是实现了知情同意原则的，协会负责人及主要协会成员，对华泰集团如何开发使用山药品种基本了解，对价格也比较满意。协会负责人何某说，当时的背景，是要鼓励农户从自产自用变为商品生产，而协会的组织形态在当地也是新东西，所以是一家一户去讲解和动员，并且与会员一起讨论协会的运作规则，其中包括了品种的保护与开发。从协会迅速扩展、农户踊跃参与的效果上看，当地群众对山药的商品开发普遍持欢迎态度。

在组建合作社后，在合作社与政府部门合作申请山药的技术改良项目、开发山药面条等事宜中，合作社成为山药品种的开发主体，与社区的关系发生微妙改变。在南翠村的实地调研表明，大部分种植户对合作社正在开展的技术改良和产品开发项目并不知情。南翠村村委认为："合作社主要是会长在运作，具体在做什么，怎么做的，我们不是很清楚。"在南翠的访谈还显示，村民对安顺山药申报地理标志，以及地理标志的授权使用，基本上不了解。事实上村民对如何开发并不关心。村民直言：种植户主要关心价格。合作社被视为收购商之一，是农户的山药直接卖给合作社，或者卖给其他收购商，或者自己拿到市场上销售，主要看价格，以及农户是否有充分的时间和运输条件。

在合作社层面，何某及合作社的几个发起人，对刘官山药的品种特性和市场潜力，国家相关政策，地方政府的扶持措施和开发方向，包括地理标志的申报和运作等，均有非常清晰的认知，并且能够熟练运用于申报项目和申请资源。

而在政府层面，山药办关于产业发展的规划，西秀区果蔬站对地理标志的申报和管理运作，"知情权"的范围停留在农民组织及其代理人的层面，"同意权"则基本上未能实现。山药办和果蔬站均认为，无论是刘官山药还是其他地方特色品种，均是公共资源，且政府投入大量资源进行保护、推广和宣传，有权对其进行管理和开发，无需征求社区层面的同意。

（三）惠益分享合理性评估

2005 年之前，刘官山药作为一种土特产，除了满足农户自身需求外，已有悠久的商品化历史，成为部分农户的主要经济来源，促进了品种和相关传统知识的传承。与之后的规模化、标准化种植开发相比，其特点是农户自发种植、零散销售，品种的市场价值并未得到充分的挖掘和体现。

2005 年，在政府的协调下，刘官山药向华泰公司供货，首次进入规模化的商品开发，并直接催生了南翠村的农民专业技术协会。该协会逐渐成为刘官山药的"总代理"：协会注册了"刘官山药"商标；组织申报无公害生产基地并获得贵州省农业厅的认证；给农户提供培训，向农户收购鲜山药进行真空包装后销售；以"刘官山药"的名义参加各种农产品展销会。

在这个阶段，刘官山药的品种价值开始在市场中得到体现，其间南翠村的农民协会做了大量显而易见的努力，也得到充分回报。从惠益分享的角度，协会会员主要从鲜山药收购价格的上涨中获益，同时得到协会提供的技术和市场服务；刘官乡的非协会农户，也从"刘官山药"的品牌效应中获益。而协会作为法人主体，成功获得了"刘官山药"品牌的使用权，并从收购鲜山药进行包装后统一销售，获取差价收益。此外，协会还作为品种的代理，获取政府提供的产业资助和技术服务。

2009 年，何某发起成立山药种植合作社，同时注册了自己的独资公司。西秀区申报安顺山药地理标志期间，得到何某的积极配合；地理标志成功申报后，合作社和何某的公司顺利取得"安顺山药"地理标志的使用授权。同时，合作社与西秀区农业局合作申报政府项目，对"刘官山药"进行技术改良，并开展山药面条的加工开发。

这一时期，刘官山药惠益分享的总体格局发生了一些变化。一是安顺山药成功申报地理标志并由区农业局果蔬站执证，刘官山药被明确为区一级政府管理的公共资源，惠益范围从一个乡扩大到整个西秀区；二是原产地农民组织有所成长，由以种植销售为主的协会转向涉足技术改良和加工开发的合作社，并取得"安顺山药"地理标志的使用授权。对农民协会（合作社）而言，一方面从政府对地理标志产品的宣传和资助中获得更多收益；另一方面，"安顺山药"地理标志使协会（合作社）独享的"刘官山药"商标品牌影响力下降；同时，"安顺山药"地理标志覆盖范围扩大，以及政府扶持龙头企业和更多农民合作组织的规划，意味着原产地刘官乡的协会（合作社）在未来可能遇到很多强有力的竞争者。三是何某注册了独资公司，涉足刘官山药的商业开发，也取得"安顺山药"地理标志的使用授权。这表明，农民组织的领导人开始以个人身份参与遗传资源惠益分享。

综观刘官山药的开发历程和不同阶段的惠益分享模式，可梳理出以下几个特点：

第一，安顺刘官山药在申报地理标志前后的种植规模、品牌知名度和价格变化均表明，申报地理标志，是目前遗传资源及相关传统知识提升知名度和市场价值，并促进其保存发展的有效途径。本案例中，地理标志由政府出资申报、政府相关部门执证管理，并以配套政策和投入，有力支持了品种的保护、推广和开发利用；参与选育和保存品种的社区，以农民组织为载体，优先获得地理标志的使用授权，以及资金、技术培训等相关的产业扶持，亦是原产地社区参与惠益分享的一种实现形式。

此外，通过地理标志的申报，对遗传资源的来源、性状、特点、分布等进行了大量基础性调查，积累了丰富的资料；同时，原产地社区的农民组织获得较快成长，逐步具备参与市场开发和竞争的能力，并萌生了维护遗传资源所有权的意识。

第二，社区选育并保存了遗传资源，但经过漫长的驯化和传播过程，已难以追溯原产地社区的确切范围。本案例中，关于刘官山药的起源，已有不同的表述版本。这也是目前很多遗传资源及相关传统知识难以界定权属的普遍原因。

由于这种模糊性，参与开发的各方，包括企业、农民组织及社区精英、各级政府均未就遗传资源的权属和利益分配作过真正意义上的讨论或谈判。尽管实践层面，刘官乡作为安顺山药最知名和最大规模的出产地，事实上参与了品种商品化过程中的惠益分享，但开发过程中，无论是南翠村的农民组织注册"刘官山药"商标、取得"安顺山药"地理标志的授权，还是政府获取"刘官山药"品种以申报"安顺山药"地理标志并进行推广和未来的招商，均未将如何从回馈培育和保存品种资源的社区角度，进行制度化的设计，这将导致原产地社区的利益得不到保障。

本案例提出两个问题：① 当地群众集体拥有所有权，这个集体的确切范围如何划定？从实地调研得到的信息来看，刘官山药有明确的品种驯化追溯和培育范围，即刘官乡一带，较为合理的界限应为刘官乡全体居民所有，而在整个开发使用过程中，刘官乡全体居民及其代理人（乡政府或覆盖全乡的其他组织或机构）却一直是缺席者。②什么样的使用权转让机制才是合理的？即使规定了转让时限、事先知情同意和惠益分享等原则，当地群众应该从中获得多少利益、如何实现等，均应建立在信息透明对等的谈判基础上。而目前的现实是，政府、企业和农民组织等参与开发的各方主要从自身利益出发，对遗传资源的归属和使用进行切割或争夺，而社会各界对遗传资源的价值、权属以及开发过程中可能出现的风险等，普遍存在认知空白和误区。而当地群众处于市场和信息的弱势地位，且法律地位并不明确，很难主张甚至不知晓自己的权利。

因此，尽快从法律层面清晰各方在遗传资源及相关传统知识的权属关系之外，亟须加强基础性工作，即遗传资源及相关传统知识种类、数量、分布和市场潜力等的调研，尤其是对自然栖息地，以及驯化人/群体的划分和认定，事关未来的权利归属和惠益分享，需要有法定程序对其真实性和合理性进行认证。同时，在明晰国家对遗传资源获取和惠益分享立场的基础上，加大对公众的传播，以及对政府、企业、农民组织等重点机构的知识普及，强调在对原产地居民集体进行权利告知和能力建设。

第三，地理标志的申报是以产品为载体的，在明晰产品涉及的遗传资源及相关传统知识的权属方面存在较大的局限性。"安顺山药"是覆盖西秀区17个乡镇的地理标志，仅从产品的角度考虑是有合理性的（源于刘官，推广到全区种植）。而从遗传资源的角度，地理标志的评审系统并不具备明晰原产地社区（自然栖息地和驯化者）与推广区域权属关系的功能，在其执证授权管理的系统中，强调的是产品出产地和品质是否符合申报范围和标准，并未将遗传资源及相关传统知识的获取和惠益分享是否合理纳入评估管理条款。

由此可见，无论是注册商标，还是地理标志，目前的获取、开发、利用，只是以物的形式转让，而并没有以遗传资源的形式转让。这种以物为载体的转让形式，使得生物遗传资源所有权人得不到合理的对等利益的反馈。刘官山药的商品化实践中，南翠村农民组织和西秀区政府，先后以产品为载体，获取了遗传资源及相关传统知识的开发使用权，但并未完全履行知情同意和惠益分享原则。同时，更多个人和企业的介入，原本属于原产地居民集体的惠益将被他人侵占。

五、建议

（一）把获取和惠益分享原则纳入现行产权制度

遗传资源及相关传统知识获取和惠益分享的专门法律法规出台前，能否考虑加强部门合作，将相关原则和条款"植入"或补充到既有制度中？

刘官山药经由地理标志的申报，确实获得较好的保存和开发成果，并使原产地社区切实受益。且在基层，无论是政府，还有企业和公众，对地理标志的认同度和知晓率均比较高，如果能在地理标志的认证和管理体系中，加入体现国家在遗传资源及相关传统知识基本立场和原则的条款，一方面，可迅速屏蔽遗传资源流失的危险，并使遗传资源的惠益分享趋于公平；另一方面，可透过地理标志的影响力，扩展遗传资源相关知识和观念在基层的普及度和认可度。

　　具体而言，可以在地理标志的申报中，对涉及遗传资源及相关传统知识的产品，除了提供产品的信息外，要求披露品种的来源、驯化者、自然栖息地范围，同时，将知情同意和惠益分享原则作为申报附加条款，要求执证单位进行相关内容的管理和评估。

（二）关于惠益分享的实现方式

　　刘官山药案例提供了惠益分享的较好实现方式，即通过政府的产业政策，支持遗传资源所属区域农民组织参与市场开发，并优先获得地理标志等相关认证的授权，从根本上提升了原产地居民集体参与惠益分享的能力和竞争力。需要完善的是如何加强农民组织的管理和评估，增强在决策管理中的公开性和透明度，确保产业发展带来的惠益不致被私有化；同时，需要明确农民组织与整个具体个体在遗传资源开发中的权利义务关系，使惠益分享能够兼顾局部和整体。

　　此外，贵州一些地方探索的土地流转方案，也可为遗传资源使用权转让并实现合理的惠益分享提供借鉴。比如，麻江县在租用农民土地发展蓝莓基地时，采取了"320"模式：在基地处于建设期（三年）时，农民作为基地雇工拿劳务工资；在基地进入收获期后，农民以土地使用权折价入股，占有20%股份，除劳务工资外，每年参与分红。这种思路引入遗传资源的使用权转让和惠益分享，可提炼出一些可操作的模式：比如，当地社区可优先作为遗传资源及相关传统知识开发项目的劳务提供者；遗传资源使用权可通过评估折价参与开发项目股份等。

执笔人：李丽

贵州日报社

附录 1　安顺市西秀区刘官乡天富山药种植农民专业合作社内部管理制度

一、理事会职责

（一）组织召开成员大会或成员代表大会，并向成员大会或成员代表大会报告工作和其他需要成员大会或成员代表大会讨论、审议、通过的事项。

（二）在成员大会或成员代表大会闭会期间，负责执行成员大会或成员代表大会的决议和决策。

（三）制定本社的生产经营计划、发展规划、年度计划和内部管理制度。

（四）设置内部管理机构，聘用或解聘合作社经理和部门负责人及工作人员，并制定奖惩办法和报酬标准。

（五）代表本社对外签订协议、合同和契约。

（六）组织成员参加培训和开展各种互助协作活动。

（七）组织编制年度业务报告、盈余分配方案、亏损处理方案以及财务会计报告。

（八）接受监事会对本社生产、经营、分配、财务状况等进行监督，并对监事会提出的监督意见，在规定时间内做出答复。

（九）讨论本社成员的加入、退出、除名、继承等事项。

（十）履行本社章程和成员大会或成员代表大会授予的其他职权。

二、理事长岗位职责

（一）主持理事会的全面工作，组织召开理事会、成员大会或成员代表大会。

（二）制定合作社的生产经营计划，发展规划，年度计划和内部管理制度。

（三）主管合作社财务部工作，按照费用开支制度审批合作社的费用开支。

（四）代表合作社承担市、县政府及有关部门关于产业发展的科技推广应用，全面负责合作社的生产、加工和营销，并代表合作社签订营销及收购协议、合同和契约。

（五）维护成员的合法权益，反映成员的意愿和要求，充分发挥合作社在生产、加工、营销的桥梁和纽带作用，搞好各种优惠政策的落实，做好协调服务。

三、监事会职责

（一）监督理事长或者理事会对成员大会或成员代表大会决议和本社章程的执行情况。

（二）监督检查本社的生产经营和财务收支及盈余分配情况，负责对本社的财务进行内部审计并向成员大会或成员代表大会报告审计结果。

（三）监督检查理事会和其他工作人员的工作情况。

（四）向成员大会或成员代表大会提交监事会工作报告和各项决议执行情况的审查报告。

（五）列席理事会会议，向理事会提出改进工作的建议。

（六）建议召开临时理事会、成员大会或成员代表大会。

（七）履行成员大会或成员代表大会授予的其他职权。

四、执行监事岗位职责

（一）主持监事会的全面工作，组织召开监事会。

（二）向成员大会或成员代表大会作监事会工作报告。

（三）监督理事会及管理工作人员的职责履行、制度执行情况。

（四）监督检查合作社生产计划、营销计划的完成情况，资金积累及盈余分配情况。

（五）监督检查合作社资金运转、费用开支和社务公开情况。

（六）代表监事会建议召开临时理事会、成员大会或成员代表大会。

（七）履行成员大会或成员代表大会、监事会授予的其他职权。

五、技术部工作职责

技术部按照章程规定和理事长或者理事会授权，实行部门经理负责制，其主要工作职责为：

（一）负责按年度生产计划组织本社产品生产。

（二）负责组织推广优良品种。

（三）负责组织种子（山药种苗、折耳根苗、果蔬苗）及生产资料的供应，拟定并执行本社产品的生产或原材料采购成本定额标准。

（四）负责生产技术指导、培训和技术咨询，开发和建设本社产品生产基地。

（五）负责制定、实施本部门工作人员的工作岗位责任制。

（六）未经理事会批准超过规定成本标准采购产品造成的损失，由技术服务部主任及其责任人承担一定的经济赔偿责任；对因管理不善造成的财产物资损失和发生的安全事故等，负经济和法律责任。

六、营销部工作职责

营销部按照章程规定和理事长或者理事会授权，实行部门经理负责制，其主要工作职责为：

（一）负责按理事会制定的年度生产计划制定具体的实施方案，及时掌握市场动态，谋划营销策略，实施营销宣传，拓展销售渠道；

（二）制定本社产品收购价格和销售价格，并报理事会批准；

（三）对内与合作社成员签订本社产品收购合同，对外与销售商签订本社产品销售合同；

（四）按合同约定搞好合同的履行兑现；

（五）负责对经济合同纠纷的诉讼工作；

（六）负责本社产品的加工，创优本社产品品牌。

（七）制定本部门管理制度和本部门工作人员岗位责任制。

七、财务部工作职责

财务部按照章程规定和理事长或者理事会授权，实行部门经理负责制，其主要工作职责是：

（一）搞好会计核算，按照《会计法》、《农民专业合作社财务会计制度》和国家有关政策建立账目，确保会计信息的合法性和真实性。

（二）负责管理好货币资金，督促管理好财产物资、产成品，确保资产安全完整。

（三）负责制定、实施财务管理制度，包括会计员、出纳员岗位责任制、资金管理及费用开支制度、社务公开制度、档案管理制度等相关制度。

（四）管理好各种档案资料，包括文书档案和会计档案等资料。

（五）负责制定、实施本部门工作人员岗位责任制。

八、会计员岗位责任制

（一）负责保管合作社《财务专用章》，按规定使用印章；对不按规定使用合作社《财务专用章》而造成的损失，承担经济和法律责任。

（二）负责按《会计法》、《农民专业合作社财务会计制度》和国家有关政策建立账目，进行会计核算，确保会计信息的合法性和真实性。

（三）负责编制合作社会计报表，包括资产负债表、损益表、财务状况变动表、财务状况说明书和盈余分配表，按月定期提供会计信息。

（四）负责财务档案的整理、装订、分类立卷归档，并确保财务档案的安全和完整。

（五）负责定期核查账表及账目明细，盘查合作社物资、货币资金等，确保账证、账表、账账、账款和账实"五相符"。

（六）负责拟定合作社成本控制标准，进行成本核算及合作社的其他财务工作。

（七）负责为每个成员设立成员账户，准确记录该成员的出资额、量化为该成员的公积金份额和该成员与本社的交易量（额）。

（八）严格执行财会制度，对不符合制度规定的开支有权拒绝入账，有权反映财务上存在的问题。

（九）为本社民主理财小组对账目的审计提供便利，并负责解答提出的问题。

（十）根据合作社财务公开的要求，做好本社财务公开，及时填写公开内容。

九、出纳员岗位责任制

（一）认真执行《会计法》、《农民专业合作社财务会计制度》，遵守国家法律法规和财经制度，忠于职守，坚持原则。

（二）严格公私分明，严禁公款私存，不得贪污、侵占和挪用合作社资金。杜绝因私借款。白条抵库、库存现金发生短缺，由出纳员自负。因公借款或临时经手集体现金收付的人员，应在办完公事后五天内结清账目，前账不清，后账拒付。

（三）认真审核原始凭证，坚决抵制乱开支行为，对不符合财务制度规定和没有事由、经手人、证明人、审批人的开支拒绝支付。对超越审批权限的开支票据，要退回去补办手续。

（四）及时登记现金、银行存款日记账，做到账款相符。日清月结，收付款凭证不跨月保管，账款核对无误后向会计员结账并填报出现金存款结报单。

（五）坚持库存现金限额制，及时把收到的资金和超库存限额的现金存入银行，保证资金的安全。

（六）积极主动催收各类应收款项，保证合作社资金及时回收。

（七）按财务制度规定范围，使用好收款收据，使用完后，及时向会计员结报交还存根，入档保管，做到领交手续齐全。

（八）做好营销统计、合同管理等工作。

十、现金管理及开支审批制度

（一）严格遵守财经纪律，不准坐支现金，不准挪用公款，不准公款私存，不准白条抵现。不准设"小金库"。因公借款应填写预领（借支）款项凭单，应在当月结清，因实际情况不能当月结清的，应报理事会同意后入账核算。

（二）所有现金必须由出纳员负责管理，其他人员经手的收入应立即交给出纳员保管，非出纳员不得管理现金。库存现金限额为 1 000 元，超过 1 000 元的现金应及时存入银行或信用社。

（三）严格控制资金出借。确因业务工作需要须暂借资金的，资金出借金额在 3 000 元以下（含 3 000 元）的由理事长审批同意；出借金额在 3 000 元以上的由理事会集体研究决定，理事长签字，且写明理事会研究时间、出借原因、归还时间等情况。借款人应在规定（借款归还）时间内与出纳结清款项，不得重复借支。

（四）会计要定期或不定期盘点出纳库存现金，与出纳核对现金账款，发现差错，查明原因，及时纠正。

（五）银行存款必须实行支票户管理制度，设立基本账户，严禁多头开户；坚持账、款及支票分开保管原则，支票由出纳员保管，预留印鉴由出纳、会计、理事长分别保管。

（六）合作社所有资金的开支由理事长一支笔签字审批；出差补助、人员工资及各种费用开支，严格按规定执行。

（七）开支实行一支笔审批和集体讨论相结合的制度，严禁多斤审批，500 元以下小额开支由财务主管一支笔审批；500 元以上（含 500 元）的较大金额开支由合作社理事会讨论同意后，再由财务主管签字，预算外大额开支（2 000 元以上）须报社员（代表）大会讨论决定。财务主管经手的开支须确定其他一名理事交叉审批。

（八）一切现金收付必须取得合法的原始凭证和清楚的手续，要有经手人、证明人、审批人签字，手续不完备的出纳员有权拒付，拒绝入账。

十一、社务公开制度

（一）社务公开的范围包括生产经营、财务收支、资产负债和收益分配及成员入社（入股）、退社（退股）等。

（二）财务收支、成员入社（入股）、退社（退股）等情况在每季度第一个月 10 日前对上季度的情况进行张榜公布。

（三）生产经营情况可根据生产、销售季节定期或不定期公布。

（四）资产负债、收益分配等情况在年终结算后公布。

（五）重大事项应随时公布。

（六）所有公布内容可采取黑板或纸质张榜公布，年终在成员大会或成员代表大会上口头公布。无论哪种公布方式，其内容均应通过理事长、监事长审阅后公布。

（七）社务公开后，会计人员应及时收集成员意见，并解答成员提出的疑问；需要改进的意见应及时反馈给理事会，理事会要认真研究加以整改。

十二、档案管理制度

（一）本合作社档案包括合作社文件、年度计划、发展规划、会议记录、往来函件、购销合同及协议等各种文书档案；包括会计凭证、会计账簿、财务报表等各种会计档案。

（二）合作社会计负责对各种文书档案和会计档案的统一管理。会计账簿、收据存根、承包合同等资源共享资料要实行专柜存放。必须严格执行安全和保密制度，不得随意堆放，严防毁损、散失和泄密。

（三）会计人员必须按季度对会计凭证整理、装订成册；年度终了，对会计账簿、财务报表及其他会计资料和文书档案进行分类整理装订、立卷归档，按年度分类编制档案目录。

（四）查阅或调用档案资料，必须经合作社负责人同意，并建立档案查阅或调用登记簿，对查阅时间、内容、归还时间等做好记载。

（五）销毁档案资料要严格按程序进行，属销毁范围的会计档案资料必须登记造册并报县有关部门批准后才能销毁。

十三、成员管理制度

（一）符合下列条件，经理事会审查批准，即可成为本社成员。

1．承认本社章程；

2．种植山药在 1 亩以上；商品山药 1 500 kg 以上；

3．缴纳股金 10 元以上；

4．写出书面申请。

（二）成员均享受本社章程规定的权利。

1．参加成员大会，并有表决权、选举权和被选举权；

2．优先参加本社组织的各项活动，优先享受本社提供的各种服务，优先利用本社设施；

3．享受本社的股金分红和按山药销售数量进行的利润返还；

4．有权对本社的生产经营、财务管理、收益分配等提出建议、批评和质询，并进行监督；

5．建议召开成员大会或成员代表大会；

6．本社规定的其他权利。

（三）成员必须履行本社章程规定的义务。

1．执行成员大会或成员代表大会、理事会的决定；

2．按照章程规定交纳入社股金和会费，按照入股金额承担责任；

3．按照章程规定与本社进行交易；

4．积极参加本社活动，维护本社利益，保护本社共有财产，爱护本社设施；

5．按本社的技术指导和要求组织生产经营，按时保质保量履行合同协议；

6．发扬互助合作精神，群策群力，共同搞好本社生产经营活动；

7．本社规定的其他义务。

（四）种植户入社可随时提出申请，理事会每季度讨论一次，对符合入社条件者吸收为成员，并发给《成员证》，讨论通过之日为入社时间。

（五）成员退社须在履行当年义务后，于年终决算前三个月，以书面形式向理事长或理事会提出，经理事会批准，方可办理退会手续，并收回《成员证》。

成员退社时，其入社股金于年终决算后两个月内退还。如本社亏损，则扣除其应承担的亏损份额；如本社盈利，则分给其应得红利，不退会费。

（六）成员不履行义务或不执行章程规定的其他款项，或因成员个人行为损害合作社形象及经济利益的，除承担相应经济责任外，根据情节轻重在成员大会上通报批评。成员有下列情形之一者，经成员大会或成员代表大会决议，取消其成员资格：

1．不遵守本社章程及决议，不履行成员义务；

2．从事与本社相竞争或与本社利益相矛盾的活动；

3．不按本社的技术指导和规定进行生产经营，给本社信誉、利益带来严重危害；

4．其他有损本社利益的行为。

十四、决算分配制度

（一）本社按年度盈余 20%的比例提取公积公益金，主要用于增强服务功能、扩大生产能力、弥补亏损等。

（二）本社在年度盈余中提取股本金的 10%，用于按成员的入股金额进行分红。

（三）本社按不低于年度盈余 60%的比例提取返还给成员，用于按成员向本社交售产品的数量或交易额进行利润返还。

（四）当年新入社的成员，以理事会讨论通过的时间为入社时间，按月计算分红和利润返还。

（五）成员缴纳的身份股、投资股均参加分红，不保息。

（六）成员退社或除名时，如造成经济损失的，除承担经济责任外，根据合作社的盈余、亏损情况，以理事会讨论通过的时间为截止时间，享受待遇或承担义务。

（七）决算分配方案每年根据生产经营情况，由理事会制定，交成员（代表）大会讨论通过后实施。

（八）本社决算分配的财务时间为每年 12 月 8 日，执行决算方案的时间为次年 2 月 8 日前。

十五、组织活动制度

（一）成员（代表）大会由本社理事长主持，每年召开一次以上，有 2/3 以上的成员或成员代表出席方可召开。

（二）本社成员（代表）大会表决实行一人一票制，各项决议，须由本社成员表决权总数半数以上同意方能生效。

（三）作出修改章程或者合并、分立、解散、除名成员等重要决议，须由本社成员表决权总数的 2/3 以上同意。

（四）有下列情形之一时，可临时召开成员大会或成员代表大会：

1．理事会认为有必要；

2．执行监事或者监事会提议；

3．30%以上的成员提议。

（五）理事会每季度召开一次，会议由理事长主持，须有 2/3 以上理事出席方能召开。

（六）理事长提议或 2/3 以上理事要求，可临时召开理事会。

（七）理事会所作决定，须取得出席会议半数以上理事的同意方能生效。

（八）监事会会议由监事长召集，须有 2/3 以上的成员出席方能召开。

（九）监事会所做决定，须有出席会议 2/3 以上监事同意方能生效。若参会人只有 2/3

的，需全票通过方能生效。

十六、民主管理制度

（一）组建民主监督小组，其小组成员必须符合以下条件：

1．非理事会、监事会成员及本社管理人员；

2．政治思想较好、为人正直、热心为群众服务、甘于奉献的本社成员；

3．具有较好的山药种植技术，在合作社有较好的群众基础；

4．关心合作社发展，有一定经济头脑。

（二）本社民主监督小组由 3 人组建，由成员（代表）大会选举产生，与理事会、监事会任期一致。

（三）民主监督小组的职责是：

1．对本社分配方案及重大事项的执行情况进行监督；

2．对社务公开、财务公开、资金审批等制度的执行进行监督；

3．对本社的财务收支情况进行监督，对财务收支票据，每季度进行一次审核，并盖上本合作社专用章，会计人员据此入账。

4．如实反映成员的意愿和要求。

（四）民主监督小组至少每季度召开一次会议，因工作需要，理事会提出召开的应随时召开。

十七、岗位目标考核制度

（一）岗位目标考核对象是本社理事会成员。

（二）岗位目标考核的目的是增强理事会成员的责任感和事业心，更好地为本社成员服务，增加成员收入，促进合作社发展。

（三）岗位目标年度考核内容每年一定，包括开展山药种植技术培训次数、人数，优良本社产品品种引进情况，山药种植规模，本社产品产量、销售收入及成员增收金额等。

（四）成员（代表）大会每年年终对理事会成员进行一次评议，确定优秀、称职、基本称职、不称职四个等次，奖惩实行与工资补贴挂钩，并对不称职者，由理事长提请成员（代表）大会罢免其职务。

十八、定期报表制度

（一）本社报表种类有山药、山药种、销售情况表、科目余额表、资产负债表、损益表、财务状况变动表、财务状况说明书和盈余分配表。

（二）本社每季度首月 5 日前向乡农经部门报送山药种植、销售情况表。

（三）本社每季度首月 5 日前向乡农经部门报送科目余额表、资产负债表。

（四）年度终了 15 日内向乡农经部门报送财务状况变动表、损益表、财务状况说明书、盈余分配表、山药种植、销售计划完成情况表和下年度山药种植、销售计划表。

（五）山药生产、销售报表由营销部主任负责编报；财务报表由会计人员负责编报。

（六）本社报表做到字迹清晰、内容完整、填写认真、数字准确、上报及时。

十九、产品销售管理制度

（一）合作社对成员所种植的山药应进行造册登记，并每季度上报工商、税务等部门。

（二）成员交售山药，由合作社统一租用车辆到成员户就近的地点收取出售。

（三）合作社统一收购山药时，要认真填写《成员出售山药登记表》（包括成员姓名、时间、地点、数量、交售人员签名）。逐户登记造册。

（四）合作社销售山药由当日有山药出售的成员选出代表2～3人，亲自前往销售。

（五）山药销售价格按当日实际销售价格计算。

（六）销售所获的收入，扣除税费、运费等必需开支外，合作社按0.1元/kg收取服务费，并记入财务账目，其余收入按填写的《成员出售山药登记表》中的重量计算，返还给成员。

二十、民主理财和财务公开制度

（一）合作社建立民主理财小组，小组成员设3名，由成员（代表）大会选举产生，可由成员代表和董事会分管监事的同志组成，设组长一名。

（二）民主理财小组有权监督财务制度的执行情况，重点对财务计划、收益分配方案、公积公益金、福利费的提取和使用、管理人员的工资确定、承包合同及其他经济合同的执行和实施情况进行检查；有权检查现金、银行存款、物质产成品、固定资产的库存情况；有权检查会计账目。任何人不得妨碍民主理财小组行使上述职权。

（三）合作社要组织民主理财小组和财务监督小组开展正常活动，履行工作职责，由会计提供账簿进行清理、审核，每年不少于2次，审核后的账、据要盖章，写出审核意见存档。

（四）经审核后，按财务公开有关规定在公开栏向成员公布。

（五）公开方式，由财务会计负责抄写公开内容，合作社负责做好具体公开事项，对成员提出的问题作出解释，并收集改进财务管理的意见。

二十一、社员入股退社制度

根据《中华人民共和国农民专业合作社法》、农业部《农民专业合作社示范章程》和有关法律、法规和政策，结合本社实际，依据入社自愿、退社自由、民主管理、盈余返利的原则，特制订本制度。

（一）社员认购股金，可以货币出资，也可以实物、知识产权等能够用货币估价并可以依法转让的非货币财产作价出资。

（二）社员认购股金后，合作社向社员签发股权证书作为所有权益和盈余分配的依据，并以记名方式进行登记。

（三）社员之间可以联合认购股金，联合认购的社员应推选一位社员，并由其进行注册，履行相应的权利和义务。

（四）社员要求退社的，须在会计年度终了的三个月前向理事长或理事会提出书面申请，方可办理退社手续，也可以在社员之间进行转让；团体社员退社的，须在会计年度终了的六个月前提出。退社成员的成员资格于该会计年度结束时终止。

二十二、会计档案管理制度

（一）财务会计应按照会计档案管理有关规定，妥善保管会计资料及其他文书资料，会计账簿、收据存根、承包合同等资源共享资料要实行专柜存放，指定专人负责保管。

同时，必须严格执行安全和保密制度，不得随意堆放，严防毁损、散失和泄密。

（二）对合作社的会计资料、承包合同等应装订成册，专柜存放，由现任出纳负责保管。

（三）会计档案的查阅、交接、销毁必须严格执行《会计档案管理办法》的有关规定。

二十三、秘书长岗位职责

（一）协助理事长、副理事长做好本社的日常工作，提出合理化建议。

（二）认真负责地做好本社的各种数据和文字资料的收集、整理和归档工作。

（三）掌握本社工作动态，及时收集与本社业务工作相关的市场信息，并加以分析整理，为理事会决策提供依据。

（四）认真做好规章制度的制定、修改和整理，并督促执行。

（五）做好理事会、监事会的会议记录。

附录 2　安顺刘官南翠山药协会章程

第一章　总　则

第一条　根据 1998 年 10 月 25 日国务院颁布的《社会团体登记条例》成立本协会。

第二条　本会高举邓小平伟大理论的旗帜和根据"三个代表"重要思想以及党的十六大会议精神的指引下组建的，属于集体性质，自愿结合，非营利性。

第三条　本会宗旨是：以科学技术和市场为导向，以会员利益和集体富裕为目标，以"龙头"企业为依托，把协会办成早日实现小康的科技经济学校。

第四条　本协会接受各级政府的指导以及乡企主管部门的监督管理。

第五条　本组织由何某、赵某、宋某、王某、何某等五人发起，于 2005 年 8 月 16 日成立。

第六条　本组织定名为：安顺刘官南翠山药协会。

本组织法定代表人：何某

本会地址：贵州省安顺市西秀区刘官乡南翠村。

邮　　编：561009

第二章　业务范围

第七条　负责组织学习山药种植的新技术、新工艺保鲜方法。

第八条　负责与"龙头"企业签订供销合同，并严格执行合同的有关规定。

第九条　负责解决山药种植的技术难题和专用农药肥料的统一调配。

第十条　负责会员之间以及协会与"龙头"企业之间的利益关系协调工作。

第三章　会　员

第十一条　本协会会员全部为个体。

第十二条　凡拥护本会章程，并承诺按计划种植山药的，可以自愿申请入会。

第十三条　会员入会程序是：

提交申请书。

经理事会讨论通过。

由理事会发给会员证。

第十四条　会员权利：

1. 具有本协会的选举权、被选举权和表决权；

2. 获得本协会服务的优先权；

3. 对本协会的工作有批评建议权和监督权；

4．可参加本会或本行业组织的各项评比和参赛活动权利；

5．有自愿退会的权利。

第十五条 会员义务：

1．执行本协会的各项决议；

2．维护本协会的合法权益；

3．完成协会交办的工作任务；

4．按规定交纳会费；

5．有义务向本会反映情况，提供有关的住处资料。

第十六条 会员退会需以书面通知本会，交回会员证，如会员一年内不交纳会费或不参加协会活动，即视为自动退会，自动退会者亦应交回会员证。

第十七条 会员如有严重违犯本章程的行为给本会造成不良影响时，经理事会表决予以除名。

第四章 组织机构及职权

第十八条 本协会最高权力机构是会员大会（或会员代表大会）。会员大会的职权是：

1．制定和修改章程；

2．选举产生理事会和任免理事；

3．决定本会发展中的重大事项；

4．决定终止事宜。

第十九条 会员大会（或会员代表会）需有 2/3 名会员或代表参加方能开会。表决时需有到会人员的一半以上表决通过方能生效。

第二十条 理事会的职权是：

1．选举或罢免会长、副会长；

2．负责召开会员大会（或会员代表会）；

3．向会员大会报告协会的工作情况和财务管理情况；

4．制定和修改会内的有关规章制度；

5．决定会员的入会或除名；

6．执行会员大会决议；

7．决定本会的年度工作计划；

8．管理好省产业化办公室补助的协会发展基金；

9．其他有关重大事项。

第二十一条 本会会长、副会长、秘书长必须具备以下条件：

1．忠于"三个代表"的重要思想，模范地执行党的方针政策和有关法律法规，政治素质好；

2．在本会本行业中有较强的领导能力和业务指导能力；

3. 身体健康，办事公道；

4. 具有完全的民事行为能力。

第五章　其　他

第二十二条　在本章程中未尽事宜，可在执行半年后由理事会提出修改意见，经会员大会通过后，予以补充和完善。

第二十三条　本章程经首届会员大会通过后生效并报有关部门备案。

附录3 安顺刘官南翠山药协会简介

安顺刘官南翠山药协会位于安顺市西秀区刘官乡的西北部，距安顺城区 35 km，平坝 22 km，贵阳 70 km，西邻旧州镇的平寨村，南连邢江河为界的苏吕村，北倚羊保村，由四个自然村所组成的一个行政村，是一个多民族之村，全村共有 650 户，人口 2 608 人（汉、苗族），田土面积 2 000 余亩，另有独特土质（黄泥沙壤土）的荒山地数千亩，历代以来养育着各族儿女，造就了独具特色的自然风光和人物景观。属北亚热带季风湿润气候，地理位置为东经 106°14′35″，北纬 26°12′15″，黔中丘原盆地，海拔 1 250 m，面积 102.12 km²，年平均气温 13.7℃，年平均降雨量 1 350 mm，无霜期 285 d，日照时数为 1 300 h。自然条件优越，冬无年寒，夏无酷暑。雨量充沛，地势平坦，土质肥沃，交通通信方便，邢江河穿流过，是安顺乃至西南地区山药主产区。

为使广大山药种植户在各个生产经营环节联合起来，提高生产经营的组织化程度，获取更大的经济效益，当时，由西秀区刘官乡南翠村村民何某发起，组织近百户农民筹建安顺刘官南翠山药协会，并于 2005 年 8 月 16 日报西秀区农业局批准成立，并组建组织机构，制定协会章程及财务管理制度。

2004 年协会未成立初期我村的山药种植面积仅有 400 亩，年产量 600 t，年产值 480 万元。2005 年协会成立后得到上级及有关部门的高度重视和支持，经过聘请专家进行山药种植户的生产经营技术培训，使更多的农民掌握优质、高产的栽培技术和较为先进的经营管理能力，几年来，在协会及广大会员的共同努力下，现已发展到 3 000 亩以上，年产量 4 500 t，年产值 7 200 万元，为农民创收 3 000 万元。并辐射带动旧州镇所辖的（平寨、苏吕、高车、洋保、新寨）等村，带动农户 800 余户，种植面积达 1 300 余亩。

在产品及种子销售方面，主要采取协会+合作社+农户的运作模式，以协会为主体与贵州华泰绿色食品有限公司签订每年 500 t 的产品供销合同。此外，由安顺市农业局牵头协会积极组织会员，于 2005 年 10 月—2011 年 3 月向贵州华泰绿色食品有限公司，六盘水市盘县农业局的水塘镇、西冲镇、大山丫镇，黔南州翁安县农业局的草塘镇，西秀区杨武乡人民政府、黔西南州安龙县县科协等，提供山药种（鼻子、山药果），生姜姜种、韭黄（籽籽）等，特色优质品种共计 130 t，并指导山药种植生产，面积达 1 100 亩。同时，协会在工作中不断积累经验，向农户提供产前、产中、产后的服务，农户在协会的指导下，生产的产品、产量、产质得到了较大提高，协会规模不断发展壮大，会员人数从成立初期不足 100 人的情况下，发展到现在的 650 人。农户年收入得到了极大的提高，同时，为安顺山药产业的发展起到了积极的推动作用。

几年来，在各级及有关部门的亲切关怀和支持下，通过协会的不断努力，刘官山药于 2006 年 6 月获贵州省农业厅"无公害"农产品山药产地认证；2009 年 6 月获国家工商行政管理总局"刘官山药"商标注册；2010 年 12 月获西秀区区科协 2008—2010 年度"农村专业协会"先进集体；2010 年 12 月获农业部农产品"安顺山药"地理标志认证；2010 年 12 月获中国科协、财政部"全国科普惠农兴村"先进单位。现在安顺山药远销全国各地，深受广大消费者青睐，产品供不应求，拥有极大的市场空间。

附录 4 "特色农产品安顺山药浅深槽栽培示范基地建设" 项目建议书

项目名称：<u>特色农产品安顺山药浅深槽栽培示范基地建设</u>
申报单位：<u>安顺市西秀区农业局</u>
承担单位：<u>安顺市西秀区刘官乡天富山药种植农民专业合作社</u>
实施地点：<u>安顺市西秀区刘官乡南翠村</u>
联 系 人：_____
联系电话：_____
上报时间：<u>2012 年 4 月 9 日</u>

一、项目摘要

1. 项目名称：特色农产品安顺山药浅深槽栽培示范基地建设
2. 项目性质：新建
3. 申报单位：安顺市西秀区农业局
4. 法人代表：
5. 承担单位：安顺市西秀区刘官乡天富山药种植农民专业合作社
6. 建设地点：安顺市西秀区刘官乡南翠村
7. 联 系 人：
8. 联系电话：
9. 承担单位负责人： 电话：
10. 项目总投资：133.89 万元，其中：自筹 73.89 万元，申请国家补助资金 60 万元
11. 建设期限：1 年
12. 效益：本项目每亩利润 1.43 万元，本项目实施 100 亩，可实现创利 143 万元，经济效益十分明显

二、项目意义及前景

特色农产品安顺山药为薯蓣科，原名薯蓣，别名怀山药。从明末清初系前人由贵州原产野山药驯化培植而来，经过 300 多年的种植进化和优越的水土资源，人文因素，特定的区域优势，至今，形成了独具特色的品种。属"药食兼用"的高档蔬菜和保健食品，外皮黄色，折断面白色，且皮薄、肉质细嫩、丝状好、果肉松软不僵硬，品质独特，口感上乘，个体粗细匀称的特点，素有"小人参"之美誉。营养价值高，人体所需的 18 种氨基酸山药中就含 16 种，具有较高的药用价值及保健价值。食用方便，味道鲜美，在生活水平不断提高的今天，山药成为一种色、香味俱全，食用安全过关，具有保健功效的绿色食品（山

药种植极少使用农药、化肥、属无公害绿色食品)。具有滋身补肾、益脑利血、补脾健胃、降血压和血糖、延年益寿等功效。

在我国已有2 000多年的栽培历史,在安顺也有300多年的种植历史,安顺是贵州乃至西南地区种植面积最大的主产区,是安顺三大名特蔬菜之一。其块根肉质细腻,营养丰富,富含蛋白质、糖类、氨基酸、微量元素、维生素B、胡萝卜素等元素。它既是味美可口的佳肴,又是药用价值很高的药材,具有健脾固精,补肺,益肾的功能,因此,山药对提高人们的健康水平有不可估量的作用。随着社会的发展,人们生活水平的提高和生活节奏的加快,迫切需要一个强健的身体,山药作为一种保健食品已广泛地进入寻常百姓的餐桌上,成为南方消费的冬冷蔬菜之一,它可煎、炒、炖、炸,非常适合人们的口味,满足了人们在日常饮食进补的需求和膳食结构调整的需求,深受家庭主妇的欢迎,但是,随着生活的改善,所谓"富裕性"慢性病,如癌症、心脑血管疾病、糖尿病、肥胖病等发病率明显上升,这种疾病模式的变化,是任何一个国家由贫到富,由不发达到发达所出现的结果,其原因主要是膳食结构三高(高糖、高脂肪、高热量),精神紧张,缺乏体力活动造成。为此,人们迫切要求改善膳食结构,提高营养水平,我合作社进行山药浅深槽栽培示范基地建设,正好顺应当今世界食品发展的潮流和市场要求。

山药是食药兼优的作物,营养价值高、用途广泛,具有较高的经济价值和广阔的开发前景。目前我国大部分山药是作为滋补强壮剂入药,制成中成药,或与其他原料配伍制作成各种保健食品,随着我国中医药事业的发展,山药需求量不断上升,特别是鲜山药的需求,每年以3%左右的幅度增长。目前我市山药种植面积的不断增加,山药产量也不断提高,消费者对山药的需求量也在迅速增加,特别是对鲜山药的需求更是日益增长。但由于山药的生长特性,再加上鲜山药的保存时间很短,每年只有在冬季才能有鲜山药出售,因此,山药浅深槽栽培,是符合当今发展的需要,该项目利用安顺独特的资源优势,进行安顺山药浅深槽栽培示范基地建设,是为了提高产品的科技含量,延长山药保鲜期,增加农产品附加值,由于具体特定的区域资源优势,使得产品具有较广泛的市场开发前景和空间,经济效益良好。

本项目的建设,主要采取浅深槽栽培示范基地建设,改变传统的种植方式,减少劳动力的投入,使产品产量得到一定的提高。

本项目的建设,可刺激农民种植山药的积极性,符合我国农业产业化政策和国家产业发展政策,符合发展贵州特色经济方针,符合省委、省政府绿色产业发展的指导思想,具有显著的社会效益。本项目按"无公害食品行动计划"精神实施,使产品真正成为无污染、无残留的质量安全的绿色食品,成为广大消费者期待拥有的食品。

本项目的建设,可解决部分农村富余劳动力就业,创造良好的社会效益。

三、项目内容及规模

1. 建设内容及规模:土地租用、整理,购置山药种、塑料槽、竹架杆、肥料等;建设 100 亩山药浅深槽栽培示范基地。

2. 建设地点：安顺市西秀区刘官乡南翠村

四、主要技术经济目标

项目总投资	133.89 万元
其中：固定投资：	110.8 万元
流动资金：	23.09 万元
年销售收入：	450 万元
年总成本：	133.89 万元
投资利润率：	44.39%
投资回收期：	1 年

五、项目进度与完成期限

1. 项目建设期为 1 年；
2. 资金到位起第 1 个月进行土地种子筹备及塑槽设备考察、订购；
3. 根据作物生长季节，1—3 月份进行山药浅深槽栽培及投资；
4. 8—9 月份，收获地上部分果实；
5. 10—12 月份，收获地下部分，进行产品加工销售。

六、承担项目单位概况

（一）区位优势

安顺西秀区刘官乡天富山药种植农民专业合作社位于西秀区刘官乡的西部，距安顺城区 35 km，平坝 22 km，贵阳 70 km，西邻本乡的新帮村，东接旧州镇所辖的平寨村、南连邢江河为界的苏昌村、北倚羊保村。由四个自然村所组成的一个行政村，全村共有 650 余户，人口 2 608 人（苗族、汉族），田土面积 4 000 余亩，另有独特土质（黄泥沙壤土）的荒山地数千亩，历代以来养育着各族儿女，造就了独具特色的自然风光和人文景观。刘官乡属北亚热带季风气候，地理位置为东经 106°9′49″～106°15′1″，北纬 26°13′45″～26°19′30″。黔中丘原盆地，海拔 1 200～1 300 m，面积 40.12 km²，年平均气温 14.5℃，年平均降雨量 1 250 mm，无霜期 300 d 左右，日照时数为 1 300 h。自然条件优越，冬无严寒，夏无酷暑，雨量充沛，水源丰富，地势平坦，土壤肥沃，交通方便，邢江河穿流而过，是安顺乃至西南地区山药主产区。

为调整农业产业结构，促进地方经济发展，充分发挥当地的区域资源优势，增加农民收入。历年来，刘官山药一直是刘官乡部分家庭的主要经济收入来源，由于传统的药食文化与现代经济市场相结合，使得这古老的屯堡药食文化在当地一直延续传承下来。合作社未成立初期，很多从事山药种植的农户缺乏科技知识，仍属传统的种植方式，使产品、产量难以得到提高，科技成果转换率极为低下，先进生产技术和优良品种的缺乏制约了山药产业的发展，种植一亩山药仅 3 000～4 500 元，加之人工投劳过大，有的改行外出打工，只有极少数的农户依然从事山药种植，在市场销售方面仍属传统的销售方式，使广大消费者对古老的药食文化是一知半解。为此，在各级有关部门的高度重视和大力支持下，当时，由何某、雷某、杨某、杨某、吴某、商某、王某、赵某等人发起，筹建了"安顺西秀区刘官乡天富山药种植农民专业合作社"，于 2009 年报请安顺市工商行政管理局西秀分局批准成立。并组建组织机构，制定合作社章程及财务管理制度。合作社的成立，为安顺山药产业未来的发展和传承屯堡药食文化奠定了基础。

（二）主要开展的工作

合作社成立以来，稳步发展，合作社与农户紧密合作，共同受益，谋求发展。在发展合作社的过程中，主要采取以下几点：

1. 通过宣传发动和沟通，农户按当年市价将山药交售给合作社，合作社向农户提供优质良种，肥料等生产资料，并向农户山药种植户提供产前、产中、产后的技术服务，确保农户增产增收。经过几年来的共同努力和发展，相互建立了稳定互信的合作关系。

2. 组织管理上，坚持平等、自愿、互利，入股自愿、退股自由的原则。建立和完善理事会、监事会机构；合作社成员遵守章程、按年分红，完全实行自我合作、自我管理、自负盈亏、自我积累、自我发展的经营模式。

3. 在具体操作上，实行民主管理、民主决策、民主理财。合作社按照现代的企业管理模式，设立理事会、监事会，并聘用专职会计。理事会享有决策权，负责合作社的重大决策；监事会享有监事权，监督合作社的各项工作是否符合理事会决议；专职会计享有执行经营核算权，管理合作社的财务，是决策的参谋者。合作社重大事项由股东大会决定，理事会、监事会由股东大会民主选举产生，会计及其他工作人员实行聘用制。

4. 在诚信经营及优惠的基础上，让利于消费者、保产包销。免费提供全程生产技术培训，通过聘请农业技术有关专家为协会和农户提供产前、产中、产后的技术指导，大力发展特色产业（山药），确保产品、产量的提高。产品保价包销，解决种植户的后顾之忧。

5. 在生产经营方式上，实行合作社统一管理。在生产过程中，严格按照无公害农产品生产操作规程和各项规章制度执行。对所有投入品和产品统一管理。建档记录，跟踪服务。

（三）取得的成绩

1. 合作社未成立初期，我区山药种植面积仅有 3 000 余亩，年产量 4 500 t，年产值在 2 700 万～3 700 万元。合作社成立后，得到各级有关部门高度重视和大力支持，因地制宜，利用当地的水土资源优势，进行"无公害"山药标准化种植，通过合作社及协会的共同努力，种植面积现已发展到 3 万余亩，年产量 3 万 t，年产值 3 亿元。为农民创收 1.8 亿元。从而提高了农户种植山药的积极性，使合作社规模得到了不断发展壮大，效益明显。

2. 为提高产品的科技含量，增加农产品附加值，不断地总结经验，采取科技培训、分期培训、分批培训、实地操作培训等多种方式有机结合，树立合作社的品牌形象和壮大合作社的影响力，统一品牌，通过几年来的收集和研发，合作社通过精心设计，组合成屯堡文化图案制作产品包装物，将产品实行分级和真空包装，延长山药保鲜期，拟着手进行安顺山药面条深加工，使产品真正成为无污染，无残留质量安全过关的绿色食品。

3．在促进农业产业化的进程中，通过培训使种植户将学到的新知识新技术连贯起来，应用到实际生产经营中，进行优良品种培养、更新生产，确保优良品种的更新和新技术在实际生产经营中的推广应用，科学管理，从生产源头抓起，严格控制，确保产品质量。采取合作社+协会+基地+农户的组织形式运作。拓宽市场渠道，以质量拓市场，以信誉谋发展。为此，在政策指引下得到各级有关部门的高度重视，多次进行品牌宣传，结合实际，不断创新，以未成立合作社时相对比，未通过包装的产品每千克市场价仅在 6～8 元。合作社成立后，通过真空包装每千克市场价上升到 16～30 元。从而促进农业增效，农民增收，为安顺山药产业化发展起到了积极的推动作用。

七、项目投资估算

项目		名称	数量	单价	金额/万元
项目总投资 133.89 万元，固定收入 110.8 万元，流动资金 23.09 万元					
固定投入	1	土地租用	100 亩	500 元/亩	5
	2	山药种	1 750 kg	16 元/kg	26
	3	塑料槽	16 万个	4 元/个	64
	4	竹架杆	16 万棵	0.8 元/棵	12.8
	5	其　他			3
		小　计			110.8
流动资金		机械松土费	100 亩	500 元/亩	5
		人工种植费	100 亩	400 元/亩	4
		磷　肥	5 000 kg	0.86/kg	0.43
		油　饼	10 000 kg	2.4/kg	2.4
		钾　肥	3 000 kg	4.2/kg	1.26
		其　他			10
		小　计			23.09
合计					133.89

八、资金筹措

资金来源：合作社自筹 73.89 万元，申请国家补助资金 60 万元，合计 133.89 万元。

九、效益分析

本项目实施规模 100 亩，每亩投入成本 1.33 万元，按亩产 2 300 kg，单价 12 元/kg，则每亩产值 2.76 万元，扣除 1.33 万元成本，每亩利润 1.43 万元，本项目可实现创利 143

万元，经济效益十分明显。

十、建议书结论

本项目实施条件成熟，有较好的经济效益和社会效益，同时，可促进安顺山药产业的迅速发展。该项目切实可行，建议尽快立项实施。

附录5　"年产250 t保鲜山药加工"项目建议书

项目名称：<u>年产250 t保鲜山药加工</u>
申报单位：<u>安顺市西秀区刘官乡天富山药种植农民专业合作社</u>
地　　址：<u>安顺市西秀区刘官乡南翠村</u>
负 责 人：　　　　　电话：
申报时间：2012年5月8日

项目概况
项目名称：年产250 t保鲜山药加工
承担单位：安顺市西秀区刘官南翠山药协会
建设地址：安顺市西秀区刘官乡南翠村
负 责 人：　　　　　电话：
项目总投资　　　　　70.78万元
其中：固定投资：　　38.3万元
　　　流动资金：　　2.48万元
年销售收入：　　　　350万元
年总成本：　　　　　240万元
年税金：　　　　　　23.1万元
年利润：　　　　　　31.24万元
投资利润率：　　　　44.39%
投资利税率：　　　　77%
投资回收期：　　　　2年

一、项目意义及前景

山药为薯蓣科植物，多年生缠绕性草质藤本，块根肥大，呈头小尾大的棍棒状，长可达60 cm以上，表面棕色，折断面白色，具黏液，山药又名淮山药、白山药，是药食兼优的高档蔬菜及保健食品，素有"小人参"之美誉。在我国已有2 000多年的栽培历史，在安顺也有300多年的种植历史，安顺是贵州乃至西南地区种植面积最大的地区，是安顺三大名特蔬菜之一。其块根肉质细腻，营养丰富，富含蛋白质、糖类、氨基酸、微量元素、维生素B、胡萝卜素等。它既是味美可口的佳肴，又是药用价值很高的药材，具有健脾固精，补肺，益肾的功能，因此，山药对提高人们的健康水平有不可估量的作用。随着社会的发展，人们生活水平的提高和生活节奏的加快，迫切需要一个强健的身体，山药作为一种保健食品已广泛地进入寻常百姓的餐桌上，成为南方消费的冬冷蔬菜之一，它可煎、炒、炖、炸，非常适合人们的口味，满足了人们在日常饮食进补的需求和膳食结构调整的需求，深受家庭主妇的欢迎，但是，随着生活的改善，所谓"富裕性"慢性病，如癌症、心脑血管疾病、糖尿病、肥胖病等发病率明显上升，这种疾病模式的变化，是任何一个国家由贫到富，由不发达到发达所出现的结果，其原因主要是膳食结构三高（高糖、高脂肪、高热量），精神紧张，缺乏体力活动造成。为此，人们迫切要求改善膳食结构，提高营养水平，我社以独特的保鲜技术加工的保鲜山药，正好顺应当今世界食品发展的潮流和市场要求。

山药是食药兼优的作物，营养价值高、用途广泛，具有较高的经济价值和广阔的开发前景。目前我国大部分山药是作为滋补强壮剂入药，制成中成药，或与其他原料配伍制作成各种保健食品，随着我国中医药事业的发展，山药需求量不断上升，特别是鲜山药的需求，每年以 3%左右的幅度增长。目前我市山药种植面积的不断增加，山药产量也不断提高，消费者对山药的需求量也在迅速增加，特别是对鲜山药的需求更是日益增长。但由于山药的生长特性，再加上鲜山药的保存时间很短，每年只有在冬季才能有鲜山药出售，因此，山药的保鲜加工项目是符合市场需要的。该项目利用安顺独特的资源优势，进行安顺山药保鲜加工，提高产品技术含量，增加农产品附加值，由于具体特定的区域资源优势，使得产品具有较广泛的市场开发前景和空间，经济效益良好。

本项目的产品主要采取直销和代销的销售方式，减少中间环节，让利于消费者。由于本项目自建原料基地，山药原料的来源有保证。

本项目的建设，可刺激农民种植山药的积极性，符合我国农业产业化政策和国家产业发展政策，符合发展贵州特色经济方针，符合省委、省政府绿色产业发展的指导思想，具有显著的社会效益。本项目按"无公害食品行动计划"精神实施，使产品真正成为无污染、无残留的质量安全的鲜山药，成为广大消费者期待拥有的食品。

本项目的建设，可解决部分农村富余劳动力就业，创造良好的社会效益。

二、项目内容

1. 建 400 m^2 加工车间；
2. 建年加工 250 t 保鲜山药生产线；
3. 建设地点：安顺市西秀区刘官乡南翠村。

三、主要技术经济目标

项目总投资	70.78 万元
其中：固定投资：	38.3 万元
流动资金：	32.48 万元
年销售收入：	350 万元
年总成本：	240 万元

年　税　金：	23.1 万元
年　利　润：	31.24 万元
投资利润率：	44.39%
投资利税率：	77%
投资回收期：	2 年

四、项目进度与完成期限

项目建设期为 5 个月。

资金到位起第 1 个月至第 4 个月进行生产车间建设。

第 2 个月至第 3 个月进行设备考察、订购。

第 4 个月进行设备安装、调试及操作技术培训。

第 5 个月进行试生产及投资。

五、承担项目单位概况

安顺市西秀区刘官乡天富山药种植农民专业合作社位于西秀区刘官乡的西部，距安顺城区 35 km，由平南翠、新寨、托木、红土四个自然村所组成，是一个多民族村寨，全村共有 650 余户，人口 2 608 人（苗族、汉族），属北亚热带季风湿润气候，海拔 1 250 m，年平均气温 14.5℃，年平均降雨量 1 350 mm，无霜期 300 d 左右，日照时数为 1 300 h，自然条件优越，冬无严寒，夏无酷暑，雨量充沛，水源丰富，地势平坦，土壤肥沃，交通方便，邢江河穿流而过，自明朝末年开始引进种植，至今有 300 多年的种植历史，"安顺山药"是全国名特优食药兼用农产品之一。

本合作组织为使广大山药种植户在各个生产经营环节联合起来，提高生产经营的组织化程度，获取更大的经济效益，由发起人西秀区刘官乡南翠村村民何某，组织近百户农民筹建安顺市西秀区刘官乡天富山药种植农民专业合作社，于 2009 年 5 月 21 日向安顺市工商行政管理局西秀分局申请批准成立，并组建组织机构，制定专业合作社章程及财务管理制度。

六、运行机制

本合作社机制健全，实行民主管理，按照《合作社法》的有关规定，通过社员大会一致认定的《合作社章程》。机构由社员大会、理事会、监事会构成，通过社员大会民主选举生产（理事长、监事长）。产权明晰，管理制度完善，建立有公积金、公益金制度。本专业合作社实行社务公开，民主监督，有健全的经营管理制度，年定期召开社员大会两次以上，社员代表大会三次以上，理事会、监事会根据情况而定，法人代表在本社本行业中有较强的领导能力和业务指导能力。

本专业合作社实行"独立核算、自负盈亏"，严格执行合作社的财务管理制度与分配制度（年终按交易额进行还利），社员与合作社基本达到利益共享，风险共担。合作社经过几年的努力和发展，现入社农户650户，全部系本村农民。

七、本专业合作社现主要工作

合作社成立以来，在安顺市供销合作社的组织指导下，本社与安顺天元生物资源开发有限公司形成紧密的伙伴关系，采取股份合作方式，一是结合本社的实际情况向社员提供产前、产中、产后的服务。二是经过聘请专家对社员进行各种技术知识培训，使社员能够及时吸纳先进的科学技术，并将其应用到实际生产经营中。三是进一步加大安顺山药品牌的宣传推广力度，并将产品进行保鲜加工、储藏销售，现产品深受广大消费者的青睐，拥有巨大的市场空间。

八、本专业合作社发挥的作用和取得的成效

（一）发挥的作用

本专业合作社未成立之前，我村山药种植面积仅有400余亩，年产量600 t，年产值360万元。2009年农民专业合作社成立后，在安顺市供销合作社的组织指导下，经过专业合作社及广大会员的共同努力，与安顺天元生物资源开发有限公司形成紧密的伙伴关系，采取股份合作方式，山药种植面积得到了较好的发展，社员人数从未成立合作社初期不足100人的情况下，发展到现在的650人，山药种植面积发展到3 000余亩，年产量4 500 t，年产值7 200万元左右。所产山药的产量、质量得到了进一步提高，本社规模不断发展壮大。

（二）取得的成效

1. 经济效益：按3 000亩种植面积计算，年产量可达4 500 t，年产值7 200万元，安市场现价在16～20元/kg，为国家提供税收216万元。

2. 社会效益：一是合作社成立以来，在各级有关部门的高度重视和支持下，山药种植面积在400亩的基础上增加2 600亩、产量2 900 t，产值6 840万元。二是通过对安顺山药品牌的宣传推广，山药价格在原来的基础上每千克上升到10元左右，为社员创收3 000万元。三是辐射带动旧州镇所辖的（平寨、苏吕、高车、羊堡）等村，山药种植面积达1 800余亩，从而就地解决了部分富余劳动力就业。为安顺山药产业的发展起到了积极的推动作用。

经过专业合作社及广大社员的共同努力，刘官山药先后获得国家农业部授予"无公害"农产品山药产地认证；国家工商行政管理局"刘官山药"商标注册；国家农业部农产品"安顺山药"地理标志认证。

安顺刘官南翠山药协会，2010年12月获中国科协、财政部"全国科普惠农兴村"先进单位；2008—2012年被市、区科协评为农村专业协会"先进集体"；本专业合作社2012年2月被贵州省供销合作社评为"五佳农民专业合作社"。

九、存在的困难和问题

由于合作社的构成成分为当地土生土长的农民，经济条件差，股份投入有限，合作社成立以后每年所得的积累，均全部用于山药种植面积的扩大投入上，因此，每到山药采收季节，面对社员采收的山药急待购置设备配套及山药收购，加工，山药市场价格又不断攀升的时候，由于设备配套、山药收购资金的严重短缺，常常使合作社处于捉襟见肘的两难境地，制约了山药产业的迅速发展。

十、项目投资估算

项目		名称	数量	单价	金额/万元
		项目总投资 70.78 万元，固定收入 38.3 万元，流动资金 32.48 万元			
固定投入	1	鲜果清洗机	1 台	1.8 万元/台	1.8
	2	去皮机	2 台	2.4 万元/台	4.8
	3	真空包装机	6 台	1.3 万元/台	7.8
	4	贴标机	2 台	0.5 万元/台	1
	5	自动封箱机	2 台	0.75 万元/台	1.5
	6	自动捆扎机	2 台	0.6 万元/台	1.2
	7	加工厂房	400 m²	430 元/m²	17.2
	8	其他			3
		小计			38.3
流动资金		山药	250 000 kg	4 元/kg	100÷5=20
		包装箱	17 000 个	3.5 元/个	5.95÷4=1.48
		真空包装袋	250 000 个	0.16 元/个	4÷4=1
		其他			10
		小计			32.48
合计					70.78

十一、资金筹措

资金来源：合作社自筹 50.78 万元，申请农业产业化资金 20 万元。

十二、建议书结论

本项目实施条件成熟，有较好的经济效益和社会效益，同时，可促进安顺山药产业的迅速发展。该项目切实可行，建议尽快立项实施。

附录6　无公害农产品产地产品认证一体化申报书

附 6-1　无公害农产品产地产品认证一体化申报书

材料编号：

无公害农产品产地认定与产品认证申请书

申请人（盖章）： <u>安顺市西秀区刘官乡天富山药种植农民专业合作社</u>

法人代表：（签字、盖章）

首　次　申　报　☑　　　　产品扩项申请　☐

申　请　日　期：　<u>2012</u>　年　<u>5</u>　月　<u>8</u>　日

农业部农产品质量安全中心印制

附 6-2　保证申请材料真实性和执行无公害农产品标准及规范的声明

1. 本单位申请无公害农产品产地认定和产品认证所提交的材料和填写的内容全部真实、准确。如有虚假成分，愿负法律责任。

2. 本单位在生产 山 药 过程中，严格执行有关无公害农产品标准。管理人员、技术人员和生产人员熟悉掌握该产品标准，并保证在生产过程中落实无公害农产品质量控制措施，严格执行该产品生产技术规范（程），决不使用国家禁止使用的各类农业投入品，规范使用各类农业投入品，确保本产品符合质量安全要求。

3. 申请认证的产品，如果通过无公害农产品认证申请，将保证严格按照《无公害农产品标志管理办法》（农业部、国家认监委第 231 号公告）的规定，在产品或产品包装上加贴使用全国统一的无公害农产品标志。

4. 接受各级无公害农产品产地认定和产品认证机构及有关部门对本单位生产无公害农产品和使用无公害农产品标志情况的监督检查。

法人代表：（签字）

申　请　人：（盖章）安顺市西秀区刘官乡天富山药种植农民专业合作社

日　　　期：2012 年 5 月 8 日

表 1　申请人基本情况

申请人全称	安顺市西秀区刘官乡天富山药种植农民专业合作社				
法人代表		单位性质	社团组织	注册商标	刘官山药
申请人类型	□自产自销型　　□公司+农户型　　☑混合型　　□其他				
联系人		联系电话			
手　机		传真	无		
E-mail					
通讯地址	安顺市西秀区刘官乡南翠村		邮政编码	561009	
职工人数	30	管理人员数	8	技术人员数	4
经营范围	山药种植及技术培训；农产品开发及经纪服务				
固定资产/万元	310		年总利润/万元	2 250	
年总销售量/t	4 500		年总销售额/万元	5 400	
年总出口量/t	无		年总出口额/万元	无	
主要销售区域	广州、重庆、四川、云南、贵州省内				
产地基本情况					
产地名称	贵州_省无公害_山药_产地				
产地规模/hm^2	210（3 143 亩）				
产地所在具体地址	安顺市西秀区刘官乡南翠村、新寨村				
生产管理形式	□分村组生产，统一管理		村组个数	2 个村 12 组	
	☑分户生产，统一管理		户　数	650	
	□集中生产管理		□其他		
产地执行标准编号及名称	NY/5013—2006　无公害食品　山药产品产地环境条件				

填表人：　　　　　　　　　　　　　　　　　　　　　　　　　2012 年 5 月 8 日

表 2　申报产品情况

产品名称	商品名称	生产规模/hm^2	生产周期	包装规格	年产量/t	年销售量/t	产品执行标准编号及名称
山药	山药	210	1 年	5 kg/盒	6 300	4 000	

填表人：　　　　　　　　　　　　　　　　　　　　　　　　　2012 年 5 月 8 日

表3 最近生产周期种植产品农药使用情况

施药作物	农药通用名称	登记证号	农药剂型	防治对象	使用剂量	一个生产周期使用次数	末次施药到收获的间隔天数

填表人：　　　　　　　　　　　　　　　　　　　　　　　　　2012 年 5 月 8 日

表4 最近生产周期种植产品肥料使用情况

施肥作物	肥料通用名称	登记证号	总施肥量	一个生产周期使用次数
山 药	充分腐熟有机复合肥		3 000 kg	1 次
山 药	饼 肥		250 kg	1 次

填表人：　　　　　　　　　　　　　　　　　　　　　　　　　2012 年 5 月 8 日

表5 申请认证产品计划使用无公害农产品标志统计

单位名称		安顺市西秀区下哨鲜果种植农民专业合作社			
产品名称		山药	产品上市时间		90 d
标志种类	规格	直径尺寸/mm	使用标志数量/万枚	加贴附着物	产品包装规格说明/（g/袋、箱、包）
				产品　包装	
纸质标志	1 号	10			
	2 号	15			
	3 号	20			
	4 号	30			
	5 号	60			

塑	2 号	15	100		√	5 kg/盒
质	3 号	20				68 mm×30 mm×10 mm
标	4 号	30				
志	5 号	60				

填表人： 2012 年 5 月 8 日

注：1. 请登录 http：//www.aqsc.gov.cn 仔细阅读"公告栏"中《全国统一无公害农产品标志申领使用说明》，并按其要求填写上表；

2. 请你单位根据申报产品的种类、数量、包装规格等计算当年计划申领使用全国统一无公害农产品标志的种类、规格和数量，并如实填写上表；

3. 上表"加贴附着物"栏：是指标志在确定直接加贴于无公害农产品上或加贴于无公害农产品包装上后，在"产品"或"包装"对应栏划"√"；

4. 上表"产品包装规格说明"栏：是指如果标志确定加贴于无公害农产品包装上的，须注明产品的包装规格。如：××g/箱、××g/袋、××g/盒、××g/包等；

5. 上表填写的有关数据，将作为我中心给获证产品核发全国统一无公害农产品标志的主要依据。

附 6-3 无公害山药质量控制措施

一、组织措施

1. 组织机构

为抓好该项目的申报，安顺市西秀区刘官乡天富山药种植农民专业合作社高度重视，及时成立无公害山药产地认定工作领导小组，切实加强组织领导和督促指导，狠抓工作落实，通过科技培训和信息交流，拓宽广大农户视野，大力促进无公害山药产地的健康发展。刘官乡南翠村成立了由山药种植农民专业合作社理事长任组长的质量安全管理领导小组，负责协调实施工作。领导小组下设生产技术部、质量安全监管部和后勤部。具体负责各项生产措施的实施和各种生产技术规程的制定以及各种农业投入品购买与使用。

2. 管理办法

为了将无公害农产品生产和农业环保工作落到实处，合作社严格按照县无公害山药生产领导小组下发的有关文件执行，同时印制发放了无公害山药栽培技术资料，按规程指导和规范生产，为了保证生产基地生产的山药能达到无公害化标准，制定了严格的管理措施。

3. 宣传培训

为了营造生产无公害山药产地氛围，利用各种途径宣传发展无公害农产品政策、意义，使广大种植户充分认识到发展无公害农产品的重要性和必要性，建立培训制度，采取分期培训、分批培训、实地操作等有机相结合，每年举办培训班，使无公害生产技术得到实施，落到实处。

二、技术措施

按照制定的无公害山药生产技术规程进行生产，坚持"预防为主，综合防治"的原则，对病虫害采用农业防治、生物防治和物理防治，合理使用农药和肥料的统一调配。

（1）品种选择：选择适合本基地生长、抗病性强、高产、优质的品种。

（2）土地选择：选择平地及坡度在 15°以下的缓坡地，种植行为南北向。坡度在 6～15°之间，土层厚度大于 1 m 以上，土质（黄泥砂壤土）为佳。

科学施肥：实行有机质栽培技术，有机肥和氮、磷、钾配合使用。人畜粪肥应无害化处理，作基肥。推广标准化农业设施和材料。完善基地水利设施，健全排灌系统。

（3）综合防治：在区预测预报的指导下，刘官乡南翠村结合本地历年病虫发生的实际情况，应用先进适用的技术，控制病虫害的发生和蔓延，做到对症下药，适期用药；推广农业防治、生态防治、生物防治、生化防治、物理防治技术；搞好清洁田园、土壤消毒、合理轮作，提高施药人员技术水平，喷药应周到，均匀，农药应交替使用。

（4）生产技术标准化：把各项技术规程及要求印成明白纸，分发到每个种植户，并要求他们严格依照明白纸的规定操作，杜绝生产随意性。

三、投入品使用管理措施

按照无公害山药生产技术规程要求，合作社确定了高效栽培措施，选择了一些合适当地丰产性好，抗性强的品种，并对农药、肥料等生产投入品按照制定的技术规程和有关规定要求进行监督管理。特别是在基地内严禁使用剧毒、高毒、高残留农药及伪劣肥料，大力推广使用高效、低毒、低残留生物农药及有机生物肥料。

四、产品质量检测措施

无公害山药基地建立了严格的产品抽查制度，生产的产品在上市前 20 天，邀请上级无公害食品检测站的工作人员到生产基地内进行抽样检测，对不合格的产品严禁上市，并集中进行处理，同时按照合作社的有关规定，对生产产品出现问题的基地种植户追究相应责任。

五、产品质量管理

为确保产地产品质量安全，建立质量管理制度，同时成立质量安全控制办公室。

质量安全控制办公室负责编制分品种质量控制计划，组织开展全面质量管理宣传，举办质量安全管理培训班。负责基地生产全过程的质量监督。全面掌握产品质量状况，分析影响产品质量的因素，提出提高和稳定产品质量的措施，并监督实施。不定期对产品进行抽样。分析产品不合格的原因，并提出解决方案。

六、产地环境保护措施

加强对农药生产必须投入品的监督和管理，在基地内严禁使用高毒、高残留农药。肥料的使用也严格按照无公害生产的要求施用，严格控制农药和化肥的安全间隔期。及时回收田间的废弃农膜、农药空瓶等，防止对环境造成破坏。积极配合上级有关部门对农业生态环境进行检测。

附 6-4 安顺市西秀区刘官乡天富山药种植农民专业合作社
无公害山药生产技术操作规程

刘官乡天富山药种植农民专业合作社山药生产技术规范

NY 5010—2002 无公害食品 山药产地环境条件

NY 5221—2005 无公害食品 薯蓣类山药

合作社无公害山药生产操作规程

（一）合作社山药栽培技术操作规程

1．播前准备

种植山药的土壤疏松肥沃、土层深厚、涝能排水、旱能灌溉、中性或微酸性的平地与缓坡地块最为适宜。

2．整地

山药块茎是在地下生长，属深根作物，分布在深 60～100 cm 的土层中；深翻土地 80～100 cm，深翻有利于根茎向下蔓延和生长。

3．施肥

施肥原则是肥料以农家肥为主，每亩施腐熟的农家肥 2 500 kg，复合肥 100 kg，饼肥 250 kg。

4．品种准备（种薯制备）

为了繁殖的山药种，有较高的适应力和稳定性，适合生长环境，能够高产稳产并符合加工需要。我合作社建立了分级繁育制度，设置山药种植基地，进行大面积种植。

山药栽培事先需制备种薯，种薯的质量好坏直接影响山药块茎的产量和品质。常规的种薯制备方法有三种：第一种方法是使用山药栽子（也叫山药嘴子），即山药块茎上端有芽一节；第二种方法是使用山药段子，将山药块茎按 8～10 cm 分切成段，每个段子重 30～40 g。第三种是山药零余子（也称山药豆）。由于山药栽子和段子连续种植 3～4 年后，会发生退化，产量及品质均明显下降，不宜再作繁殖材料，所以就必须采用零余子进行更新复壮，确保山药基地得到健康和发展。

5．繁殖方法

块茎繁殖法：长形种块茎无论何部都能生长不定芽，以近顶部生长较旺。顶芽繁殖法：长形种的块茎上端有一段较细而肉质粗硬的部分，其顶端有一顶芽，可用来繁殖，称为山药尾子或芽嘴子。零余子繁殖法：零余子数量多、繁殖容易，亩用量 100～150 kg。尤其是山药栽子连续种植 3～4 年后，会发生退化，产量和品质均明显下降，不宜再作繁殖材料，这时候就必须采用零余子进行更新复壮。零余子栽培第一年后得到小山药，长 20～30 cm。第二年将小山药种下后（不分切）得到成熟的大山药块茎。用零余子培养的小山药作栽子，后代生活力旺盛，而且生长期间病虫害很少。

6．栽培方法

山药种植一般土壤为砂壤土，并要深耕细碎，做高畦。深耕或挖沟的深度必须在 1～1.3 m，才能满足山药的发育空间。采用高垄栽培，其宽度为 60～80 cm，长度根据地块而定。做垄后，垄中间开一小深沟（10 cm 左右），将种薯横放，再将厩肥、饼肥施入沟内（种薯左右两侧间距 2.5～3 cm），然后覆土 4～5 cm 垄厢即可。垄与垄之间相距 60 cm，用于走道和搭架。每亩栽植 3500～4 000 株，栽植时间 2—3 月。

栽植后因气候不同需 22～30 d 出苗，出苗 30 cm 高左右，茎蔓生长迅速，山药幼茎蔓纤细而脆嫩，容易折断，这时就必须注意搭立支架。

7．立支架

山药出苗后，蔓长 30～50 cm，要及早立支架。支架最好选用 2.5 m 长小竹竿，呈"人"字形交叉，每架 2 行山药。每 4 根竹竿捆在一起，使支架结实，便于通风透光。

支架插入土壤的深度以 20 cm 为宜，最深不要超过 30 cm，否则会影响根系的正常生长，还会捅伤种薯。

茎蔓上架时，可以顺势理蔓，引导茎蔓均匀盘架，避免互相缠绕。

8．田间管理

山药出苗后有数株幼苗挤在一起，应及时剪苗只留一株强壮幼苗，减少养分消耗，有利于通风透光。

山药进入生长旺盛期后，基部易长出一些侧蔓，以免消耗山药蔓上架的养分，适当摘除基部的几条侧枝，目的在于集中养分促进新块茎生长。

山药在生长后期，发现零余子生成过多，应及时摘掉一部分，否则与地下块茎争夺养分，影响块茎的膨大。

9．水肥管理

当山药茎蔓长 1 m 左右时浇第 1 次水。此次浇水不宜过早，水量要小，否则会延缓根系生长。7～10 d 后浇第 2 次水，水量可大些。以后浇水保持土壤见干见湿为宜。雨季要注意排水，严防地面积水。另外，及早堵塞地下害虫打眼和鼠洞，防止漏水，否则易造成植株死亡，大量减产。在施足底肥基础上，山药苗期一般不追肥，在 6 月下旬山药块茎膨大盛期，可结合浇水每亩追施氮、磷、钾复合肥 15～20 kg。追肥同时，地上部进行叶面喷肥，可用 1%尿素加 0.5%磷酸二氢钾，15 d 喷 1 次，共喷 3～4 次，以满足植株需求，防其早衰。

10．中耕除草

中耕宜浅，以免损伤根系。第 1 次浇水后，可结合除草进行中耕。提高地温。除草在人工拔除前提下，可进行化学除草。山药出苗后，每亩用右旋毗氟乙草灵 20 ml 兑水 10～20 kg 喷雾，能有效防除山药田间各种杂草，对山药生长无任何影响。

11．控制旺长

待藤蔓爬满架，可喷多效唑控制植株旺长，每亩用 15%多效唑可湿性粉剂 60 g 兑水

60 kg，喷洒叶片，促使地上营养向地下茎块转移，促进块茎膨大。

12．采收

在山药栽种当年 10 月底或 11 月初，当地上部分发黄枯死后，即可开始收获山药块茎。

山药收获程序为：先将支架茎蔓一起拔起，接着抖落茎蔓上的山药果。把地面上的山药果和茎枯叶集中收集起来。

挖掘山药的方法是：从畦的一端开始，先挖出 60 cm 见方的土坑来。人坐在坑沿，用特制的铁铲，沿着山药生长在地面 10 cm 处的侧根系，铲出根侧泥土，铲到山药沟底见到块茎尖端为止，平握块茎的中上部，小心提出山药块茎。

采挖山药，一定要按着顺序一株一株挨着挖，既能有效减少破损率，又避免漏收。

（二）山药病虫害及其防治

1．山药叶斑病

发病初期，叶面出现黄色或黄白色病斑，边缘不十分明显。蔓延扩大后则呈现褐色的不规则形，上无轮纹；发病后期的病斑边缘凸起，中间淡褐色上生小黑点，有些病斑能形成穿孔。严重时致使叶片枯死，在叶柄和茎上形成长圆形病斑。

2．山药炭疽病

发病初期，在山药叶片上产生褐色下陷的不规则小斑，后来逐渐扩大成黑褐色，边缘清晰，形成圆形、椭圆形或不规则病斑，病斑直径 0.2～0.8 cm；后期，病斑中部呈灰白色，上面有不规则的轮纹，病斑周围的键叶有必黄现象。叶柄受害后，初期表现为水渍状褐色病斑，后期病部呈现黑褐色干缩，致使叶片脱落。茎部受害后，初期会产生褐色小点，后期逐渐扩大成圆形或菱形的黑褐色病斑，病部略下陷或者干缩，天气潮湿时可见粉红色黏状物或小黑点。

3．防治方法

（1）化学防治：叶斑病。

（2）生物防治：首先，要在收获后清扫山药残体枝叶及杂草落叶，并集中烧埋，减少各病原物；其次，要适当更新架材，减少架材上寄生的病原物。在栽培过程中要设法降低土壤湿度，改善通风通光条件。

由于当地特殊的气候和土壤条件及深挖坑、高起垄、搭支架的栽培方式，并进行轮作种植，山药的病虫害很少发生，农民普遍不用农药防治。

附 6-5　南翠村无公害山药生产基地管理办法

第一条　为规范无公害山药生产，提高山药产品质量，保障人民身体健康，根据国家有关法律、法规，结合刘官乡实际，特定本办法。

第二条　本办法所称的山药生产基地，是指刘官乡南翠、新寨、托木、红土四个村。

第三条　成立农村合作经济组织，负责产、供、销一体化服务，重点抓好山药订单生产。

第四条　基地必须选择在农业生态环境良好，没有或不直接工业"三废"及农业废弃物、医疗污水和废弃物以及生活垃圾污染的区域。土壤中重金属含量高、农药残留量高且短期内不能转换的地块、地方病高发区、地下水高氟区和富矿区不能建设基地。大田基地与公路主干线间隔 100 m 以外。

第五条　山药生产基地符合 NY 5010-2002 无公害食品山药产地环境条件、NY 5221-2005 无公害食品薯蓣类山药。

第六条　不得在无公害山药生产基地基其周围新建对环境有污染物的非农业建设项目；不得有其他破坏无公害山药生产基地生态环境的行为。对危害山药基地的污染源，应限期治理，消防污染。

第七条　经营、使用山药基地的单位和个人，有保护和改善山药基地生态环境的义务，应当开展生产基地生态环境建设，推广应用农业环保技术。

第八条　饲养育禽的单位和个人，必须进行废弃物无害化处理，严禁向其基地排放有毒有害废弃物，防止对山药基地环境造成污染。

第九条　选用优质、高产、抗病种苗，并实行良种良法配套，大力推广良种和精细整地、适时播种、含量密植、科学灌水等规范化的栽培技术。

第十条　鼓励在山药基地内推广应用农业生态技术，提供建设生态良性特征的山药基地。

第十一条　施肥以有机肥为主，做以挖氮、稳磷、增钾，提倡重施基肥，少施、早施追肥，收获前 20 天禁止使用未腐熟有机肥。

第十二条　禁止在山药基地内使用剧毒、高毒、高残留农药，提供推广使用高效、低毒、低留农药和生物农药，提倡广大使用高效、低毒、低残留农药和生物农药和生物防治病虫害技术。使用农药必须严格执行国家有关农药安全使用的规定。并在收获前 20 天禁止使用化学农药。

第十三条　禁止使用高毒、高残留农药和生物，提供剧毒的农业有害生物。

第十四条　详细记录每种山药生产的全过程，必要时附照片或图像。记录应包括良种来源、栽培管理措施、采收、加工、运输、贮藏或山药产品的质量评价各个环节，档案资料应有专人保管。

第十五条　山药的生产、加工、包装、储运过程必须符合《无公害山药生产及时操作规程》，并在每批收获前进行自我速检，杜绝农药残留物超标的山药产品运出剧毒。

第十六条　对违反本办法规定，造成剧毒污染的，由相关部门责令限期治理，消除污染，赔偿经济损失。

安顺市西秀区刘官乡天富山药种植农民专业合作社

附 6-6   南翠村无公害山药肥料安全使用管理制度

1. 专人负责，统一采购。根据无公害山药生产的施肥要求，结合本基地的土壤肥力、品种布局等实际情况，由专职人员统一选择购买肥料的种类和数量。

2. 购买肥料产品必须有产品标签、说明书、产品质量合格证书，以确保肥料产品质量合格。

3. 要选用适宜的肥料种类，采用科学的平衡施肥方法，不得超量施用化学肥料。

4. 施肥要以机肥为主，商品肥料为辅，施肥方法以基肥为主、追肥为辅。

5. 尽量限制化肥施用数量，每季每亩纯氮施用量不得超过 20 kg，化肥使用要做到早施深施。

6. 根外追肥要选用有机氮肥，最后一次追肥应在收获前 8 天以上进行。

7. 肥料包装物应统一收集处理。

安顺市西秀区刘官乡天富山药种植农民专业合作社

附 6-7　南翠村无公害山药农药安全使用管理制度

1. 统一采购，专人负责。按照无公害山药生产的要求，结合本基地的土壤肥力、栽培品种、种植季节、病虫发生等实际灌氧，由专人负责购买农药种类，并要在技术人员的统一指导下进行用药。

2. 采购的农药必须"三证"俱全，产品标签、说明书、产品质量合格证要核对相符，确保农药产品质量。

3. 选用生物源农药和高效低毒、低残留的化学农药，禁止使用国家规定禁用和限用的一切高毒高残留农药。

4. 做好病虫测报工作，选择最佳防治时期，合理确定农药施用次数和药液浓度，尽量做到低浓度使用。

5. 最后一次施用农药要严格遵守采收安全间隔期，尽量降低农药残留量，确保产品达到优质、安全的标准。

6. 使用农药要注意人畜安全，农药包装物要及时收集处理，尽量减少环境污染。

安顺市西秀区刘官乡天富山药种植农民专业合作社

案例研究六
顶坛花椒惠益共享

一、顶坛概况

顶坛片区位于贵州省黔西南布依族苗族自治州贞丰县北盘江流域花江河谷地带[1]，隶属于贞丰县北盘江镇，辖银洞湾、查耳岩两个村，820 户 2 471 人，有耕地 231.4 hm^2。地处北盘江南岸的河谷地带，最低海拔 565 m，最高海拔 1 432 m，地形西南面高向东北面低倾斜，地貌切割较强，耕地零星破碎，岩石广布，水源奇缺，气温时空分布不均，5—10 月降雨量占全年总降雨量的 83%，海拔 850 m 以下为南亚热带干热河谷气候，900 m 以上为中亚热带河谷气候。

顶坛喀斯特岩溶地貌特征明显，95% 的面积为石旮旯，是贞丰县有名的高温岩山地带。恶劣的环境，贫瘠的土地，使片区内 95% 的人家长期以来靠吃救济粮和返销粮度日。当地流传的民谣"眼望花江河，有水喝不着，石缝种包谷，只够三月活，要想吃米饭，除非坐月婆，姑娘往外嫁，媳妇娶不着"，就是村民曾经的生活写照。历史数据显示，1990 年以前，该片区人均粮食不足 100 kg，人均经济收入不足 200 元，是全县最贫困的地区。该片区银洞湾村就曾有 17 户人家因难以生存而迁走他乡。

20 世纪 90 年代初，该区域开始发展花椒种植，随着经济效益与生态效益的逐步显现，种植规模逐年扩大。至 2007 年，顶坛片区花椒种植面积已达 4 000 hm^2，全县种植面积达 6 866.67 hm^2，总产量达 11 000 t，产值 1.3 亿元。通过发展花椒种植产业，顶坛片区农民生活由贫困变富裕。2008 年，顶坛片区年人均纯收入已达 5 000 多元，是贵州省农民年人均纯收入的 2.5 倍，超过了全国平均水平。最早大面积种植花椒的云洞湾村仅花椒的年人均收入就达 8 000 多元。而原来迁出的农户也全部迁回，发展花椒种植业。

---

1 引自 http://www.qxn.gov.cn（2013-10-25）.

二、顶坛花椒的资源特征

顶坛花椒又称"顶坛青花椒"，属芸香科花椒属（*Zanthoxylum* L.），落叶灌木或小乔木，以其颗粒硕大、麻味纯正、清香扑鼻、颜色青绿、味久不衰而独占各类花椒之首。据分析，顶坛花椒果实含有丰富的芳香油和脂肪酸，特别是不饱和脂肪酸含量极高；含有较高的人体必需氨基酸、维生素 E 和铁、锰、锌、铜、铬、碘、硒等多种微量元素[2]。此外，顶坛花椒林生态系统在维系和促进当地社会经济发展，改善喀斯特峡谷生态环境中具有水源涵养、固土保肥等服务功能[3]。

（一）形态特征与分布

常绿灌木，高 2～2.5 m，稀有 4～5（7）m；茎枝多锐刺，刺基部宽扁，红褐色，小枝上刺水平抽出，叶轴和小叶上均无刺；小枝、叶及嫩枝均无毛或偶有柔毛；羽状复叶互生，有小叶 3～7 片，少数多至 9～11 片，翼叶明显，宽处 2～3 mm；小叶在叶柄上对生，通常披针形或披针状椭圆形，长 4～9 cm，宽 1.5～2.5 cm，干后叶缘向背面明显反卷，顶端中央一片小叶最大，基部一对小叶最小；叶面稍粗糙，上面深绿色，背面黄绿色，光滑无毛，边缘有不规则的疏离小钝齿，齿凹处常有一油腺；主脉在叶上面下凹，侧脉不明显，在叶背面中脉明显隆起，侧脉纤细；小叶叶柄短约 1 mm 或无。聚伞状圆锥花序腋生或同时生于侧枝之顶，长短差异较大，2～7 cm，多花，有小花 20～40（60）余朵；花被片 6～8 片，卵状三角形，顶端钝尖，长 1～1.5 mm；雄花的雄蕊 4～6 枚，花丝细长，明显超出退化雌蕊，花药圆点状，药隔顶端有 1 干后变为黑褐色的油点；不育雌蕊凸起，顶端微裂成弯曲的柱状；雌蕊有心皮 2 个，背部近顶侧各有 1 个油点，花柱斜向背面弯曲，不育雄蕊短线状，早落。果熟时果皮多为橄榄绿色，少有紫红色者，果皮上有明显凸起的圆点状油腺数个；单个分果瓣径 4～5 mm，干后开裂，内果皮淡绿色；种子直径 2～3 mm，种皮黑色，角质，有光泽。花期 3—4 月，果期 8—10 月[4]。

（二）分布

顶坛花椒分布于贵州北盘江花江峡谷喀斯特山地或路旁。现在广为栽培，在贞丰县兴北镇的顶坛片区（含银洞湾、查耳岩、板围、水淹坝等村）栽培集中成片，以海拔 900 m 以下喀斯特河谷生长最好，所产之花椒含油量较高，且果皮的香麻味最浓[4]。

2 屠玉麟. 顶坛花椒营养成分及微量元素测试研究. 贵州师范大学学报（自然科学版），2000，18（4）：31-36.

3 李苇洁，汪廷梅，王桂萍，等. 花江喀斯特峡谷区顶坛花椒林生态系统服务功能价值评估. 中国岩溶，2010，29（2）：152-154.

4 屠玉麟，韦昌盛，左祖伦，等. 花椒属一新变种：顶坛花椒及其品种的分类研究. 贵州科学，2001，19（1）：77-80.

（三）系统地位

学者 2001 年初步研究发现，顶坛花椒是一种适应低海拔河谷的地方品种，由于长期适应特殊的生物气候条件，在形态、生理、生态上都表现出一定的特殊性，属于竹叶花椒 *Zanthoxylum planispinum* Sieb. et Zucc.的一个变种即 *Z. planispinum* var. *dingtanensis* Yu-Lin Tu。学者根据该花椒种群个体相对稳定的形态、生长发育期及经济性状特征，初步将其划分为大青椒、团椒、小青椒三个品种。然而，2008 年成稿的中国植物志英文版 *Flora of China* 并未支持这个新的变种[5]。顶坛花椒的系统地位虽然存在争议，但学者对顶坛花椒品种的划分仍然具有现实应用价值。

三、栽培历史及传统知识

（一）栽培历史

关于顶坛花椒的品种来源，有两种说法。

其一，20 世纪 80 年代末，查耳岩村大石板组村民袁某种了一株花椒树。1988 年，他家有一株花椒树收获了 39.5 kg 花椒，正好有一家亲戚在黄果树镇开餐馆，需要买点花椒作调料，向他以 3 元/kg 总价 118.5 元收购。这在当时相当于国家干部三个月的工资。此后，他开始用花椒籽育苗，第二年育出 200 多株花椒苗，栽在自家的地里。1991 年春，撤区并乡后州扶贫工作队也进驻该镇帮扶，成立了顶坛工作组，到顶坛片区的查耳岩、云洞湾、水淹坝、板围四个村进行调研。工作组到查耳岩村召开群众会时，袁某建议说："我家种的一株花椒树就卖得 100 多块钱，一亩地可种 50～60 棵，比种玉米划算多了。"工作组采纳了袁某的建议，支持袁某育了花椒树苗，第二年春出售树苗 60 多万株。顶坛花椒就此逐步推广。

其二，北盘江沿岸的石山区生长着很多野生花椒，当地人从很早以前就开始从山上移植到房前屋后，但一直是散养自用为主。20 世纪 90 年代初，贞丰县政府通过调研，认为当地要改变贫穷面貌，不能再种玉米，而应多种植经济作物，支持当时的云洞湾村支书罗某培育花椒苗和核桃苗。第一年就育成了上万株花椒苗，但由于当时村民还无法预见种花椒的收益，难以推广。

第二年，云洞湾村民冉某却"意外"地开始育花椒苗。此前，冉某承包了一个砂厂，厂周边有大片坡地，他在村里收集了几斤花椒种子撒在这片坡地上，挂果后除自用外，拿到县城去卖。但这年的花椒采收期，由于砂厂事务繁忙，没来得及收，果实全部掉在土里，长成一大片苗。为了消化这些苗，冉某继续扩大种植，同时将这些苗分送给自己的亲朋好

---

5 Zhang Dianxiang（张奠湘），Hartley Thomas G.. Flora of China. Beijing：Science Press，2008，11：53-66.

友栽种。这批花椒挂果后，种植户都尝到甜头，发现种花椒比种包谷效益高很多倍，于是周边村民纷纷向冉某要苗去种。到 1996 年，云洞湾村大部分村民都种上花椒，来要苗的人仍然很多。冉某便由最初完全免费送苗，改为卖苗，并逐步发展为目前贞丰县最大的花椒苗圃，冉氏父子及家族也逐渐转行从事苗圃经营。

冉某介绍，当地原有 5 个品种的野生花椒，当地名分别是：毛椒、狗屎椒、野红椒、浸椒和大青椒。其中，大青椒是当地人最喜爱的品种，很早以前就开始从山上移植到房前屋后"家养"。移植历史已不可考。与其他野生品种相比，大青椒挂果集中，易采摘，麻味重，香气浓。而其他野生品种有的挂果太少，有的没有麻味，有的不香，反而有臭味。现在云洞湾的山上仍有除大青椒外的 4 个野生品种，而大青椒则因之前的广泛移植，以及垦荒等原因，只有家养品种，野生的已绝迹。

大青椒家养后，又在不同的土壤和水肥条件下逐步演化为三个品种，当地人称为"大叶椒"、"小叶椒"和"团叶椒"。当地人认为，团叶椒和大叶椒的挂果期并不同步，而是稍微提前，同时团叶椒蒴果如采收不及时，很容易开裂。因此当地的椒园，一般两种椒都会种植，但会提前大约一周采团叶椒，再采大叶椒。

三个品种中，大叶椒如种植在土层较为肥厚之处，其产量最高，口感、卖相也最好。但在当地，椒农仍然普遍兼种团叶椒，因为相比大叶椒，团叶椒对瘠薄山地的适应性更强。在石山地种植大叶椒的收益甚至比不上团叶椒。但冉氏父子的苗圃倾向于育大叶椒，原因是市场对大叶椒的认可度最高。

在政府的大力推广下，顶坛花椒在贞丰县逐渐形成规模种植。据不完全统计，仅冉氏的家庭苗圃，历年来输出的花椒苗逾千万株。在顶坛片区种植的花椒，大约 1/3 的苗来自其苗圃，其他苗有部分来自农户自育，还有一部分来自其他较小规模的苗圃，也有很少部分农户在市场上购买了来自重庆和四川南充的"假顶椒"。

顶坛花椒也被贵州省内其他地区广泛引种，近两年还被引到云南、重庆等地种植。冉某介绍，全省每个县市，都在从顶坛引种。尽管他会向客户说明，容易发生凝冻的地区不宜种植顶坛花椒，但客户仍然坚持引种。2012 年冉某的苗圃接了一个 400 万株的大单，即为省内某地区的政府采购。省外客户中，云南楚雄持续多年向顶坛引种花椒，冉某估计再过几年，楚雄花椒可能成为一个新崛起的品牌。

根据冉某对引种客户的跟踪回访，顶坛花椒在不同地区的种植情况千差万别。云南香格里拉引种的顶椒，基本上不生长，不抽枝条。最为靠近的是与顶坛片区隔花江河相望的安顺市关岭县板贵乡，由于土层要厚些，板贵花椒颗粒较顶椒大，但水分要重一些。5 kg 鲜椒，顶坛椒晒干后有 1.35 kg 左右，板贵椒有 1.25 kg 左右。口味上也略有差别，板贵椒麻味要稍淡一些。品质最好的仍然是北盘江沿岩的石山椒。

（二）传统知识

顶坛花椒人工栽培的历史虽然较长，但在零星散养时期，农户基本上没有采取特别的管护繁育措施。"从山上找选粗壮的大青椒到家里栽，摘剩下的果实掉在地上自己发芽，想栽的人家又从这些苗里面选好的，散养的苗基本上没有病害，只要栽活了就不用管，有果就收，就是这样简单。"冉某说。

规模化种植后，当地人逐渐在实践中摸索总结出较为系统的选育种植经验和知识，这些经验和知识融合了对野生花椒习性的掌握，对当地气候、土壤等自然环境的观察和认识，以及种植其他农作物的经验，也包括科技部门的研究和指导。

以冉氏苗圃为例。早期只是选颗粒饱满的种子成片撒，发现幼苗长到 8 cm 高左右，容易得根腐病、铁锈病，也很容易被蚂蚁、蟋蟀等啃食。冉某偶然想到，辣椒育苗时有个移栽过程，不妨在育花椒苗时借鉴一下。一经尝试，将花椒幼苗移植，保持 2～3 cm 的行株距后，幼苗的病害率大为降低，长得也比之前粗壮。移栽后的幼苗长到 40 cm 左右，即可出圃。冉氏父子便将这一经验积淀为苗圃的技术流程。而用生石灰或高锰酸钾拌土对土壤进行消毒，以防治蚂蚁和蟋蟀，则来自现代农业科技知识。

在施肥上，冉某也是通过实践积累经验。他看到玉米种植可以追两次化肥，将自家种植的七八棵花椒苗用来做实验，用了一次化肥。当年这几株花椒长势极好，枝繁叶茂，而且挂果多。但到了第二年，这几株花椒开始落叶，并且逐渐干枯。之后冉某发现，花椒不能施化肥，只能施农家肥。施农家肥时，只要不贴着根，多施亦无碍。他把这条经验也放进苗圃的椒农培训中。

经过 20 年的探索总结，当地逐渐形成一整套花椒选育和种植的知识。包括：

选种：选择生长良好的椒树，在刚进入成熟期（外壳开始泛红）时采摘，将最为饱满的果实剥去外壳，摊开避光晾晒以防发霉。种子储存的时间不宜过长，采摘结束之后一周，就要将种子种下去。

育苗：撒种前先松土整地，用生石灰或高锰酸钾拌土消毒，撒种后平面要有表土，不能直接在阳光下曝晒。温度不能超过去 38～39℃，可采用遮阴网或洒水降温及保持湿度。发芽后要施肥，但只能施农家肥。小苗虫害较多，以根腐、铁锈病为多，可一个星期用药一次。长到 8 cm 左右移栽，行株距 2～3 cm；长到 40 cm 时即可进园种植。椒苗地移了一部分后，还会有种子陆续发芽，每年 3 月至 7 月均可种植。

种植：种前先整地松土，挖坑，坑深约 30 cm，根据土壤情况，平地栽深些，坡地栽浅些。表土回填至原植土痕处。理论上说种完后要浇水，但当地水源少，且椒园大部分在石山上，所以只需选择好种植时机，以雨季为佳，种后由"老天"代为浇水。椒苗怕冻，但顶坛片区处于河谷地带，炎热干旱而无凝冻，所以无需防冻。行株距原则上是 2～3 m，但也要根据地形作微调，平地栽密些，坡地栽稀一些。此外，要考虑到采摘过程，种椒时进行早中晚搭配。

管理：椒苗移植进园成活后，基本上就没有病害了。第二年挂果，第三年需要作适当修剪，老弱病残枝，向下枝，以及向上长得太长的枝条均要剪掉。每年挂果前后可施一至两次农家肥，不能施化肥。

采收：每年 7 月即进入采收期，先收团叶椒，再收大叶椒。采摘后的果实要立即摊晒，否则容易霉坏。晒干后农户可以直接销售，也可以将椒壳和种子剥离后再销售。

这些地方性知识通过农户的口口相传，手手相授，以及苗圃提供的培训，基本上为顶坛片区的椒农普遍掌握。

调研中笔者还收集到科技部门总结的种椒方法：

顶坛青花椒植株较小，根系分布浅，适应性强，可充分利用荒山、荒地、路旁、地边、房前屋后等空闲土地栽植。山地建椒园，一般光照充足，排水良好，产量高，品质好。在山坡地中下部的阳坡和半阳坡，平缓地、梯田坎边、土壤疏松、土层深厚、肥沃、排水良好的砂壤土或石灰质土也是栽植花椒的好林地。喜光，适宜温暖不太湿润及土层深厚肥沃壤土、沙壤土，萌蘖性强，耐寒，耐旱，抗病能力强，隐芽寿命长，故耐强修剪。抗干旱但不耐涝，长期积水地带可致死花椒树苗。

花椒树栽植方法应因地制宜：一般建园要坐北朝南。行距 3 m，株距 2 m，每公顷可栽 850 多株。考虑到花椒园产量和花椒采收期早晚搭配，花椒各品种成熟期的早晚要配置好。栽前要预先挖好定植坑。坑挖 60 cm 见方，上面表土放左边，下面生土放右边。表土加肥料，回填到坑底。生土填到上头，便于土壤熟化。栽植深度要照苗木原土痕栽。太浅了不抗旱，太深了不发苗。栽植方法要推广"三埋二踩一提苗"栽植法。这些细小环节，对花椒树以后生长影响很大，栽植时要特别引起注意。

此外，调查中还收集到一则顶坛花椒种植的顺口溜：

栽培花椒先挖坑，坑深 30 cm，分两层；上层表土放左边，下层生土放右边，上层表土加肥料，肥料拌土拌均匀；肥土回填到坑底，生土填上好熟化；栽植深浅要注意，土埋深浅原土痕；栽得浅了不抗旱，栽得深了不发苗；栽后天旱树易死，坑好灌水要沉实；浇水过后培细土；冬季防寒埋土堆，小树埋深不透气，翌春解冻刨土堆。

云洞湾村村民说，没有听过这个顺口溜，但里面讲的大部分跟他们的做法大体吻合。他们认为这应该是科技部门根据当地的经验和知识编制，用于花椒在其他地方的种植培训和推广。

四、开发利用现状

1992 年以前，顶坛花椒主要由农户零星种植和销售。1992 年，贞丰县政府经反复论证，提出"因时因地制宜，改善生态环境，依靠种粮稳农，种植花椒致富"的治理思路，决定在顶坛片区推广花椒种植。1993 年，州政府拨款 10 万元作为发展花椒基地资金，镇里当年便收购 350 kg 花椒种进行大面积育苗，四个村动员村民种植花椒树。到 1996 年年底，该片区共种植花椒 706.67 hm²，初步建成全州唯一的万亩花椒基地，在经济和生态效益上初见成效。2002 年，贞丰抓住国家加大对石漠化的治理投入时机，将该品种作为退耕还林工程、珠防工程、水土保持（小流域治理）工程等生态建设工程的首选树种之一，对项目捆绑整合，共投入资金 800 余万元（含粮食补助部分），到 2007 年，将顶坛花椒种植发展到 4 万多 hm^2。2003 年，贵州省林业厅在顶坛片区投入 129 万元项目建设资金，建设 1 000 hm^2 花椒采种基地，支持该县大力发展花椒种植。2008 年，全县花椒种植面积已达 1 万 hm^2，已挂果 0.4 万 hm^2，产量 1.1 万 t，产值 1.5 亿元。

贞丰本地的花椒加工厂日加工生椒 20 t，干椒达到 5 t/d。加工厂实行订单生产，有订单有销路才生产，如果没有订单，生产的花椒油放置时间太长，影响品质。2006 年加工厂收购生椒平均 8 元/kg，干椒平均 38 元/kg；2007 年收购生椒平均 10 元/kg，干椒平均 46 元/kg；企业年产值 200 万元。加工生产的主要产品为花椒油，其他产品有花椒粉、花椒料酒、麻辣香辣椒等品种。花椒油生产成本 18.4 元/kg，市场售价 36 元/kg，1 t 生椒可生产 0.8 t 花椒油；花椒粉生产成本 15.6 元/kg，市场售价 30 元/kg；花椒料酒生产成本 5.6 元/kg，市场售价 10 元/kg。产品主要销往兴义、安顺、贵阳等地。总体来看，企业利润不到 10%，以年产值 200 万元计算，利润不到 20 万元。

由于只有初级产品，达不到精深加工的要求，当地无法扩大生产规模，使大部分资源外流，附加值没有得到提高。同时，花椒的烘干技术没有解决，有的椒农将花椒直接铺在水泥地上晾晒，不可避免地造成椒油流失，香味蒸发，颜色暗淡。有的椒农垫上一层布晾晒，虽可减少各种成分流失，但不能从根本解决问题，若遇阴雨天，容易霉变造成损失。

贞丰县于 2001 年在国家工商总局注册了"顶坛花椒"品牌，并多次组织顶坛花椒参与国家和省组织的林业、农产品等博览会、展销会，通过报刊、电视、网络等众多媒体宣传顶坛花椒，发布销售信息，取得了良好的效果。特别是顶坛花椒在北京人民大会堂参加展销会时，以其独特的香味和品质受到众多专家、客商的好评，一时供不应求，名气大增。目前，贞丰县已获得中国经济林协会授予的"中国花椒之乡"称号，顶坛花椒成为与陕西韩城大红袍花椒、重庆江津九叶青花椒等齐名的国内知名品牌。

五、资源管理

（一）政府管理

顶坛花椒从选育、推广种植、加工、市场流通到品牌建设，政府都在其中扮演了重要角色。主要做法和措施包括：

1. 制定产业规划

将顶坛花椒作为优化农业结构、推进扶贫开发、带动群众增收、治理石漠化、促进生态建设的综合性产业，整合各方资源、资金进行综合扶持。将该品种作为退耕还林工程、珠防工程、水土保持（小流域治理）工程等生态建设工程的首选树种之一，对项目捆绑整合，推进花椒基地建设。加大财政投入，发动群众投工投劳，加大顶坛片区水、电、路、通信等基础设施建设，推动了花椒产业发展。

2．提供科技服务

包括组建花椒种植科技攻关队伍，对花椒种植技术的研究、示范和推广；对种植乡镇的林业、农技人员进行培训；组织有关人员赴陕西韩城、重庆江津等国内主要的花椒产区学习技术和管理方式；与贵州师范大学协作成立了"贞丰县石漠化治理农民技术学校"，培养了一大批农村种植能手。

3．规范种植技术和标准

发布实施了《贞丰县顶坛花椒种植技术规范》，提升花椒种植的规范化水平。在育苗、移栽、管理、施肥、病虫害防治、采收等各个种植环节科技人员都直接到现场指导。

4．加强宣传，打造品牌

贞丰县于 2001 年在国家工商总局注册了"顶坛花椒"商标，并多次组织顶坛花椒参与国家和省组织的林业、农产品等博览会、展销会，通过报刊、电视、网络等众多媒体宣传顶坛花椒，发布销售信息，取得了良好的效果。

5．申报地理标志

贞丰县政府牵头开展调查研究并组织申报，2009 年国家质检总局正式批准对顶坛花椒实施地理标志产品保护，范围为贵州省贞丰县北盘江镇、平街乡、者相镇、白层镇 4 个乡镇现辖行政区域。保护范围内的生产者，可向贞丰县质量技术监督局提出使用"地理标志产品专用标志"的申请。2011 年获国家工商行政管理总局颁发的"顶坛花椒"地理标志证明商标。证明商标界定的范围共有 3 个乡镇，总面积 324.76 km^2，其中花椒 69 000 亩，覆盖 2 户企业和 3 490 户椒农。按照商标规定和保护条例，凡注册地和生产地都位于地理标志证明商标范围内的花椒业，均可享受申请使用地理标志证明商标的优先权，个体椒农可以通过向花椒专业经济协会申请获得证明商标使用权。

6．建设采种基地

2003 年，贞丰县争取到贵州省林业厅在顶坛片区投入 129 万元项目建设资金，建设1.5 万亩花椒采种基地，2006 年建成，年产椒种 30 万 kg，产值 900 万元。

7．鼓励农民成立专业技术协会和农民合作社。

（二）社区管理

1．品种选育与种植

顶坛花椒的选育过程中，社区的乡土能人有效地整合了对花椒品性、当地水土气候等方面的传统知识，并结合对其他农作物的观察与实践，贡献了较为完整的花椒选育和种植技术。

2．技术服务

早期以口口相授，亲友互教互学的方式进行技术培训。后期主要通过农民专业技术协会，合作社，农民自建苗圃的服务等方式开展培训和技术服务。

3．推广

在早期，农民对种椒收益有疑虑，政府通过倡导、赠苗等方式进行的推广并没有取得成功。打开局面依靠的是社区的亲缘关系——个别能人率先尝试，而后以赠苗赠技术的方式传递给亲友，取得效益后逐渐推开。

4．品种保护

社区成立的两个农民组织分别在其中承担了不同角色。北盘江镇顶椒农民专业技术协会作为申报单位，获得国家工商总局颁发的"地理标志"证明商标并负责其管理；云洞湾村5位村民发起成立的顶青花椒育植农民专业合作社，对顶坛花椒品种保持有较强意识，在采种时派出技术人员到农户家进行识别和把关，防止外地品种混入。

5．社区对顶坛花椒价值的认可度

在发展花椒产业前后，社区对顶坛花椒价值的认可度发生了极大提升。此前，花椒仅是房前屋后零星种植的调味品，尽管也有农户偶尔出售，但对收入的贡献并不大。社区之所以选育和保留了这个品种，主要动力是生活所需，同时，当地土地瘠薄，适生作物并不多，而花椒恰恰极为适应这种环境，好活，无需管理。而在大规模种植后，花椒突出的经济和生态效益，让当地人"惊喜"。很多农户感慨，花椒就在我们身边这么多年，没想到有一天就靠这不起眼的树，完全改变了生活和环境的面貌。

6．议价和谈判能力

顶坛花椒已成为当地社区和农户的主要经济来源。因此，农户和社区对企业收购持欢迎态度。对政府早期的种植倡导存在疑虑，主要是考虑机会成本；在看到种椒取得的实际收益后，农户纷纷投入花椒种植。由于顶坛花椒名气上升，处于供不应求的阶段，目前上门收购的客商很多，不局限于一两家企业，因此，农户和农民组织都有一定的议价能力，对价格和评级基本满意。这种谈判和议价能力，一方面来自市场的供需关系，另一方面来自农民组织的集体力量。顶坛片区的一个合作社，一个农民协会，在花椒即将上市时，便开始广泛收集市场信息，与主要收购商协商价格，这个价格便会成为当年顶坛花椒的标准价，农户可以选择将花椒直接运输到集市销售，也可通过合作社集中销售。另外，合作社也兼营苗圃，与村民之间有不成文的约定，即村民买合作社的苗种植，合作社有义务收购其"底货"。没有协议，但具有较强的约束能力。顶青椒苗育植合作社负责人冉某说，有时椒农会因观望市场，错过销售时机，留有上年存货，但花椒不易保存，容易变味，有时椒农会要求合作社收购这些存货。合作社虽然认为这样的收购会给其运作带来困难，但仍然要为其"捡底"。理由是：都是周边乡亲，不好拒绝。此外，政府推广花椒种植的初衷为减贫，而顶坛花椒成为一种"模式"后具有较大的影响力和政治效应，因此，政府对保护农民利益较为重视，境内龙头企业对椒农的收购政策为高价时随行就市，低价时启动保护价。村民表示对这个政策"比较满意"。

六、获取和惠益分享分析

（一）事先知情同意原则的履行

顶坛花椒的培育、规模化种植，以及商品化开发，均是当地政府与民众紧密合作而实现的。在早期，由于村民对花椒种植存在一定疑虑，政府开展了相当深入和长期的动员推广工作，包括到社区与村民共同商讨发展方向，宣传花椒的优势和前景等。而村民的顾虑主要出于对花椒的价值认知度不高，以及对机会成本的考虑。因此，可以说，顶坛花椒的早期开发，充分履行了知情同意原则。

回顾顶坛花椒发展的历史，还可看到，政府在扩大种植、推广市场等方面做了大量工作，社区和民众也做了多方努力。除了乡土能人在花椒选育上贡献知识外，社区（以村支两委为主）也积极开展了动员和推广，并且发动村民投工投劳，修建生产便道、蓄水池等花椒生产设施。民众参与的积极性，也是知情同意原则得到较好履行的重要体现。

商品化初期，对顶坛花椒进行开发的主要企业，是该县供销部门职工合股组建的地方企业，企业主就是当地人。调研中得知，该企业一直作为花椒产业链条的重要组成部分，得到政府的大力扶持。企业以何种价格收购、开发什么产品，成品以什么价格销售等，社区和农户都是比较了解的。应该说，社区和农户不仅知晓，并且欢迎开发，因为顶坛椒业是花椒的重要采购商，企业的发展有利于花椒果实的销售，能够在一定程度上保障椒农收益。

社区和农户对顶椒公司的经营状态并不满意，认为其得到政府很多资源，但发展太慢，对原材料的消化能力不足。对黔西南"十二五"规划中提出要进一步扩大种植规模，引进客商，建设粗、精加工生产线，社区（以村支两委、合作社等为代表）表示已知情，并且认为这是好事。他们的逻辑是：只有规模上去了，才能吸引更具实力的企业驻地开发，与本地企业形成竞争，企业发展好了，才能保障花椒果实销售的持续性。

但社区除少数精英外，大部分农户对花椒的用途，以及作为遗传资源的价值了解不多。农户只求能够销售，保障收入，对花椒作为原材料，流向何处，作何开发，并不关心，社区和农户均未能提出参与开发惠益分享的要求。

由于社区（协会和合作社）均从事种苗经营，因此，对其他地区的引种，社区亦持开放和欢迎态度。主要有三个方面的考虑：一是对顶坛花椒品质的自信。社区和农户普遍认为，顶坛花椒这个品种，只有这个区域种植才会有同样品质，其他地区的引种种植不会对其造成竞争和冲击；二是种苗经营本身能够带来较大的经济收益。以顶青花椒育植合作社为例，2012 年 400 万株的椒苗订单，可为其带来近 100 万元的综合收益。三是对顶坛花椒作为遗作资源的价值认知度不够，警惕性不高。同时，社区和农户对经济改善的需求，在过去 20 年，乃至今后较长一段时期，都具有一定的优先性。用当地人的话，能卖到钱才是最重要的。

2008 年以后，随着顶坛花椒先后获得地理标志保护，地理标志证明商标，并频繁参与各种展会，名气大涨，其品种输出和原材料销售的渠道和范围都迅速扩展。采购商主要通过几个渠道采购：一是网上订购。顶青花椒育植合作社、顶坛椒业等都开辟了网上销售平台，接受订货；二是在采收季节直接到当地向合作社或农户采购；三是在当地开设的集贸市场收购。采购商主要有三种：一是批发商，二是餐饮企业，三是加工开发企业。目前，无论是政府还是社区，对顶坛花椒在市场上的流向和开发状况，仅作为普通商品的销售渠道作粗略的了解，并没有提到遗传资源的高度，建立相应的登记和跟踪制度。

顶坛椒业总经理闵某介绍，顶椒公司已取得进出口许可，但过去主要是成品出口。2012年，已有台湾和东南亚的客商前来洽谈，希望进口原材料。未来原材料出口将是该公司业务拓展的重要方向。

总体上说，政府、本地企业及农民组织，通过种植动员和技术推广，就品种的价值进行了较为广泛的宣传，提升了社区及农户的认知度，也通过对农民组织的扶持，对本地企业的约束，提升了社区和农户面对市场的谈判能力。值得注意的是，由于政府在顶坛花椒的发展中，是非常重要的推动力量，但政府本身缺乏遗传资源保护的视角，因此在顶坛花椒进入市场的过程中，虽然也有一定的品种保护意识举措，如注册商标，组织申报地理标志等，却始终没有推动顶坛花椒开发的知情同意和惠益分享原则的实现。开发的知情同意原则，只在早期（政府行为）及本地企业的开发活动中部分履行（有一些口头或惯习约定），开发公司与资源所有社区之间，并未就开发内容及条件进行正式协商，开发公司与农民组织的谈判内容主要是定级标准和价格制定。特别是在顶坛花椒作为种苗以及加工生产的原材料，流通范围和渠道迅速扩展之后，基本上处于失控状态。

另一方面，由于在顶坛花椒的选育和开发过程中，政府投入了极大的人力、财力、物力进行推动和干预，因此，对遗传资源所有权的界定存在较大的模糊性。目前，无论是政府还是当地社区，都未就品种的归属进行讨论。地理标志的申报和运用，一定程度上将这个公共资源的主要受益范围界定在原产地，但从实际操作看，政府、企业、社区和农户都将这个品种视为公共资源，谁都可以种植、开发和利用，因此无需有知情同意。

（二）惠益分享

顶坛花椒的开发进程中，涉及的利益相关方主要有：政府，当地农民及其组织，企业、科研团体。市场开发模式是"公司+农户+基地+农民组织"，公司负责产品开发营销；农户负责种植采收和晾晒，提供原材料；农民组织开展苗木经营和技术培训，负责与收购商谈判。政府以政策、资金、行政资源等进行强有力的推动和干预，科研团体以个人或机构方式，与政府或企业展开合作，开展相关基础研究和产品研发。

1. 社区收益

作为遗传资源的所在地，顶坛片区农民及其组织的获益是显著的。主要体现在以下方面：

（1）经济收益。顶坛花椒逐渐形成产业的过程中，顶坛片区的椒农依靠种椒全部脱贫，大批村民致富。一亩山地的收益，比过去种包谷时高出 10 倍。随着市场渠道的扩展、品牌的建设与推广，顶坛花椒的价格也出现持续性的上涨。鲜椒收购价从初期 1～1.5 元/kg 上涨至现在的 4～4.5 元/kg，干椒收购价从 5 元/kg 左右上涨至 12.5～15 元/kg；尤其自 2009 年以来，地理标志的成功申报与宣传，当地市场鲜椒干椒的收购价均出现 20%～30% 的涨幅。

（2）生态收益。顶坛片区种植花椒后，有效遏制了石漠化，并对当地的小气候起到调节作用，村容村貌也明显改善。过去云洞湾村到夏季十分炎热，甚至难以入眠，村民只能等到深夜并搬到室外露天睡觉。现在有了林地覆盖，酷热已有明显缓解。

（3）能力建设。对个体农户，在顶坛花椒的推广和种植中，政府、合作社和企业均提供了大量的知识普及和技术培训。同时，在脱离了贫困后，村民开始重视自身成长和子女教育，整个片区的农民素质和家庭经营能力，以及对市场的认知和信息掌握能力、对本地环境和资源的认知和运用能力均有明显提升。一些农户开始选育套种本地的金银花和核桃。对农民组织，政府采取了鼓励和扶持措施，一个农民专业技术协会，一个合作社，均在此过程中获得较大的能力成长。其中，顶青花椒育植合作社已发展成为总体面积 96.7 亩，兼营花椒，核桃，桃子，李子，金银花，建园，基地建设，绿化工程，造林，经果林开发的实体。除了自身经营发展的壮大外，农民组织还在市场信息的收集预测、代表农户谈判、品种保护，技术服务等方面提升水平，实现功能。

（4）社区归属感和自豪感。过去顶坛片区生态恶劣，生活贫困，娶不到媳妇，部分村民外迁，外出时羞于提起自己的村寨。随着收入和环境改善，品牌宣传，外部关注度的上升，村民对社区的归属感和自豪感明显提升，外迁村民全部迁回，甚至有不少大学毕业生回乡创业。

2. 企业收益

由于顶坛花椒作为原材料的流向很难追踪，在此仅就本地企业的收益进行分析。

顶坛椒业是由当地供销部门职工合股组建的企业，加工生产花椒油、花椒粉等初级产品。原材料来源有三个，一是自建基地，但规模较小，目前刚进入挂果期；二是向农户直接收购；三是向合作社或协会收购。以 2011 年为例，年收购干椒约 600 万 t，约占当地产量的 1/3；收购价格高时随行就市，如遇市场下行，则启动最低保护价。来自政府的报告称，企业的利润率并不高，约在 10%，主要问题是深加工能力不强，导致资源外流，附加值没有得到体现。而社区则认为，问题在于竞争不足，导致企业没有改善经营的动力。

2009 年，顶椒公司成为唯一一个获准使用国家质检总局颁布的"顶坛花椒"地理标志企业。该企业负责人闵某说，使用地理标志，对企业的经营有较大促进作用，主要体现在销售范围扩大，以及价格的提升。其年销售收入在取得地理标志使用权前后，从 400 万～500 万元提升到 1 000 万元；销售范围从省内市场扩展至广州、云南等地。

3．政府收益

多年来，政府投入大量人力、财力、物力推动顶坛花椒的种植和开发，获得经济、生态和政治三方面收益。其中，经济收益主要体现在两方面，一是顶坛片区的成功脱贫，极大减轻了当地政府的救济负担；二是花椒企业和贸易提供了一定的财税收入；生态效益方面，成功遏制了顶坛片区的生态恶化，并对当地的森林覆盖率有所贡献；最主要的收益是政治收益。"顶坛模式"被誉为贵州石漠化山区可持续发展的三大创新模式，学者、政要、名商均到访考察，各路媒体亦有大量报道，在贵州政坛享有很高声誉和影响力。

（三）惠益分享合理性分析

顶坛花椒的开发和惠益分享机制，在产业开发早期，其特点可总结为：政府主导，民众和本地企业积极参与，协力推动了产业的初步发展，各方均有不同程度受益，其中，受政府的惠农思路，以及产业早期发展的特点影响，社区和农户的受益最为显著。

在这个阶段，社区和农户对花椒开发的参与主要是选育、种植和技术提炼，以及部分市场营销，对于开发的决策过程则基本没有参与。

这个阶段还出现了新的利益相关方，即农民协会和合作社。顶坛片区的两个农民组织都有家族化和私人化的倾向，协会法人是云洞湾村现任支书，也是当地最大的花椒种植户之一，而合作社的 5 名发起人均是另一大户冉某的血缘亲属。尽管两个组织都在组织农户生产，提供技术和市场服务，代表农民谈判等方面实现功能，但其治理和管理的公共性并不充分，组织主要由其中的能人大户决策。

顶坛花椒正在进入产业升级阶段，随着产业链条的延伸，市场的扩展，参与开发的利益主体骤增，利益分享格局呈现较为复杂的状况。从黔西南州的花椒产业发展专项规划上看，除了延续惠农思路外，政府对于扩大规模，引进加工企业，提升加工能力，进而实现较好的财税收入，有了较为明确的追求；企业亦有愿望扩大生产，开发产品以提升利润空间；农民组织亦寄望于规模扩大以增加种苗和技术服务的需求；但对于个体农户而言，尤其是顶坛片区的农户，以目前的惠益分享模式，其收益的提升空间不仅较小，而且有萎缩的风险。一是规模新增的种植基地，大部分位于邻近区域；二是顶坛片区的个体农户，适宜种植花椒的自有耕地、坡地均已种植饱和；三是进一步扩大规模后，作为原材料提供者，将会面临较大的内部竞争，一遇市场波动，可能出现椒贱伤农的局面。同时，规模扩大后，可能强化椒农对企业和市场的依赖，从而导致难以进行公平交易。

此外，顶坛花椒以种苗和原材料方式大量输出，同时缺乏相应的登记和追踪管理制度，也缺乏遗传资源保护和惠益分享的视角，使得顶坛花椒面临较大的资源流失危险。另外，在产业发展的思路下，顶坛及周边区域又通过市场流通大量引进其他品种的花椒（包括小商贩以重庆青花椒假冒顶坛椒苗，由政府或企业引进的大红袍和九叶青椒），也使顶坛花椒在品种保护上面临较大的困难和挑战。从遗传资源惠益公平的角度看，顶坛花椒正处在一个转折期，即从较为公平转向不公平，因此，需要对获取和开发机制进行调整。

七、结论和建议

顶坛花椒是当地政府和民众充分利用当地遗传资源，发挥整合各方力量进行选育开发的优良品种；其产业开发对当地农户的经济和生态环境发挥巨大的改善作用，产生了极大的效益。其中，当地社区除贡献了品种外，也贡献和发展了相关传统知识，并在品种保护和管理方面作出努力。同时政府也在支持顶坛花椒的发展中作出大量努力和贡献。

从保护遗传资源所有社区和农户利益，实现开发过程中的惠益公平角度，一是需要明确遗传资源的归属，界定范围。没有这个核心基础，知情同意原则和惠益公平原则均难以在遗传资源的开发过程中得以贯彻和实现。而要实现这一点，对政府、企业、社区、农户进行遗传资源相关知识的普及显得十分必要和迫切。在明确归属的前提下，着手建立遗传资源获取和惠益分享的机制，在开发过程中履行知情同意原则，在提供种子、种苗和原材料的过程中，与开发企业展开惠益分享的谈判。

二是提升遗传资源保护的意识。目前，参与顶坛花椒开发的各利益相关方，均将该品种视为普通商品，对其中附着的遗传资源及其价值认知严重不足，也未采取相应措施进行防范和管理。

三是在支持倡导农民组织化的同时，强化组织管理和治理的公共性，有相应条款约束，在充分发挥农民组织在产业发展和服务农户功能的同时，有效防止其私人化。

四是在产业规划制定中，开放社区和农户参与决策的空间，倾听其诉求，避免产业发展利益流向强势集团的可能性。

执笔人：李丽
贵州日报社

案例研究七
五龙小黄姜惠益共享

一、五龙地区概况

师宗县位于云南省东部，曲靖市东南部，地处滇、桂两省（区）结合部。东与罗平县接壤，东南与广西壮族自治区西林县隔江相望，南邻文山州邱北县，西南与红河州泸西县毗邻，北倚陆良县，全县国土面积 2 783 km²。地跨东经 103°42′～104°34′，北纬 24°20′～25°00′，境域纵距约 90 km，横距 56 km。境内最高海拔英武山主峰 2 409.7 m，最低海拔高良坝泥河与南盘江交汇处 737 m。

五龙乡狗街村位于云南省曲靖地区师宗县五龙壮族乡，该村地处五龙乡东南边，距县城 58 km[1]。辖水寨、鲁木、路稠、小河沟、歇场、红蚌、八艾、板江、叫坡和白瓦房等 12 个村民小组。有农户约 919 户，人口为 3 690 人，其中男性 1 950 人，女性 1 740 人。民族以壮族、汉族为主（是壮族、汉族混居地），其中壮族 2 322 人。全村国土面积 9.06 km²，海拔 900 m，年平均气温 20℃，年降水量 1 400 mm，适合种植水稻、玉米、生姜以及各类瓜果蔬菜等农作物。全村耕地面积约 258.67 hm²（其中：水田约 127.8 hm²，旱地约 197.53 hm²），林地约 754 hm²。全村共栽种农作物 420 hm²，已取得较好的经济效益。优质生姜 120 hm²，实现产值 250 余万元，并建成生姜深加工厂一个，共投资 180 万元。该村正在发展冬早洋芋特色产业，计划大力发展林业水果产业。全村已建成专业合作组织 1 个，参加农民专业合作组织的人数 128 人。

二、研究内容和方法

（一）研究内容

1. 调查了解师宗县五龙小黄姜种质资源的发展现状。

---

1 引自 http://ynszxc.gov.cn/szxc/model/index4.aspx？departmentid=256（2013-10-28）.

2．总结传统农业种质资源保护方法和措施，分析其各自的不同优势和不足，探索适宜该传统农业种质资源保护的策略。

（二）研究方法

1．文献研究

搜集定点社区的相关信息的统计资料，如查阅《师宗县志》、《师宗县农业志》、《师宗县林业志》等，对该社区的自然环境、人口、民族、农业、林业状况等方面进行总结分析。

2．访谈调查

由于没有记载当地传统遗传资源的相关文献，采用参与式农村评估（PRA）方法[2]，以及半结构性访谈等方法，对研究社区的村社干部、关键人物（长期从事农业生产、德高望重的老人）进行深入访谈，了解当地传统种质资源保护现状，选择和确定案例研究的目标种质资源，并对其保护现状展开重点访谈。

与村级和县级植保部门负责人进行访谈，全面了解相关政策、法规、公约以及发展规划等。

3．问卷调查

应用户级水平农业生物多样性评价方法（HH-ABA），在狗街行政村选择 8 个自然村委会，包括板江村、水寨村、路稠村、下鲁木村、歇场村、红蚌村、小河沟村和八艾村，其中 7 个壮族自然村，1 个壮族汉族混居自然村。同时，在 8 个自然村中随机选择 250 户农户进行调查，了解传统五龙小黄姜的种植、保存和利用的现状，保护威胁、风险和现有措施，以及开发利用和保护主体的能力等。

4．数据分析

采用 Excel 软件进行数据分析。

三、资源现状

（一）小黄姜的品质

根据地方相关农业部门的资料，五龙传统小黄姜是一种地方老品种生姜。生姜，是可食用也可药用的一种植物，全国很多地方皆有栽种，于当年"白露"前后采收的姜习惯上称为"新姜"、"嫩姜"；隔年的姜叫"老姜"，有小种姜、大种姜、山姜（野姜）等品种之分。其中，药用较好的为小种姜，习惯上又称之为"小黄姜"[3]，其切面纯黄色，纤维较细，口感较细腻，味辛辣浓，肉细嫩，香味浓，食用颇佳。可以说，小黄姜是生姜中质量较好的一种。

---

2 高伏均. 参与式农村评估工具的使用. 林业与社会，2003（4）：10-12.

3 杜少辉. 小黄姜介绍. http://www.haodf.com/zhuanjiaguandian/dushaohui_141390.htm（2013-10-28）.

图 7-1　五龙小黄姜脱水（周玖璇摄影）

据当地相关植保人员介绍，五龙传统小黄姜与罗平小黄姜同系，且根据当地年长者的介绍，它的种植历史远早于罗平小黄姜。五龙小黄姜为姜科姜属草本植物，平均株高81.6 cm，分枝数 12.3 个，单株经济产量 267 g。根茎肉质肥厚，表皮淡黄色，全株有芳香味和辛辣味，主产于南盘江低热河谷槽区及九龙河中下游地区。

（二）相关传统知识

五龙传统小黄姜有着悠久的种植历史，没有人说得清它的种植历史究竟有多久，"至少 100 年吧，也许更久"，甚至连年迈 90 岁的老者也都无法说出它在当地的种植起源于什么时候，只能深刻地记得自己的祖辈们就已经开始开荒种植，"也许这老姜种啊是山神留在我们的山里头，给我们的礼物吧！"风趣的壮族老婆婆开怀地笑着说，满面皱纹似乎也都同意这样的说法而舒展开来。

比起水稻、小麦这些人们日常的主粮，姜似乎稍显渺小，没有太多的关注度。然而，在我们的日常生活中，姜几乎是无处不在的。居家佐餐，食馆厨房，无姜不能成席，缺姜不能开宴。炒肉、炖鸡和烹鱼，姜是必备的佐料；腌制特色咸菜，姜更是必不可少。具有肉质鲜嫩特点的小黄姜尤其受到人们的青睐，以小黄姜为原料制作的干姜块、姜粉作为烹饪配料，使菜肴味道更加增鲜增香；以小黄姜为原料腌制的泡姜，鲜脆爽口，糖醋糅合着清淡的姜辣味，闻香扑鼻，口留余香；小黄姜还可单独为菜，凉拌姜丝和凉拌姜芽都是当地壮族人民的家常必备菜，香中带辣、辣里藏鲜的味道让食者留恋，赞不绝口；此外，小黄姜切片或丝可入汤入粥，不仅使汤和粥味道更加鲜美，而且还有驱寒的功效，所以当地壮族老人家喜欢留姜做药，将其捣碎冲水或直接引汁，以防治风寒感冒，"省钱，不用去医院了"。

在五龙的姜美食中，当地的壮族人民可以说把小黄姜运用到了极致，他们不仅用姜块做成各种美味的菜肴，而且也不浪费姜叶。收获姜的时候，妇女们会将嫩姜叶小心翼翼地收好，或直接捆好，或微晒半干捆好，保留起来。待过节和新糯米收获时，用其做成姜香十足的糯米饭，以示庆贺。这种姜香糯米饭做法很传统也很简单，人们首先将嫩姜叶捣碎或舂碎，将其与新鲜的生糯米一同浸泡，待姜叶中的汁水几乎全部被浸到水中甚至糯米中后，将其姜叶渣滤出，将浸有姜叶汁的生糯米汤一同放入木制蒸笼或竹制蒸笼中，盖上特色的云南草帽，用炭火蒸熟，即成姜香美味的具有地方特色的糯米美食了。除了这种方法外，有些妇女会将糯米蒸熟后倒入浸入姜叶汁的水中，反复揉搓，再将其一同倒入蒸笼中二次炭蒸，这样做出来的糯米饭更加柔软，更适宜做成糯米粑粑、糍粑或粽子等美食。此外，当地的壮族妇女还会将姜嫩叶加入到制作花米饭中，使其花米饭多了一味姜香，可谓是其乐无穷。

走进五龙，小黄姜的香气一入村便可以闻到，这并不是鲜姜的味道，这是当地有名的烤干姜散发出来的。听当地老人讲，过去大家把姜烤出来，只是便于存放。后来，"不知道是谁让外地人闻到了咱这更香的烤干姜的味儿后，它居然那么受欢迎，很多外地老板都来抢着要了。"随着五龙烤姜成为又一地方特色之后，外地的一些优质姜也被运送到这里委托烘烤。这烤干姜看似简单，但要烤出饱满高质量的干姜也是有学问的，从洗姜开始就有了要求，如水要清，洗出的姜不能带皮过多；对煤炭的选择纯度要高，不能带青烟，要注意火力，温度一定要均匀，否则火力过猛，姜块容易烤焦；就连翻姜也是有讲究的，如在大火时每间隔 2 h 要翻一次，如果翻慢了，姜块容易干瘪且不饱满，重量轻，质量差；此外，待出的烤干姜还要注意控制一定的水分呢！尽管人们的硬件，包括洗姜和烤姜的设备，较过去有所改进，然而烤姜工艺仍沿袭着地方的传统方法，烤小黄姜不再只是人们日常生活所需的一部分，更发展成为具有地方少数民族特色的自主产业和文化，给地方经济带来了新的发展。

（三）开发现状

师宗县五龙乡大力发展生姜产业，全乡 2012 年共种植生姜 866.67 hm²，总产值达 3 280 万元，成为农民增收的一大亮点。

生姜是五龙乡的传统产业，也是师宗县主要的生姜种植基地。为做大做强生姜产业，该乡成立了以农村为单位的生姜协会，把党员、村组干部种姜大户姜商纳入协会组织，协会为姜农提供良种肥料技术支持，提供产加销一条龙服务。同时，对生姜进行清洗、切片、烘烤、包装，延长产业链，增加附加值。2012 年，全乡所有村委会都种植了生姜，种植面积共 866.67 hm²，预计产量可达 3.4 万 t，目前已陆续上市，按每千克 1.2 元计算，可实现产值 3 280 万元，每户姜农增收 3 100 多元。全乡现在共有近 20 个生姜收购点，生产的生姜及加工的干姜片主要热销省外以及日本、韩国、印度等周边国家。

（四）利用和保护现状

1. 发展现状及趋势

（1）种植起源时间。通过文献资料研究，未能够找到有关五龙传统小黄姜的种植起源时间，所以我们通过问卷访谈的形式对其历史种植时间进行了调查，特别是针对年迈且有着丰富农业种植经验的老农。通过记忆搜索，受访者告诉我们，五龙小黄姜在当地种植的历史实在是太悠久了，尽管说法不一，但是超过 60% 的受访者表示这是祖祖辈辈传给后代的宝贵资源，有上百年的历史了，有人说传了三代了，也有人说自古就有了。无论是几十年还是几百年甚至更久，五龙小黄姜一直是五龙壮族乡农业历史中一直种植并保存下来的一种传统的种质资源。

（2）应用状况。根据调查，传统五龙小黄姜的应用主要分为自家留用和市场销售两个方面。自家留用主要是指自家用于食用和药用以及种植留种，31% 的受访者表示自家种植后根据种植收获量的多少保留全部或部分留做生产生活所需。市场销售是指将其通过市场途径进行销售，赚取经济收益，包括地方市场零售和与收购公司交易。其中，与收购公司交易占主体，90% 的农户表示会将产品卖给收购公司，这些收购公司大都来自于山东、河北等省份的外地收购商，同时，也会卖给本地的加工坊或收购公司。至于是与本地收购商合作还是外地收购商，这主要取决于对方给予收购价格的高低而定。因此，收购商的选择为随机性质。此外，有 38% 的受访者还会将小黄姜拿到村或乡的地方市场进行零售，作为菜姜或药姜卖给消费者。

（3）种植现状及变化。然而，受访者中 96% 的人对于五龙小黄姜目前的种植情况表示出"减少"的不乐观趋势，进一步了解时，受访者对此的解释是：根据自家种植情况和全村的种植情况而定，尽管一些农户仍保留着少量种植，但是仍旧看到更多的农户已经不再种植了。同时，仅有 4% 的受访者表示有所增加或没有变化，当然他们主要强调的是自家种植的情况。

（4）种植变化原因。通过问卷调查和深入访谈的结果显示，导致五龙小黄姜在当地种植减少的原因主要包括气候变化或干旱影响其种植环境，姜瘟病的大面积暴发，可耕荒地或生地面积减少，农村劳动力向城镇转移，退耕还林政策导向使农民将姜种地改为经济林地，市场价格不稳定惹担忧以及改种其他或更有经济价值或生活用量大的农作物如蔬菜、红薯等。受访者对于减少原因都有颇多的自我判断，大都给出几种不同的原因。通过问卷数据统计，结果显示，农民减少或放弃种植小黄姜的原因主要是姜瘟病的大暴发，且逐年严重，导致这种姜瘟病大暴发的原因，据当地农业技术人员分析认为与气候变化有很大的关系，此传统小黄姜种对水分的敏感性很高，而近年来，干旱的气候致小黄姜发芽率受限，待雨季到来，过多的雨水极易导致姜种在土壤发病，且一棵发病，成片受牵连。同时，适宜小黄姜生长的荒地或生地也在逐渐减少，使土地重复利用程度增高，病源被保留程度也随之增加，易引发次年姜的发病。此外，退耕还林政策使农民选择种植经济价值高的林木或果树，以期提高经济收入，从而也成为减少姜种植的主要原因之一。尽管在调查中，市场价格不稳定所占统计比例较低，但通过对近年来小黄姜价格的了解、发现，五龙小黄姜干姜价一度从每千克几角钱（约 8～10 年前）被外地收购商拱抬到每千克 6～7 元（2010—2011 年），然而，2012 年年初的姜价又一度回落到每千克 2～3 元。很多农民都表示，如果不是自家留种，当地市场上的姜种价格也一度高升，而价格不稳，却容易导致收成姜价较姜种价格还低，赔本的买卖使得很多农户选择减少或放弃传统小黄姜的种植，改种其他经济作物，如蔬菜。同时，农户也表示，如果姜价稳定，能够带来相对稳定或较好的经济收入，他们也愿意克服姜瘟等问题，继续保留大面积的种植。因此，我们认为市场价格的不稳定也是影响小黄姜在当地种植减少的主要原因之一。

表 7-1 师宗小黄姜减产原因

减少的原因	所占比例/%
姜瘟病	75
退耕还林	39
气候变化	18
土地减少	11
劳动力转移	5
市场价格不稳定	3
改种其他农作物	2

至于五龙传统小黄姜种植增加或不变的原因，相关的被访农户则表示，这主要与外来公司收购且近年价格哄抬较好有关。

（5）发展趋势。总体来看，传统五龙小黄姜在当地的种植目前表现出逐渐减少的趋势，那么，将来它的发展趋势又会是如何？

调查中，仅有 4%的受访者表示，会继续保留传统五龙小黄姜姜种，尽管病虫害越来越重，但是如果市场价格能够相对稳定些，这种传统姜会带来较好的经济价值，同时，这些具有很好的传统老品种的姜种是值得被保存下来的。

同时，也有 14%的受访者表示，不打算或者不会再种植了，主要原因是市场价格不稳定，同时土地少，瘟病重，种植成本逐年增高，可能不会有较好的经济收益，不如改种经济林木，有国家保障，至少不会亏本。然而，尽管打算不再种植，但是大家都对于该优质资源姜种的消失表现出担忧和无奈。

最后，调查中，大多数的受访者（82%）则表示他们的心情是非常复杂和矛盾的。一方面，他们希望传统五龙小黄姜能够一直被种植和保存下来，这是祖辈留给他们的宝贵资源，同时，味道鲜美，药用价值高，使得这种传统姜种成为他们生活中的重要食材和药材。然而，瘟病、地少和劳动力有限等因素，又使得大家不愿更多地投入精力，而市场价格的无规律变动对于增加经济收入解决贫困问题又体现出极不稳定性，使得人们不敢投入大量的成本。那么，将来是否会继续保留种植，受访者无法给出明确的答案，仍将继续观望和思考。

2．社区保护意识和措施

（1）与当地民族社区发展的关系。传统五龙小黄姜在当地种植的历史悠久，是当地民族社区的一种传统的农业种质资源，且是目前仍被保存下来的老品。它的推广和发展与当地民族社区的发展密切相关。首先，它与当地壮族饮食习惯和文化密切相关，包括作料应用、特色菜品、节日食品配料等。这是受访者们一致表达的观点。同时，该姜具有较高的药用价值，也成为当地壮族人的一味地方药。尽管只有13%的受访者能够认识到传统五龙小黄姜是当地重要的一种传统知识，但是该品种与当地民族饮食文化和药用文化密切相关这一点却被几乎所有的受访者所认知。因此，我们有理由认为，传统五龙小黄姜与当地民族社区传统知识的发展息息相关。

除此之外，传统五龙小黄姜是当地社区农业发展中的重要经济作物，因此，95%的受访者都表示它与当地民族社区的经济发展密切相关。

（2）价值认可情况。传统五龙小黄姜与当地民族社区的传统知识文化和经济发展密切相关，同时，该品种具有的传统遗传生物学特性也是值得关注和加强对其保护的重视。那么，作为传统遗传资源保护主体的基层社区，对于传统五龙小黄姜的价值认可情况又是怎样的呢？

通过问卷调查和访谈，受访者对于传统五龙小黄姜的价值认可度还是很高的，这主要体现在大家较为认真地评价了其传统饮食文化价值、药用价值以及经济价值。其中，经济价值给予的关注度最好，有91%的受访者强调了传统五龙小黄姜具有较高的经济价值。当然，这也基于该老品种自身良好的生物学特性所带来优质的食用和药用价值。

（3）保存方式。在五龙，传统小黄姜仍旧被保存下来的主要原因是来自于其自身的食用价值、药用价值和经济价值三个方面。这与当地少数民族长期形成的传统的饮食文化和生活习俗有着密切的关系。也正是因为当地人对其传统的价值有着充分的肯定和认识，所以在面临各种种植困难和市场经济不稳定的挑战下，传统小黄姜在当地仍被保存下来。种植和应用是当地人保存传统小黄姜的主要方式。在种植方面，过去，因传统小黄姜对当地原有环境的适应度高，所以人们一直都用传统的全人工的精耕细作方式来种植，施用有机的农家肥，不使用任何化学肥料和农药。然而，随着化学肥料和农药的推广应用，有些农民仍旧坚持传统耕作方式来种植传统小黄姜，而有些农民则选择逐渐将传统的非化学耕作与现代化学应用相结合的耕作模式。受访者中，46%的人表示仍坚持在生地种植传统小黄姜，采用精耕、轮作、施用农家肥等传统方式，他们认为，传统小黄姜只有用传统的办法种植出来才会更香，而且农家肥也不会"烧苗"，不伤地，具有可持续性。而 22%的受访者表示化肥肥力足，长得快，方便省工，所以会适量使用一些化肥，但是精耕细作的方式不会变。在应用方面，传统小黄姜已经成为当地饮食、药用的一部分，尽管有些当地人自家不再种植，但是仍旧会购买当地的传统小黄姜作为食材、调料、香料和药材。而种植户则一部分保留自家留用，多余的部分则通过市场进行销售。

（4）对公司收购的意识。公司收购是传统五龙小黄姜市场应用的主要方式，包括鲜姜和干姜两种产品。对于当地农户来说，进行市场销售所考虑的唯一要素就是利益最大化，即是卖给哪家公司（或本地公司或外地公司）取决于谁给的价格高。这是不难理解的。然而，传统五龙小黄姜的价格一直都很不稳定，那么价格的制定又取决于谁呢？几乎全部的受访者都一无所知，认为只要有外地公司来收购，价格就会升高，然而，对于销售的农户却没有任何人有过价格制定或讨论的经历。对于公司收购的问题，46%的受访者表示自愿并同意出售给公司，认为这种出售方式是有利于传统五龙小黄姜的市场销售的，并且及时出手防止产品质量的退化，特别是鲜姜。而其他的受访者在态度上表示迟疑或不予以表态，通过访谈，我们了解到有些人对于公司收购的市场销售模式有些许担忧，特别是看到近年来传统五龙小黄姜在当地的市场价格十分不稳定，使得人们想到这种市场不稳定的现象是由公司收购（特别是外来企业）的无序性所致。对于这一问题，我们也特别询问了当地相关部门的领导，他表示，当地并未形成健康有效的市场机制，对于传统五龙小黄姜销售管理是混乱的，而公司收购本身并没有错，只是在无序的市场管理销售下，易造成价格的恶意竞争，将原本就不稳定的市场价格变得更为动荡，这对于保护和促进当地传统小黄姜的经济发展是十分不利的，也易影响当地农户种植传统小黄姜的信心和积极性。因此，对于传统五龙小黄姜的公司收购的市场应用方式，很多受访者无法给出合理且明确的态度。

同时，调查发现，这些收购传统五龙小黄姜的公司，特别是外来公司，都是不固定的，受访者表示他们的姜也是随机买给价格高的公司，而且每年来收购的公司都是不同的。

如果说，随机的公司收购模式是导致传统五龙小黄姜市场价格不稳定的原因之一，那么如果是订单收购的形式或者由公司主导来开发的形式会不会使种植者更为喜欢而增加种植的信心和积极性呢？访谈中，大多数的受访者都表示如果有公司能够保证收购和价格，他们愿意继续种植或扩大生产传统五龙小黄姜。此外，也有人表示，希望政府能够给予扶持，在生产技术上给予帮助从而减少病虫害和增加产量，在市场销售上给予指引加以保障其经济收入。

3. 社区管理能力

保护和利用传统农业种质资源的基础和主体离不开其所在的社区和种植农户。社区和种植农户是传统种质资源的传承者，同时也是其保护的主要力量，因此，农村社区对于传统种质资源保护意识和管理能力对于传统农业种质资源的保护和利用发挥着决定性作用。

对于传统五龙小黄姜，该少数民族社区对其食用价值、药用价值和经济价值给予了充分的肯定，同时具有一定的保护意识。那么，以社区为基础的保护能力又有哪些体现呢？

通过问卷调查和访谈，了解到，作为传统农业种质资源保护主体的社区种植农户的种植能力是值得肯定的，这经历了上百年的传统农耕知识和技能的传承。然而，市场经济发展能力却明显不足，换句话说，面对市场经济，维护自身利益的自我保护能力是有限的。在传统五龙小黄姜的市场发展中，目前以农户个体为主，尚未形成以社区集体发展的模式。因此，在同收购公司谈判中，体现的则是个体能力。受访者中61%的人表示他们完全不表态，认为价格就是已经定好的，无需讨价还价，无论传统小黄姜的品质是否优劣，都只听从公司给出的价格，因此品质较好的小黄姜也得不到较高的市场收益；另有36%的受访者则表示在销售中会根据姜品质的优劣对价格高低有所区别和要求，会尽力讨价还价，争取得到较高一些的收益；然而，仅有3%的受访者在这场购销谈判中把握着自主权，且懂得把握时机，能够从购方得到较高的价格，而少数人要么成为了当地生产大户，要么成为了当地的收购公司，但目前规模还很小，受到不稳定的市场影响较大。除此之外，通过调查了解到，传统五龙小黄姜的保护利用和发展尚未建立与政府或相关公司间的沟通或交流渠道，也没有市场管理机制，因此，市场风险直接由社区种植农户所承担。

四、五龙小黄姜的保护模式

（一）基于传统知识和民族文化的保护

小黄姜因其自身优质的遗传生物学特征成为当地群众喜爱的传统农业种质资源。在长期种植和保存小黄姜种质资源的历史进程中，不仅积累和掌握了丰富的传统知识和农耕技术，而且充分利用其优质特征将其应用到生活饮食和民族文化中，实现了小黄姜的传统知识价值和民族文化价值。这是一种基于传统知识和民族文化的以社区农户自主保护为主体的传统种质资源保护模式。

这种保护模式具有自发性、长期性和可持续性的特点，同时也具有一定的无序性，需要对保护主体社区农户进行鼓励和意识教育，增强其对传统种质资源重要性的认知和保护的意识，提高保护能力，强化科学性。

（二）基于经济价值的保护

五龙小黄姜的经济价值在实践中已经得到认可和证实。尽管案例中传统种质资源的市场发展尚处于初级阶段，但是"农民合作社"、"农户+公司"、"政府推动农户"的模式在实践中分别都有体现。

1. 农民合作社

以关键农户为主体，带动其他农户共同发展小黄姜的市场经济，通过经济利益的驱使促进农户恢复其种植，防止传统种质资源的丧失。这种模式中关键农户的带头作用非常重要，特别需要成功的典型案例来支撑，从而增加其他农户的信心，促进其共同参与。此外，在这种模式中，生产者农户是直接的获益者。然而，农户的意识高低对于合作社的有序和可持续发展将带来一定的影响，有可能是负面的影响，这就对合作社关键农户的管理能力提出了较高的要求。

2. 农户+公司

与黑尔糯米相似，五龙小黄姜也有以农户种植而公司收购的方式进行合作，合作双方并无有效的合同或协议。双方在选择时，通常是以经济利益最大化为导向，农户选择出价较高的公司，尽管之前与其他公司有过口头协议，但真正交易时，原有的口头协议将无任何作用；外来收购公司在姜种下地时与农户口头协议后，因市场的原因将不履行该协议，不来收购。在这种模式中，农民的相关能力是有限的，如谈判能力，较容易处于劣势，以较低的价格出售给收购公司，公司加工包装后将以双倍或更高的价格推广到市场，赚取高额利润。在这种模式下，需要建立健全合作管理机制，通过制度建设保障农户在合作交易中的利益。

在案例中，我们看到的是农户种植与收购公司的合作模式。除了与收购公司合作，也有与开发公司合作的模式，在这种模式中，开发公司起主导作用，农户与公司间或租赁关系或雇佣关系，那么，惠益的直接获得者将是公司。这种模式会带来传统种质资源流失的风险。因此，农户与开发公司合作的传统种质资源的保护模式需要加强管理，建立健全完善的政策管理体制。

3. 政府推动农户

地方政府相关部门推动农户保护传统种质资源，采用拉动经济发展的方式，促进农户继续保存和种植。在这种模式中，保护主体仍旧是社区农户，政府起保障和推动作用，在经济收益上略显不足。然而，在案例调查中，大部分的受访者在谈及期望时，均表示希望政府能够予以扶持，加大技术支持。保护传统种质资源，离不开政府的正确引导和大力支持，需要从政策上予以保障，管理上予以加强，建立完善的传统种质资源的市场经济发展机制，保障基层保护者的利益，防止传统种质资源的流失。

总之，传统农业种质资源的保护和利用需要社会各利益相关方的共同参与，因地制宜，以种质资源的传统知识价值、民族文化价值和经济价值等方面为基础，发展具有地方特色的传统农业种质资源保护和利用策略及发展模式。

执笔人：周玖璇
云南思力生态替代技术

案例研究八

湘西黑猪惠益共享

一、研究对象概况

湘西黑猪包括浦市黑猪（铁骨猪）、桃源黑猪（延泉黑猪）和大合坪黑猪三大类群，主产于湖南西北部沅水中下游两岸的湘西土家族苗族自治州、常德市、怀化市和张家界市。湘西黑猪具有悠久的养殖历史，在当地少数民族群众长期选育和产区生态环境综合作用下逐步形成了体质结实、耐粗饲、繁殖力强、适应性强和肉质鲜嫩的优点。湘西黑猪于1982年被列入《湖南省猪品种表》；2006年被定为国家级畜禽遗传资源保护品种（农业部622号公告）34个品种之一；2007年5月选入国家种质资源基因库。湘西黑猪品种的形成、种群的数量及其分布与复杂的地理环境、气候条件以及民族风俗习惯有密切关系。

（一）品种特性

1. 地理分布

湘西黑猪产于沅江中下游，分布于湘西自治州古丈等8个县市及怀化地区的辰溪县、张家界地区和常德地区邻近的慈利、石门、临澧等地。养殖粗放，多采用白天放牧，晚上舍饲的方式。

图 8-1　湘西黑猪分布图（李方茂提供）

2．体型外貌

中下等体型，各部发育匀称。成年公猪体重86.2 kg，体高68.2 cm，体长115 cm，胸围113.9 cm；成年母猪体重81.2 kg，体高60.8 cm，体长110 cm，胸围113.8 cm，头大小适中。头型有狮子、八卦、老鼠等类型。狮子头、八卦头嘴大而短，额部皱纹较多，而老鼠头嘴长而尖，额部平直。猪耳大下垂，颈长中等，颌下肉垂发达，中驱稍长，胸宽深，背腰较长窄，稍凹，腹大下垂，但不拖地，臀部倾斜，大腿欠丰满，四肢粗壮直立，少数卧系，全身被毛及鼻端、蹄壳均为黑色。

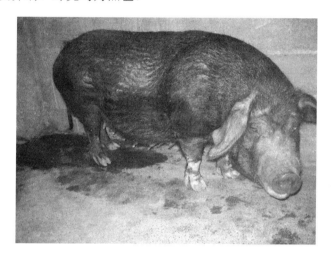

图8-2　湘西黑猪体型外貌（李方茂摄影）

3．繁殖性能

公猪断乳后两个月有性欲表现，一般4～5月龄开始配种，每天可配种1次，利用年限3～5年。母猪断乳后3～4月开始发情，一般在第二次或第三次发情时配种为适宜，性周期为18～22 d，持续期3～4 d，妊娠期103～126 d，平均114 d，一般年产两胎次，少数两年产五胎次，可利用年限为8～10年，根据166头母猪调查，初产母猪胎平产仔6.5头，经产母猪胎平产仔9.5头，最佳利用期为3～11胎，仔猪初生窝重2.9～7.1 kg，平均5.2 kg。初生个体重0.4～1.0 kg，平均0.6 kg，满双月断奶窝重49～101 kg，平均72.4 kg，双月断奶个体重3～19 kg，平均8.3 kg。

4．育肥性能

前期生长较慢，后期增重较快，民间多采用"吊架子"的肥育方式。根据对100头不同饲养水平肥猪的调查，在一般条件下，采取传统老式方法（即一瓢糠、一瓢粉、一把草）。断奶后饲养8～12个月，毛重可达65～110 kg；喂配合饲料饲养5～7个月，活重达75～135 kg。屠宰效果：75～100 kg为最佳屠宰期，平均屠宰率为70%，瘦肉率为38.2%，腹脂率为10.6%。在饲养高水平条件下，屠宰率为73%，瘦肉率为44.8%，饲养水平中等条件下，屠宰率为71.8%，瘦肉率42.7%；低水平饲养（青粗饲料为主）屠宰率为64.8%，瘦肉率 42.4%。

5．种质特性

种质特性见表 8-1 和表 8-2。

表 8-1　湘西黑猪种质测定情况[1]

项目	桃源黑猪（n=3）	浦市黑猪（n=5）
水分/%	62.79±0.15	64.44±1.29
干物质/%	37.21±0.15	35.56±1.30
灰分/%	1.36±0.09	1.32±0.05
粗蛋白质/%	25.59±0.86	22.39±0.66
胆肉脂防/%	5.91±0.37	7.06±0.38
天门冬氨酸/（mg/g）	23.38±1.12	21.48±1.44
苏氨酸/（mg/g）	8.91±0.42	8.08±0.763
丝氨酸/（mg/g）	9.92±0.35	8.95±0.63
谷氨酸/（mg/g）	61.16±1.82	56.51±2.72
甘氨酸/（mg/g）	13.03±0.51	11.99±0.47
丙氨酸/（mg/g）	19.24±0.57	17.73±0.74
胱氨酸/（mg/g）	1.26±0.05	1.01±0.02
缬氨酸/（mg/g）	18.64±0.58	17.11±0.71
中硫氨酸/（mg/g）	7.25±0.06	6.68±0.48
异亮氨酸/（mg/g）	25.96±0.49	14.76±0.60
亮氨酸/（mg/g）	29.87±0.86	27.48±1.05
酪氨酸/（mg/g）	11.13±0.21	10.17±0.36
苯丙氨酸/（mg/g）	6.52±0.13	6.00±0.23
赖氨酸/（mg/g）	30.71±0.86	28.13±1.08
组氨酸/（mg/g）	16.64±0.49	14.63±0.60
精氨酸/（mg/g）	23.58±0.65	21.71±0.87
脯氨酸（mg/g）	6.72±0.41	6.87±0.50
必需氨基酸/（mg/g）	127.26±9.17	116.20±4.69
风味氨基酸/（mg/g）	230.01±7.14	212.27±9.30
总氨基酸/（mg/g）	303.92±9.17	279.3±11.92
肉豆蔻酸（14：0）/%	1.49±0.33	1.32±0.03
棕榈酸（16：0）/%	25.24±0.30	24.66±0.65
硬脂酸（18：0）/%	10.65±0.31	11.90±0.54
花生酸（20：0）/%	1.22±0.11	1.77±0.33
油酸（18：0）/%	49.48±0.32	53.52±0.86
亚油酸（18：2）/%	11.52±0.40	6.19±0.19
亚麻酸（18：3）/%	0.40±0.02	.064±0.13
饱和脂肪酸/%	38.60±0.11	39.65±0.34

1 胡雄贵，朱吉，任慧波，等. 湖南地方猪——湘西黑猪种质资源特性调查与研究. 养猪，2011（5）：45-48.

项目	桃源黑猪（$n=3$）	浦市黑猪（$n=5$）
不饱和脂肪酸/%	61.4±0.41	60.35±0.91
钾/%	0.38±0.01	0.36±0.01
钠/（pg/g）	431.04±6.87	430.83±15.16
铜/（pg/g）	0.46±0.01	0.58±0.01
镁/（pg/g）	317.05±5.87	206.87±4.82
锌/（pg/g）	11.59±0.43	14.15±0.75
钙/（pg/g）	24.82±0.90	38.83±1.98

注：1. 测定值以鲜样为基础；2. 常规成分按 GB 16432—1994 相应指标的测定方法测定，氨基酸采用 IC-8800 全自动氨基酸分析仪测定，脂肪酸采用 HP-5890 气相色谱仪（美国惠普公司）测定，矿物元素采用 GBC932 原子吸收光谱仪测定；3. n 为屠宰头数。

表 8-2　湘西黑猪骨密度、骨强度及矿物成分分析

猪种	桃源黑猪	浦市黑猪
样本数/头	3	5
腓骨密度/（g/cm²）	0.42±0.03	0.24±0.01
胫骨密度/（g/cm²）	0.69±0.02	0.72±0.03
骨强度/kN	2.16±0.09	3.26±0.18
钙/%	20.61±0.68	19.22±0.40
磷/%	10.72±0.21	9.37±0.21

6. 优点与不足

湘西黑猪的主要优点是适应性强，母性强，繁殖性能好，耐粗饲，肉质鲜嫩、味清香、皮粘糯，这是其他品种猪不具备的。是进行内"三元"杂交的好素材。不足之处是湘西黑猪皮厚实、生长速度较慢，瘦肉率相对较低。

（二）湘西黑猪的品种起源

湘西黑猪产于湖南省西部沅水中下游两岸。这里属亚热带季风湿润性气候，光照充足，植被茂密，食源丰富，非常适宜猪的生存。出土的甲骨文资料和化石证据均表明约 5 000 万年前，湘西地区已经有猪的分布[2]。湘西地区战国时属楚黔中郡，西汉属武陵郡。早在公元前 300 年间，人类已经在这里定居，以渔猎为生。猎获物多有富余时，人们将猎物暂时圈养起来，形成了早期家畜养殖的雏形。东汉时期生产方式由渔猎为主开始向农耕过渡，人们以旱粮中小米、粒子为食，并以其饲养畜禽，主要有猪、牛、鸡等。大庸市（现张家界市）城内宝塔岗发现西汉陶猪、陶鸡、陶猪图和晋代陶牛，表明湘西黑猪的养殖历史至少已有 2 200 多年。湘西黑猪通过长期的进化和人工选育，到清朝道光、咸丰年间就已经成为特色鲜明的优良品种。

---

2 杨公社. 猪生产学. 北京：中国农业出版社，2012：10-22.

图 8-3   湘西黑猪（大合坪猪）产区生态环境（李方茂摄影）

（三）湘西黑猪品种形成的主要因素

1. 产区生态环境

湘西黑猪产于湖南省西部沅水中下游两岸。其 3 个类群的繁殖中心位于东经 110°50′～111°36′，北纬 28°24′～29°24′，地处湖南省西部到西北部、沅水中游到中下游，境内有沅、武、辰、酉四大水系，水能资源丰富，海拔 115～180 m，年平均气温为 16.5～16.7℃，年降雨量为 1 367～1 477 mm，日照为 1 514～1 737 h，无霜期 256～293 d，属亚热带季风湿润性气候。农作物以水稻为主，玉米、小麦次之；另有红薯、小米、蚕豆、绿豆和秋荞等，为湘西黑猪类群的形成奠定了自然生态和物质基础。

2. 人类选育

湘西山多地少，历来缺粮和油，经育肥的湘西黑猪在宰杀后其脂肪是当地居民重要的能量来源而且在田间劳动时十分耐饥饿，因此当地少数民族喜食肥肉。礼仪交往中有选送肥而厚的胸部肋骨肉作为礼品的习惯。例如女儿回娘家必须携带刀头（即胸肋骨肉），送给父母和其他亲戚。在日常接待中，以大块肥肉待客人体现主人的热情等，这些因素直接影响到人们对湘西黑猪的选育，以致形成脂肪型黑猪品种。概括起来湘西黑猪的选育标准主要有以下几点：首先是猪生产性能好，母猪产仔数至少要在 10 头左右；二是生长速度较快，育肥猪 2 年体重达 130 kg 以上等；三是猪表观遗传的外貌特征符合要求，公猪雄性表现好、体型高大、额部皱纹深，母猪体型修长、奶头多而且对称等；四是猪的抗病力与耐粗饲性好[3]。

---

3 李发芝. 农林水利志//湖南省志（第八卷）. 长沙：湖南人民出版社，1989：38-39.

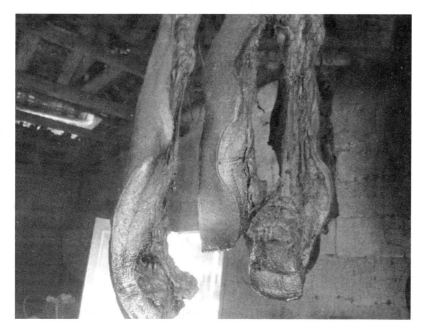

图 8-4 湘西自治州农家熏制的腊肉（李方茂摄影）

3．传统畜禽生产方式对品种形成的影响

湘西地区山多耕地少，生产技术落后，粮食产量低，人们主要利用杂粮及大量野草、野果饲喂，因此湘西黑猪的胃容积大，腹部下垂，非常耐粗饲。湘西黑猪生活环境中种类丰富的食物来源也是湘西黑猪免疫力强、繁殖性能好、肉质香嫩的重要原因；另外，湘西地区人口密度较平原地区少，有很多草坡山地可以利用，半牧半舍的养殖方式一直是最主要的养殖方式。半牧半舍的养殖方式使家养的黑猪与出没在湘西山林里的野猪多有自然交配机会，因此湘西黑猪能在一定程度上保持和野猪种群的基因交流，使得湘西黑猪具有相对其他圈养猪更为丰富的遗传多样性。放养状态下的黑猪，经常拱泥、觅食，四肢、头部肌肉收缩造成四肢健壮和额头褶皱多。湘西黑猪的养殖主要以家庭为单位，参与者数量多，覆盖面广，这为湘西黑猪建立了庞大的群体数量和巨大的基因库；其次是每个养殖片区相对独立形成了多个长期隔离的种群，这有效地保护了其种群的遗传多样性。

4．传统民族医药对湘西黑猪品种特性的影响

历史上湘西地区湘西黑猪的疫病防治主要以中草药为主。当地中草药资源丰富，人们在长期生产生活实践中总结出有很多疗效明显的民间验方。1983 年湘西自治州农业普查，据不完全统计达 500 种验方，这使得当地黑猪抗病力明显高于外来引进品种。如何首乌茎叶饲喂用于仔猪保健；治下痢用苦木皮、鱼腥草、黄柏熬水灌服；驱虫用南瓜子、九里光、紫藤等[4, 5]。2007 年我国很多地区暴发高热病，古丈县也受到波及，当时养殖外来品种的

4 向秀川. 湘西自治州畜牧水产志. 长沙: 湖南出版社, 1996: 10-22.
5 彭明琪, 石仕芳, 彭南岳, 等. 古丈县志. 成都: 巴蜀书社, 1989: 34-41.

猪发病率达 80%，死亡率达 50%以上，而养殖本地品种的湘西黑猪发病率只有 50%，死亡率 10%，明显低于外来品种。

图 8-5 放养的湘西黑猪（李方茂摄影）

5．饲料的多样性组成和调制方法对品种特性的影响

根据饲料来源，以湘西自治州古丈县为例，大致可分为五类。

一是精饲料：主要有包谷、稻谷、豆类、薯类及其他。2006 年总产量为 2.84 万 t，其中玉米 0.33 万 t，占精饲料总数的 11.6%；稻谷 2.11 万 t，占精饲料总数的 74.3%；豆类 0.07 万 t，占 2.5%；红薯 0.19 万 t，占 6.7%。在精饲料中，用于养猪的 1.58 万 t，占 55.6%；用于耕牛的 0.46 万 t，占 16.2%；剩余的用于家禽等。

二是农副产品加工饲料：2006 年全县共计 4.41 万 t，平均每头存栏猪 355.8 kg。其中，糠 3.86 万 t，占 87.5%；豆渣 0.22 万 t，占 5%；酒糟 0.32 万 t，占 7.3%；糖、粉等渣 0.01 万 t，占 0.2%。糠、豆渣、糖渣、粉渣利用率达 100%，酒糟利用率达 100%。

三是枯饼饲料：只有菜枯可供畜禽饲用，2006 年共产菜枯 1.25 万 t，如果用作饲料，每头猪平均可占有 100.7 kg。2006 年，已饲用 0.21 万 t，利用率 16.8%。

四是青饲料：包括种植、水生和野生陆生三种。种植饲料主要有红花草子、红薯藤、萝卜、蔬菜脚叶、麻叶、瓜叶等；水生饲料主要有浮萍、水葫芦、水绣花、革命草等；野生饲料主要为葛藤叶、野甜草、鸡肠草、鱼腥草、构树叶、马齿苋、蒿类等。1983 年至 2006 年的 20 余年间，品类和产量相差大，总产量 12.8 万 t 左右，每个黄牛单位占有 3 753 kg，已饲用 5.86 万 t，利用率 45.8%。种植青饲料 3 631.33 hm^2（包括绿肥、蔬菜），产 7.33 万 t，占青饲料总产量的 57.3%；已饲用 5.86 万 t，利用率 79.9%。野生饲料约 8 040 hm^2，产 4.58 万 t，占青饲料总产量的 35.8%；已饲用 2.06 万 t，利用率 45.0%；水生饲料（包括浮萍）396.67 hm^2，产 0.89 万 t，占青饲料总产量的 7.0%；已饲用 0.35 万 t，利用率 39.3%。

五是粗饲料：主要有稻草、玉米秆壳、豆类秆壳、油菜秆壳和其他秸秆类。2006 年全县总产量达 3.18 万 t，每个畜单位平均 933.5 kg。其中，稻草 2.38 万 t，占粗饲料总产量的 74.8%；玉米、豆类、油菜秆壳 0.80 万 t，占 25.2%。

饲料加工方法非常简单：粗饲料原料采取粉碎，新鲜牧草先人工切割再与精料、农副产品料混合。饲喂分为生喂、熟喂和生物发酵后饲喂三种。生喂饲料不需经过高温熟化处理；熟喂饲料则经过煮沸处理；生物发酵后喂则把饲料经过发酵后再饲喂。由于长期采食大量的粗饲料以及饲料的多样性，使得湘西黑猪具有很强的耐粗饲性和适应性。

图 8-6　青饲料——番薯 [*Ipomoea batatas*（L.）Lam.）] 李方茂摄影）

（四）遗传学特性

1. 丰富的遗传多样性

湘西黑猪源于野猪种群的分化，与野猪具有较高的遗传相似性。由于生活环境改变和长期的驯养，以及人们有意的选择从而改变了野猪的遗传特性，进而形成了该品种。相对其他地方品种，湘西黑猪具有更为丰富的遗传多样性。刘峰采用 PCR-RFLP 方法分析了湘西黑猪的 HDACI（组蛋白脱乙酰化酶）基因的遗传多态性和基因型频率，结果湘西黑猪种中 HDACI 基因的 Hinfl 酶切位点存在丰富的多态现象，等位基因 A 的频率为 0.319 2，而其他猪种的多态性都不明显[6]。

---

6 刘峰. HDAC1 基因、PIT-1 基因与猪部分经济性状相关性研究. 长沙：湖南农业大学，2005.

2．较高的遗传特异性

孙宗炎等[7]用前白蛋白（Pa）、后白蛋白（Po）、铜蓝蛋白（Cp）、转铁蛋白（Tf）、血液结合素（Hpx）和淀粉酶（Am）等6个遗传标记基因频率，具体计算了湖南省11个地方猪种多位点遗传猪特性和综合遗传猪特性，并按遗传独特性划分了保护等级，其中湘西黑猪排在第1位。孙秋雨等对湘西黑猪（大合坪黑猪）进行了种质特性方面技术指标测定结果湘西黑猪（大合坪黑猪）在湖南地方猪种中独有高铜蓝蛋白（CP）的基因频率。

3．品种地位

徐克学[8]对48个中国猪种依据32个遗传性状、应用聚类分析方法（Q分类）进行计算分析，结果表明，中国猪种可划分为4个类型，其中南方型可再分为华中、西南和华南3个亚型。通过聚类运算的结果与地理分布保持高度的一致，划出中国猪种南北两大类型的地理分界线。引用了平均品种和中心品种的概念，通过距离系数的比较，确定产于湖南省的湘西黑猪是中国猪种的中心品种。

（五）遗传多样性来源分析

湘西黑猪经过劳动人民长期的驯化、选育，在湘西独特的自然环境作用下进化而来，作为中国本土猪种的核心品种，它具有相对其他猪品种更为丰富的种群遗传多样性、独特性和优良的生产性能。从家养动物的历史来看，由于在驯化中受强烈的奠基者效应和选择效应的影响，导致其与野生种群的遗传多样性存在较大的差异。一般家养动物的遗传多样性低于野生种群，湘西黑猪相对丰富的遗传多样性可能与其半牧半舍的养殖方式有关。半牧半舍的养殖方式使得家养的黑猪与出没在湘西山林里的野猪多有自然交配，因此湘西黑猪能一定程度上共享数量较大野猪种群承载的巨大基因库，因此湘西黑猪具有相对其他家猪更为丰富的遗传多样性。

（六）种群数量变化及趋势

湘西黑猪种群数量与历史因素、人们生活水平及养殖技术水平等密切相关，近百年来历经四个历史时期变化。以古丈县为例：

新中国成立前，湘西境内生猪生产完全是一种自繁自养自销的方式，由于饲养粗放、交通完全闭塞、流通不畅，制约了生猪的发展。据1932年《中国实业志 湖南省》和1996年《湘西自治州畜牧水产志》记载，1932年古丈全县养殖11 000头，1942年养殖13 700头，1949年养殖25 116头。

新中国成立后至80年代初，湘西黑猪产区瘦肉型良种猪覆盖不高，产区农村养猪都是以湘西黑猪为主。因为人们生活水平低，温饱尚未解决，偏爱脂肪型猪，逢年过节以宰杀肥猪为荣、主要是粮食生产水平低和养殖水平相应低决定的。据1981年《古丈县农业

---

7 孙宗炎，唐煌辉．湖南省地方猪遗传特性与保护等级划分．湖南畜牧兽医杂志，1997（Suppl.）：73-75.

8 徐克学．中国猪种的定量分析——I．猪种的类型和地理分布．畜牧兽医学报，1987（2）：73-78.

区划报告集》记载我国 1957—1976 年的政治运动，1962 年生猪饲养下降到 669 头，后来经国民经济三年调整期，纠正了"左"的错误这一时期，生猪养率上升到 1 214 头，1979 年改革开放后到 1983 年全县生猪养殖量达 61 786 头，出栏 23 713 头。

20 世纪 90 年代至 2008 年，养殖专业户和农村养殖户大量养殖瘦肉型良种猪，以"长×大"二元母猪和"洋纯种"猪为主，交通便利的乡村，农村散养户饲养湘西黑猪的几乎没有，只在交通闭塞的乡村存有少量。据胡雄贵 2006 年 10 月对湘西黑猪的品种资源特性进行了调查，湘西黑猪猪种母猪总数 365 头，其中公猪仅存 23 头。2008 年畜牧水产局对古丈县湘西黑猪养殖调查，县内存栏能繁母猪不足 20 头。

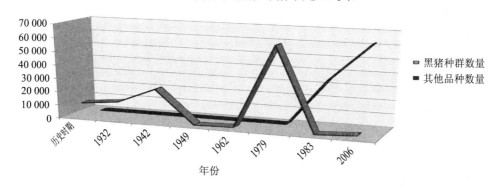

图 8-7　湘西自治州古丈县"湘西黑猪"种群数量变化趋势

2008 年以后，人们生活水平显著提高，"绿色、生态、环保"成为整个世界的主题。还有近几年来国际、国内出现的食品安全事件，受到全社会的关注，原生态、绿色安全的湘西黑猪猪肉产品呼之欲出，湘西黑猪生态养殖正是顺应这一形势需要，加上国家近几年对生猪产业扶持力度加大，一些具有市场前瞻性的规模养殖户开始进行湘西黑猪的养殖。据调查，2011 年全县存栏的母猪发展到 200 头。

二、开发现状

近年来，受到多起食品安全事件特别是瘦肉精猪肉事件[9]造成的市场影响，加快了一些经济条件较好的消费者转向生态、绿色、安全养殖而且具有当地特色的湘西黑猪肉，市场价格十分看好，2012 年春节前期毛重最高达 50 元/kg。湘西黑猪养殖数量逐年增多，发展形势良好。湘西黑猪得到较快发展，养殖数量逐年增加。当地政府、企业及农户开始加大投入积极保护品种资源和开发利用资源。据调查，2011 年末全州规模养殖场有 30 个，饲养量达 5 000 头。古丈县就有三八养殖场、牛角山养殖场、中华养殖场等 6 个规模养殖场进行黑猪养殖，现有存栏黑猪 1 400 头，其中能繁母猪 200 头。除此之外，还有 20 户散户

---

9 来自新浪网财经：http：//finance.sina.com.cn/focus/shzr_2011/（2013-10-30）.

养殖黑猪 100 头。

（一）发展现状

20 世纪 80 年代前，湘西黑猪产区瘦肉型猪良种覆盖面不大，产区农村养猪都是以湘西黑猪为主。1957 年，湘西黑猪主产区存栏母猪 1.49 万头、公猪 80 头；1967 年存栏母猪 1.15 万头、公猪 110 头，20 世纪 80 年代初期，受市场需求影响，加上外来猪种的流入，湘西黑猪数量逐步减少，据 1981 年调查结果，桃源黑猪约有母猪 4 716 头，浦市黑猪约有母猪 1 251 头，大合坪黑猪约有母猪 3 100 头。1987 年，各中心产区保种场共存栏母猪 371 头、公猪 33 头，向保种区提供基础母猪 1 535 头，同时为湘西、郴州、娄底、岳阳、常德等 5 市的 12 个县（市）提供良种湘西黑猪母猪 667 头。20 世纪 90 年代后，养猪专业户大部分进行了良种猪养殖，以"长×大"二元母猪和"洋纯种"猪为主，农村散养户饲养湘西黑猪的几乎没有，只在各类群的保种场和保护区内有该猪种的养殖。古丈县畜牧水产局 2011 年 12 月调查，古丈县已有湘西黑猪能繁母猪 200 头，种公猪 108 头，证明湘西黑猪养殖数与 2006 年相比已经逐渐增加，得到社会的重视。过去一段时期导致湘西猪群体数量急剧下降的原因是：

长期以来，生猪养殖单纯追求规模发展和经济效益，湘西黑猪（浦市铁骨猪）理所当然地被忽视了其独特的资源性和生态意义，各级各部门及其广大养殖户缺乏对其足够的认识，导致该品种资源严重不足。随着畜牧法的贯彻落实和人们生活水平的不断提高，湘西州各级政策和畜牧部门及广大养殖户对湘西黑猪的资源保护工作的重要性认识逐步有了提高，但是从人力、物力、财力等方面对湘西黑猪的保护工作投入仍严重不足，必须处理好湘西黑猪的保护与发展生产之间的关系，才能有效地保护好该品种资源。

由于没有保种资金投入，湘西黑猪的保种工作不能正常有序的开展。例如从 20 世纪 50 年代以来，省、州、县三级业务部门先后组织了四次对湘西黑猪（浦市铁骨猪）品种资源调查，但没有固定连续的资金投入，缺乏对该品种保护的具体规划和实施。至今，湘西黑猪未能得到很好的保护，导致该品种资源数量减少，同时缺乏对该品种持续系统地选育，其繁殖力强，而粗饲、抗病性强、肉质鲜嫩等优良特性没有得到充分的利用。

（二）湘西黑猪养殖发展趋势

由于我国城镇化速度加快及小学撤并，农村青壮年劳动力大量进入城市直接导致农村缺乏从事种植和养殖的劳动力，而市场又对猪肉产品需求量增加和品质提升。生猪养殖产业结构顺应这一趋势进行了必要的调整，湘西黑猪养殖开始向规模化、标准化、规范化、专业化、绿色生态化转变，涌现出一批专业养殖大户，特别是一些有实力、有市场前瞻性的个人和企业相继进入该领域。加快了规模化养殖的进程，也加大了湘西黑猪养殖资源的整合力度和利用程度。如湘西州牛角山公司过去是一家从事矿业开采及加工的企业，2008 年开始瞄准高端产品市场，从事湘西黑猪生态绿色养殖获得了很好的经济效益，每头肥猪的毛利达 1 000 元以上，是养殖瘦肉型良种猪的 2 倍，而且不受市场普通生猪价格波动的影响，带动了其他养殖场和养殖大户。

（三）育种方式的转变促进湘西黑猪产业发展

随着科技的发展和人们消费需求的改变，猪育种也在逐渐发生变化。育种的重点由原来的降低背腰厚，提高生长速度，转变为提高瘦肉率，提高繁殖性能，改善肉品质，提高抗性、产品的一致性和降低单位产品的生产成本为目的。特别是近两年兴起的"内三元"杂交组合的发展，成为养猪业的趋势，其方法是利用当地的三种猪杂交，生产商品猪，具有肉质好、生长快、抗病强的特点，这些是外来品种所不具备的特性，而湘西黑猪品种正是杂交组合的好素材。例如：针对湘西黑猪的优缺点因相关部门从 20 世纪 60 年代即着手引进外来良种公猪，与湘西黑猪母猪开展杂交试验示范和推广工作。对湘西黑猪的不同杂交组合进行屠宰测定，在杂交 1 代的胴体品质中，以桃源黑猪为母本的杂交组合，以约×桃 1 代的杂种胴体品质较好。从 20 世纪 90 年代，湖南黑猪原种场开始进行以杜洛克为父本、桃源黑猪为母本的杂交选育，历经 10 多年培育出瘦肉型黑猪，具有体质健壮，抗逆性强，生长快，瘦肉率高等特点。1997 年 12 月通过省级成果鉴定，获湖南省农业科技进步特等奖和省级科技进步一等奖。1999 年 9 月通过省级畜禽品种审定委员会审定，正式命名为"湖南黑猪"。

（四）品种资源保护对策

贯彻落实畜牧法，争取各级政府把该品种保护经费列入财政预算，采取有效措施，加强该品种保护。同时加强该品种保护的宣传，进一步提高全社会对该品种保护的宣传，进一步提高全社会对该品种资源保护与利用工作重要性的认识，积极争取社会资金投入到该品种的保护与利用中来。

合理规划，根据湘西黑猪（浦市铁骨猪）的优良特征特性，明确保护目标，制定具体的实施方案，建立核心保护场，确定 200 头基础母猪，15 个公猪血统的选育目标，坚持保种场以圈养和当放牧相结合，确定湘西黑猪的保护区。

加强湘西黑猪（浦市铁骨猪）的选育和保护，促进其有效地开发利用。在进行本品种选育和保护的同时，可以进行杂交优势利用（如因杜洛克公猪杂交可提高其生长速度及瘦肉率等），实现保护和开发利用互相促进的良性机制。

三、惠益分享现状

目前古丈县黑猪养殖主要有三种模式：一是农户自养自售；二是企业与农户订单养殖；三是农民成立养殖合作社。其中默戎镇新窝村向成周等人创办的万山经济专业合作社发展快、效果好，带动了山区农民发家致富，农户参与的积极性较高。

（一）养殖合作社

1. 合作社概况

古太县万山生态养殖专业合作社于 2010 年 3 月 20 日正式在古丈县工商局注册成立。由种茶大户向某、龙某、龙某等 40 户人发起，共同出资 50 万元成立，由向某担任法人代表，办公地点位于古丈县默戎镇新窝村。合作社发展至今现有社员 80 户。合作社旨在为社员农户提供湘西黑猪养殖产前、产中、产后一条龙服务，组织生产和销售，提供技术培训和服务、市场信息等，兴办经济实体，带领社员农户共同致富。

2. 发起原因

根据当前畜牧业经济和市场的发展形趋势，以及国内外一些养殖协会和专业合作社的成功范例。成立养殖协会或专业合作社势在必行。第一，可以最大限度地整合当地养殖资源，获得经济活动中的运力性，在购销价格方面有发言权，不会受制于人，市场风险抵御能力较强，不会导致当地销售市场的混乱，能获得长期利益；第二，便于承接或申报国家对养殖业的项目资金，国家的项目资金政策需形成一定的规模。第三，利于扩大规模从后银行信贷；第四，利于吸纳社会资本，壮大湘西黑猪养殖产业；第五，利于技术标准及产品的统一等。

3. 机构设置

合作社设有理事会、监事会，下设生产部、财务部、办公室、销售部 4 个职能部门。其中：理事会（理事长 1 人，理事 1 人）；监事会（监事长 1 人，监事 1 人）；财务部（会计 1 人，出纳 1 人）；生产部（技术人员 4 人）；市场营销部（销售人员 6 人）。

4. 制度建设

合作社成立后，制订了《古丈县万山生态养殖专业合作社章程》，采取"合作社+基地+农户"运行模式，实行"统一生产资料，统一技术指导，统一病虫防治，统一产品收购，统一加工销售"的"五统一"管理模式。合作社每年开展茶叶技术培训活动，年免费培训种植农户 200 多人次，发放种植技术资料 400 份。

5. 运营状况

（1）合作社湘西黑猪发展状况

2011 年生产经营湘西黑猪 78 头，平均毛重 85 kg/头，销售价 40 元/kg。实现收入 26.52 万元，纯利润 10.61 万元。合作社带动了本地湘西黑猪产业发展，促进了农民就业增收，获得了较好的经济与社会效益。

（2）收益分配情况

2011 年万山合作社与 20 户农户签订委托养殖协议，每户养殖 4 头湘西黑猪，每头平均体重 85 kg，以 24 元/kg 回收，养殖过程中死亡 2 头，20 户农户共得毛利为 15.91 万元，除去成本 10.64 万元，纯收入 5.27 万元，户均 2 635 元（以业余养殖为主）；合作社以 34 元/kg（毛重）售出，收入为 6.633 万元。

6. 二次返利

合作社按年分配收益。每年从纯利润中提取 10%，作为合作社的发展基金和公共管理支出。按照售出的猪肉重量在全社猪肉重量中所占的比例，社员之间再分配剩余 90%的纯利润，即二次返利。个别社员在二次返利中最高可以分配到 60%。

7. 项目资金来源

农民自筹、国家产业扶持资金和银行信贷。

（二）订单合同

1. 运作模式

公司+农户（大户）。

2. 组织方式

公司订单。

3. 农户参与方式与规模

公司和农户签订养殖订单，农户用自己的基础设施、场地和劳动力参与合作，按公司要求进行养殖；公司投入仔猪、饲料、技术服务，出栏后再以事先议定的价格回购。参与的农户有 6 户，养殖规模为 300 头，平均 50 头/户。

4. 运作制度的内容

执行方式及文本内容（见附录1、附录2）。

5. 惠益分享安排

农户以合作人的身份参与，其职责是利用自有的土地资源、设施等按照公司的技术指南养殖黑猪，以劳务形式获得育肥猪增重部分及高于其他品种的价差利益。公司则负责统一饲料、统一技术标准、统一服务、统一品种、统一销售的"五统一"责任，并且以高于其他品种猪市场价回收产品，获利方式来自于收购价与销售价的价差。

（1）农户收益情况。2011 年湘西自治州牛角山生态农业科技开发有限公司与 6 户农户签订合同，每户养殖 50 头湘西黑猪，每头平均体重 90 kg，养殖时间 8 个月。公司以 26 元/kg（毛重）回购。6 户农户共得毛利 70.2 万元，除去 39.9 万元成本，纯收入 30.3 万元，户均 5.05 万元。公司盈利 21.6 万元。例如毛坪村张某，2011 年养殖的 50 头湘西黑猪每头平均体重 90 kg，每头成本 1 330 元（仔猪 400 元+饲料 940 元+防疫费 20 元），每头收入 2 340 元，每头纯收入 1 010 元。而养殖一头瘦肉型杂交猪按市价 17 元/kg（毛重），体重 100 kg，成本 1 370 元（仔猪 350 元+饲料 1 000 元+防疫费 20 元），毛利为 1 700 元，纯收入 360 元。农户年周转 2 次（每次四个月），纯收入共 720 元，养殖两期杂交猪纯利比养殖一期湘西黑猪少 290 元。

（2）公司收益情况。公司从农户回购 300 头黑猪，平均体重 90 kg/头，再以 40 元/kg 出售，总收入 108 万元。除去回购成本 70.2 万元，营销费 3 万元和技术服务费 6 万元，纯收入为 28.8 万元。

（三）农户的地位

从公司来看，具有的优势是拥有湘西黑猪种苗、资金、技术并且掌握着销售权和定价权，所以在合作中处于优势地位，利益得到最大化。但是不具备生态养殖的场地、环境、劳动力以及传统养殖文化。随着农民合作时间延长及层次加深，其地位将逐步得到提高。

合作社是社员农户的代言人，充分代表农民利益，是理想的惠益分享模式。但农户对合作社认识不足，发起人观念落后，致使合作社流于形式，造成合作农民处于劣势地位。农民对销售定价不知情，也无从知道自己该获多少返利。但是只要监管部门加强监督和指导，提高农民认识情况会得到改善。

从农民来看，具有场地、环境和劳动力资源优势，不足之处是缺乏资金、技术和市场信息。所以在合同谈判中始终处于劣势。随着农民对合作社认识提高和政府正确的引导，监管合作社才会使农民利益得到体现，农民利益才能得到保证。

（四）农户的积极性

从 2011 年牛角山公司、万山合作社共与农户签订的 26 份合同（协议）执行情况看，以双方的诚信为基础，执行率达 100%。湘西黑猪合同约定数量执行率达 98%，共约定 380 头，实际执行 378 头。主要是个别农户饲养管理经验欠缺，在养殖过程中出现死亡而不能履行。农民普遍反映良好，积极性高。据 2012 年 1 月 30 日对古丈县默戎镇新窝村 40 户农户调查，100%意愿接受合作社的形式，2012 年主动与万山合作社联系的湘西黑猪养殖合作，非养殖户也愿意参与其中。与公司合作难度偏大，因为公司要求条件比较苛刻，农民自筹资金困难，风险高，合作选择范围小，惠益分享少。

农民对收入分配比较满意，这可从 2012 年参与合作的积极性反映。2012 年新窝村要求养殖湘西黑猪农户目前已达 50 户，但是农户期待回收价最好能高一点，以 28 元/kg（毛重）为宜。农户还希望能争取到国家项目资金扶持建设基础设施；要求派驻技术人员跟踪服务；继续免费提供仔猪。

（五）当地政府的参与和支持方式

政府对这种惠民方式相当重视和支持，政府每年的工作报告中特别关注农民和惠农组织的利益情况。

1. 政策和资金支持

从国家层面来看，国务院把武陵山区作为扶贫重点区域开发，每年投入上亿元的资金支持产业发展。湖南省委、省政府有把湘西自治州作为扶贫攻坚战场，动员省内各地、市对口支持湘西。湘西州、县两级也相应出台了一系列扶持农业产业发展的政策。

古丈县委、县政府按农民自愿原则，鼓励土地集中经营，对需要扩大规模、土地集中经营的企业或组织手续从简、从快办理。而农民把土地作为入股、抵押、拍卖确保其利益。

其次对合作社、协会、农业龙头企业纳入农村经济发展规划，优先扶持，减免费用，降低门槛。据《古丈县"十二五"畜牧水产发展规划》中明确了专业合作社、专业协会、龙头企业是古丈县畜牧业发展重点之一。

古丈县委、县政府对惠民企业或组织实行产业资金重点倾斜。惠民组织成立后可获 10 万元以上的启动资金，每年可获得 50 万元以上的产业项目资金支持，在项目申报过程中优先安排，以及重点企业或组织实行书记、县长联络员制。

古丈县政府从 2008 年重新重视湘西黑猪在古丈的发展，共整合了扶贫、发改委及交通等部门的资金近 200 万元，建立湘西州牛角山公司养殖场、湘西州绿象公司生猪养殖场、古丈县三八养殖场。目前存栏能繁母猪 200 头，公种猪 20 头。正在向国家申报湘西黑猪品种保种基地。鼓励农户参与并且从中受益。

2．人才支持

2007 年全国实行科技特派员制度，组织高校、研究院所、企事业单位的技术精英下基层，以入股、参股、合作等形式与企业或经济组织形成经济共同体，参与企业和经济组织的生产和营销，促进其发展。古丈县也组织 30 名科技精英入驻到各企业、组织中出谋划策，与农业企业和组织形成利益共同体。特别是对惠农企业或组织，根据其需要安排科技人员常驻，并要求形成利益共同体，作为考核指标。

四、管理现状及空缺

湘西黑猪资源保护是一项长期性、公益性、社会性的事业。第一，政府应积极将此项工作纳入国民经济和社会发展规划予以支持，同时鼓励有条件的企业和个人参与，科学开发，形成多元化保护与开发的局面。第二，统筹管理与分级负责。国家和地方都制定了较为完善、可行的湘西黑猪品种资源保护与开发的规划，分级负责，认真组织实施，提高保种工作的系统性和科学性。第三，坚持保护与开发利用相结合。以保为主，保用结合，以用促保。第四，实行传统手段与现代生物技术相结合，在充分发挥保种场、保护区作用的同时，还利用胚胎、精子、DNA 等现代保种技术、方法，开展保种工作。

（一）政府出台的相关法规和政策

为加强湘西黑猪资源的保护和管理工作，国家先后出台了一系列管理法规和政策性文件。1994 年国务院颁发了《种畜禽管理条例》，随后农业部出台了实施细则，湖南省、湘西自治州也制定了相关的管理办法，为依法管理提供了依据。目前，中国政府颁布的《畜牧法》中，将把畜禽遗传资源保护作为重要内容纳入其中，并做出具体的规定，以明确保种工作的法律责任，切实做到有法可依。同时研究制定了《畜禽遗传资源保护规划》，其主要内容有：畜禽遗传资源保护现状、存在问题；畜禽遗传资源保护指导思想与目标；畜禽遗传资源保护的基本思路和建设内容。对推动畜禽遗传多样性的资源保护和利用工作更给力。

（二）具体措施

1928 年认定湘西黑猪为湖南省地方猪优良品种，2006 年列为《国家级畜禽遗传资源保护名录》（农业部公告第 662 号）34 个猪品种之一，2007 年 5 月入选国家种质资源基库（GSJ 2469—2009，湘西黑猪国家标准 CSJ）。

桃源黑猪保种场建于 1979 年，负责保种和提纯复壮，同时设立 5 个保护区，分 6 个家系。浦市铁骨猪建于 1979 年，2010 年泸溪县政府投入 50 万元用于铁骨猪保护，2011 年农业部投入 150 万元用于浦市铁骨猪保猪场，同时当地沪溪县政府划定了浦市镇、达兰镇、合水镇三个保护区。大合坪黑猪目前由湘西黑猪（大合坪）资源场负责保种，从 2008 年开始国家每年投入 50 万元用于保种，该场共有公猪 31 头（16 个家系）、用猪 308 头。

五、湘西黑猪获取与惠益分享制度框架[10]

（一）背景和目的

古丈县是少数民族聚集地，拥有丰富的遗传资源，以及长期以来在生产、生活等活动中形成的保护和利用遗传资源的传统风俗习惯。湘西黑猪是在当地产区生态环境综合作用和人民长期保护、选育的结果。2006 年被定为国家级遗传保护品种（农业部公告第 662 号）2007 年 5 月选入国家种质资源基因库。

为了加强对湘西黑猪遗传资源获取及相关传统知识与惠益分享的合作研究利用的管理，防止遗传资源流失，促进当地农民公平分享该遗传资源产生的利益，达到保护和可持续利用湘西黑猪遗传资源以公平合理地分享利用这一资源而产生的利益。特制定本方案。

（二）所有权

1. 国家所有权

湘西黑猪遗传资源属于国家所有，当地政府具有行使该遗传资源从本辖区输出的控制权。国家依法保护在保存和开发利用湘西黑猪遗传资源的单位和个人的合法权益。

2. 当地农民权利

（1）国家承认湘西黑猪遗传资源附属土地的农民，尤其是产地中心的农民对构成国家或世界畜禽遗传多样性资源的保存及开发已经作出并将继续作出巨大贡献。

（2）国家落实和保障湘西黑猪遗传资源产区的农民权益，特别是中心产区农民的权益，异地保存的地区农民不参与利益分享。

---

10 薛达元，崔国斌，蔡蕾. 遗传资源、传统知识与知识产权. 北京：中国环境科学出版社，2009：380-435.

地方政府根据经济开发、科研需要，依据国家相关法律、采取措施保护和加强农民权利。

其中包括：

1）保护湘西黑猪遗传资源有关传统知识；

2）公平参与分享利用湘西黑猪遗传资源产生的利益；

3）参与国家畜禽遗传资源保存及可持续利用有关事项决策权。

（3）湘西地区农民特别是中心产区农民，在本辖区内依据国家法律享有保存、利用、交换和出售自己保存的种畜和繁殖材料的权利。

（三）适用范围

本方案适用于商品、用纯种和杂交的湘西黑猪及其卵、精液、胚胎、细胞等富含遗传物质的材料。

本方案古丈县政府管辖范围内的湘西黑猪养殖场、企业及养殖户，其他生物遗传资源参照本方案执行。

（四）行政机制

1．统一领导

实行属地管理。

2．机构组织

（1）机构名称：生物多样性遗传资源管理机构（以下简称管理机构）。

（2）机构性质：生物多样性遗传资源管理机构确定为财政全额拨款事业单位，归口于环境与资源保护局管理。

（3）专家人员组成：从环保局、畜牧水产局、农业局、林业局、卫生局、文广新局、计划生育局抽调专家组成遗传资源管理机构的工作人员。

（4）机构职责：

1）负责贯彻执行《环境保护法》、《野生动物保护法》、《渔业法》、《畜牧法》、《种子法》等有关生物遗传资源的相关法律、法规。

2）负责制定实施本地区遗传资源保护、发展的规划、计划，调查本地区遗传资源和样本收集、保存、鉴定、评估，为政府决策当好参谋。

3）负责制定本地区遗传资源工作措施及事业发展经费预算。

4）必要时成立信托基金账户，以便为实施上述相关法律而接收和使用这种机制得到的资金。

5）负责审查和批准遗传资源材料的申请和转让协议。

6）负责仲裁本地遗传资源材料的转让协议争端。

7）代表当地政府签约遗传资源和惠益分享的相关条约。

8）负责本地区遗传资源和惠益分享的日常行政管理事务。

（五）获取程序

1．本国和外国生物勘探者向遗传资源管理机构提出申请，应具备下列申报材料

（1）取得本国政府或资源提供方国家认可的证明或执照。

（2）申请方的研究者具有专业知识资格。

（3）申请方具有可认为能从此项工作的基础条件（声像、画册及实物等）。

（4）申请内容应符合国家法律、法规、政策的要求。

（5）申请方提交申请书、可行性研究报告和惠益分享方案。

2．申请事项审查

当地管理机构进行本辖区的审查。

审查程序：

申请者根据勘探遗传资源所涉及的区域，决定向国家、省级或市县级管理机构提出申请，管理机构在一个月内决定是否受理，并书面通知申请人，如不受理，应说明理由。

申请者对审定结果如有异议，可以向审定机构申请复审。县审定委员会应在复审申请之日一个月内予以答复。

湘西黑猪遗传资源一经公布，任何单位、组织和个人不得擅自改动，确需更改，由县审定委员会同意后，报同级管理机构批准公布。

未经管理机构批准的遗传资源不得勘探、推广、报奖和广告。

在湘西黑猪遗传资源勘探过程中，如发现有不可克服的技术，报审定委员会提出停止勘探，不得擅自转让。

审查启动：

（1）成立联合专家组。联合专家组：环保专家、畜牧水产专家、林业专家、农业专家、卫生专家、非物质文化专家、民间专家。

（2）审查申请的资质、资格、法律法规及内容和方法等。

（3）批准或拒绝申请

1）下列情况可批准

a. 可以提供加深了解古丈遗传资源信息，从而有利于遗传资源有效管理和理解。

b. 可以提供加深了解湘西黑猪资源的有用信息，从而有利于湘西黑猪资源的有效管理和（或）阐释。

c. 向管理结构工作人员提供预定的可分享信息，包括任何手稿、出版物、地图、数据库等研究者希望分享的信息。

d. 解决对科学界和社会具有重要意义的问题或疑问，并且有可能增进人类对该事项的了解。

e. 有主要的调查者和支持团体的参与，他们在该项调查的领域业绩突出，公认具有能

够在合理的时间内协作、安全地完成指定任务的能力;

f. 规定调查者向公众提供不定期的发现报告,比如召开专题研讨会或者编写报告说明;

g. 尽可能减少对古丈县自然与文化资源、古丈县的运行以及游客产生破坏;

h. 探讨所收集样本的编目以及保护计划;

i. 明确地计划或方案,并且详细列出满足该计划或方案的各项措施;

j. 拥有学术和资金上的支持,以保证所有的研究、分析和报告都极有可能在合理的时间内完成。

2)下列情况不可批准:

a. 其活动对古丈游客的参观活动产生不利影响;

b. 对古丈县境内的自然、文化或者景观资源存在潜在的不利影响,尤其是对一些不可更新资源的不利影响;如有考古地域、化石资源以及一些重要的物种(不利影响的全部范围还应包括在古丈县敏感区域内的建设与支持活动、垃圾处理、轨道处理、轨道交通、机械设备);

c. 可能对研究人员、游客或者古丈县周围的环境造成高度风险;

d. 广泛地收集自然材料或不必要地重复收集现有的收集物;

e. 要求管理机构中的工作人员提供实质性的后勤、行政、医疗或者项目监测方面的支持,或者不能提供足够的时间接受审查和磋商;

f. 执行该研究项目的主要调查者缺乏科学机构的联系和(或)经认可从事科研的经验;

g. 缺乏足够的科学论据和理由支持其研究对象及方法。

(六)事先知情同意

1. 直接向当地管理机构提供研究计划报告和申请书。

2. 利用各种媒体手段或当面交谈方式就生物勘探活动的范围通知当地政府管理机构。

3. 提前一周在政府公示栏显著位置粘贴申请。

4. 通过第三人转交书面申请。

5. 在提交计划 60 d 后,当地政府在认定申请者履行了法律规定程序后发布声明。

6. 向上级部门提供已取得事先知情同意证明以及履行了事先知情同意程序的证明。

(七)惠益分享与补偿机制

湘西黑猪遗传资源的利用,包括其商业利用所产生的利益应在管理机构指导下并考虑到滚动式《全球行动计划》的优先活动领域,建立以下机制公平合理地分享、信息交流、技术获取和转让、能力建设以及分享商业化产生的利益。

1．信息交流

（1）管理机构根据《畜牧法》、《农业法》、《野生动物保护法》等法律每年定期公布管辖区的遗传资源的信息。尤其包括目录和清单、技术信息、科技及社会经济研究成果，包括特性鉴定，评价和利用信息。

（2）遗传资源勘探机构或勘探者，应向当地管理机构提供该资源的研究信息，特别是取得的研究成果。

2．技术获取和转让

（1）遗传资源勘探机构或勘探者提供或者获取遗传资源保存，特性鉴定，评价及利用的技术。鉴于某些技术能通过遗传材料转让应尊重适用的产权和相关的法律，使国家能提供这些技术，改良品种及遗传材料为获得提供便利。

（2）勘探机构或勘探者应向当地贫困地区及经济转型地区提供和转让技术，包括建立、保持和参与关于遗传资源利用的课题，参与所有类型的研究与开发的商业合作伙伴和人力资源开发关系。以利于该地区遗传资源的保护和提高农民经济收入。

（3）勘探机构或勘探者按照公平和最有利的条件通过当地的管理机构向农民或经济组织提供上述研究技术（包括知识产权保护的技术），以惠及当地农民和充分有效保护知识产权。

3．能力建设

考虑到遗传资源保护区域的经济发展及经济转型的需要，在制定遗传资源计划和方案时充分体现该区域的能力建设与当前经济社会发展同步，重点有以下几个方面：

（1）制订和加强遗传资源保存及可持续利用方面的科技教育和培训计划。

（2）特别是划定的遗传资源，保护区、保种场的基础设施持续利用建设。

（3）必要时与企业，科研院及高校在所需要的领域开展这类的科学研究。

4．商业化得到货币收益和其他利益分享

（1）各缔约方同意通过管理机构参与及监督，在研究和技术开发领域的伙伴关系和合作，包括与私营部门的伙伴关系和合作，实现商业利益分享。

（2）各缔约方同意，材料获取者向提供者支付该产品商业化所得的合理份额（以合同约定）。但这种产品不受限制提供者给其他人作进一步研究和育种。

5．利益分享标准

（1）商业化所得货币收益标准

管理机构根据获得者的研究方向和目的及潜在的经济价值，进行评估，参考标准如下：

境外机构或个人用于科学研究的按获取的量、涉及的种类和时间的长短在 1 000～20 000 元范围内收取费用。

用于育种的按评估价值的 1%～5%收取费用。

利用材料进行商业开发，按营销额每年收取 2%的费用。

国内机构或个人：

凡用于科学研究的根据研究项目的标的收取 500～10 000 元费用。

凡用育种的除引种费外，另加收 2% 的资源补偿费用。

凡利用材料在当地进行投资开发的，按当年的营销额每年收取 1%～3% 的费用。

凡管理机构的管理辖区内农民自繁自养 10 头能繁母猪以下，不收取任何费用。

以上各种收取的费用均以人民币结算，一次性支付到管理机构的专户上，遗传资源管理机构按国家公共资金管理规定进行管理，保证全部用于遗传资源保护和可持续利用上。

（2）国家政策性惠益分享

1）湘西黑猪保种均和保护区同样可享受国家对该资源的保护资金和能繁母猪养殖补贴。

2）凡达到国家生猪标准化养殖的养殖场纳入这个项目建设。

3）凡达到国家、省、州生猪标准化创建示范标准的场纳入国家节能减排项目建设。

（3）其他资金惠益分享

1）管理机构向国家有关部门申请获批的信托基金会，并获得的收入，按照基金管理要求投入到该项事业上。

2）遗传资源获得的缔约方或多边系统的捐款，除按规定比例提取的管理费，其他全部用于遗传资源保护和可持续利用上。

（4）经济组织中的惠益分享

1）湘西黑猪遗传资源开发和利用的合作社必须按章程规定各社员的分红比例，不得克扣。

2）湘西黑猪遗传资源开发和利用的企业，每年按营销总额 1%～2% 提取，用于遗传资源种源及传统知识保护。

（八）知识产权和传统知识保护

根据我国《畜牧法》、《知识产权法》等法律、规章和管理办法，湘西黑猪遗传资源产权和传统保护，可用下列方法开展保护。

1. 法律保护

（1）用反不正当竞争法保护保密信息

（2）利用现行知识产权制度保护创新成果

1）专利保护

2）商标保护

3）著作权保护

4）湘西黑猪品种权保护

5）非物质文化遗产保护

（3）制定追溯性行政法规保护传统知识

（4）利用现有国家相关法律法规保护

（5）建立和完善传资源及相关传统知识的地理标志

2．制定保护战略目标

（1）战略目标

近 5 年的目标是：自主知识产权水平大幅度提高，拥有量进一步增加。培育一批知名品牌。核心品牌产业产值占县内生产总值的比重明显提高。使商业秘密，地理标志，遗传资源，传统知识和民间文艺等得到有效保护与合理利用。在特定领域知识产权的保护方面：

1）完善古丈县遗传资源保护，开发和利用制度，防止遗传资源流失和无序利用。协商遗传资源保护，开发和利用的利益关系，构建合理的遗传资源获取与惠益分享机制。

2）主要目标与任务

近期目标任务（2012—2015 年），密切关注《生物多样公约》，世界知识产权组织，世界贸易组织等在传统知识保护的谈判进展，研究并制定传统知识保护的相关政策、方案与措施，建立遗传资源和相关传统知识获取与惠益分享制度。

在全县范围内全面调查生物资源相关传统知识，并进行系统文献化编目，2012 年前完成湘西黑猪品种资源及相关传统知识的调查。

中期目标与任务（2015—2018 年），继续全面调查畜禽遗传、中草药资源及相关传统知识，还要调查与保护和持续利用生物多样性相关的传统生态农业方式，人们生活方式和传统食品，加工技术，以及与生物多样性相关的民族文化与宗教文件，并对其进行文献化编目，建立数据库。

远期目标任务（2018—2020 年），基本完成全县畜禽、中草药传统知识的调查和数据库建立，通过申报，评估，建立传统知识保护名录，继承、弘扬和推广具有应用价值的传统知识。建立完善保护制度，确保在共同商定条件下与传统知识拥有分享惠益。

（2）制定保护措施

湘西黑猪遗传资源保护与开发是一项基础性、公益性、社会性和专业性都很强的工作，是关系到古丈县畜牧事业和社会发展的需要，为了使其具有遗传多样性和可持续利用采取下列措施：

1）划定高峰、岩头寨、山枣、河蓬等乡镇与沅陵县、泸溪县交界的村为保护区，包括保护传统的养殖和生活方式及风俗习惯，生态环境。

2）保护区内禁止外来品种血缘进入。

3）政府对农户饲养湘西黑猪能繁母猪，除享受国家能繁母猪补贴外，另外每头每年补贴 500 元，种公猪每头每年补贴 1 000 元。

4）保护区民族风俗习惯，纳入政府的非物质文化管理区域。

5）政府部门把湘西黑猪保护场和资源开发的养殖场符合项目要求的优先纳入项目支持。

（九）执法与监督

1. 与对外合作研究利用的单位以及与境外机构或者个人有利害关系的人员，不得参与有关申请的评估、评审以及对进境湘西黑猪遗传资源的测定、评估工作。

2. 古丈县湘西黑猪遗传的信息，包括遗传资源及其数据、资料、样本等，未经县管理机构许可，任何单位或者个人不得向境外机构和个人转让。

3. 管理机构工作人员在湘西黑猪遗传资源引进、输出的对外合作研究利用审批过程中玩忽职守、滥用职权、徇私的，依法给予处分；构成犯罪的，依法追究刑事责任。

4. 依照本草案的规定参与评估、评审、测定的专家，利用职务上的便利收取他人财物或者谋取其他利益，或者出具虚假意见的，没收违法所得，依法给予处分，构成犯罪的，依法追究刑事责任。

5. 境外或者境内机构、个人合作研究利用列入畜禽遗传资源保护名录的单位隐瞒有关情况或者提供虚假资料的，由省、自治区、管理机构给予警告，3年内不再受理该单位的同类申请。

6. 以欺骗、贿赂等不正当手段取得批准的境内或境外机构，个人合作研究利用列入畜禽遗传资源保护名录，由县管理机构撤销批准决定，停止勘探活动，没收有关湘西黑猪遗传资源和违法所得，并处于1万元以上5万元以下罚款，10年内不再受理该单位的同类申请；构成犯罪的，依法追究刑事责任。

7. 未经审核批准，境内和境外机构、个人合作研究利用列入畜禽遗传资源保护名录的湘西黑猪遗传资源的，或者境内与境外机构、个人合作研究利用未经国家畜禽遗传资源委员会鉴定的新发现的畜禽遗传资源的，依照《中华人民共和国畜牧法》的有关规定追究法律责任。

8. 未经审核批准，向境外提供列入畜禽遗传资源保护名录的湘西黑猪遗传资源的，依照《中华人民共和国海关法》的有关规定追究法律责任。

9. 向境外提供或者在境内与境外机构、个人合作研究利用列入畜禽遗传资源保护名录的湘西黑猪遗传资源，违反国家保密规定的，依照《中华人民共和国保守国家秘密法》有关规定追究法律责任。

10. 本方案自2013年10月1日起施行。

执笔人：李方茂 戴 蓉
湖南省湘西土家族苗族自治州古丈县畜牧水产局

附录 1　湘西黑猪委托养殖协议

甲方：古丈县万山生态养殖合作社

乙方：

本着平等自愿、互惠互利的原则，就甲方委托乙方养殖湘西黑猪一事达成如下协议：

一、甲方于　　　年　　月　　日提供给乙方湘西黑猪猪仔　　　头，空腹称重合计　　　市斤，计入最初入栏重量。最初的入栏猪重归甲方所有。

二、乙方接收猪仔养殖不需要付款，自接收养殖达 8 个月以上由甲方上门进行回收，最后回收时空腹称重，减去猪仔最初入栏时的空腹重，增重部分由甲方按当时的白猪市场价高于每市斤 2 元的保护价回收折算给乙方。

三、甲方根据乙方的养殖条件（场地、劳力、养殖方法等）投放猪仔。乙方必须按养殖标准用玉米、谷糠等杂粮混合猪草（不用配合饲料、泔水及任何添加剂）养殖。

四、甲方负责养殖的技术培训、动物防疫、药物治疗等全部费用。

五、遇猪仔出现死亡的责任划分：自最初入栏养殖一个月内出现死亡，由甲方负责；一个月以后出现死亡，甲方负责购猪仔的成本费，其余部分由乙方负责。

六、双方须尽心尽力，各负其责，相互及时沟通、交流。

七、未尽事宜，双方协商解决。

八、本协议一式两份，双方各执一份，签字生效。

甲方：　　　　　　　　　　　　　　　　乙方：

代表：　　　　　　　　　　　　　　　　代表：

×××× 年 ×× 月 ×× 日

附录2　湘西黑猪订单养殖合同

合同（编号：　　　　　）

甲方（订方）：湘西自治州牛角山生态农业科技开发有限公司

乙方（供方）：

（　　　镇　　　村　　　组，身份证号：　　　　　　　　）

为通过"公司+农户"模式发展黑跑猪产业，实现公司做大做强、农户脱贫致富的共同发展目的，甲、乙双方本着平等、互利、自愿的原则，经双方友好协商，就订单养殖黑跑猪一事，甲、乙双方订立如下合同：

一、乙方养殖品种、数量及质量相关要求：

品种：甲方所提供的黑跑猪苗。

数量：　　　　　头（乙方年度交售商品猪总数量）。

计量方法：按总称毛重。

饲料：只限于使用玉米、黄豆、豆粕。

用药：禁止使用国家规定违禁药品，严格执行国家休药规定。

养殖期限：8个月。

交货地点：甲方养殖场（牛角山养殖场）。

交货方式：乙方以生猪向甲方交售（运杂费由乙方负责）。

二、订单养殖模式：采取"公司+农户"模式，即甲方为订货方，负责建立黑跑猪种场，向乙方提供统一场舍建筑设计、猪苗、技术标准及服务、投入物（饲料和药品），统一回收销售。乙方（农户）为供货方，负责育肥，给甲方交售符合甲方商品猪质量标准的产品。

三、价格和结算方式：

1．甲方免费提供乙方场舍建筑设计、技术标准和服务。

2．甲方按市场价给乙方提供猪苗，在乙方交售产品时结算扣回。

3．投入物（饲料和药品）费乙方在购买时现付给甲方。

4．产品回收：甲方按高于市场价3元/500 g（毛重）负责回收符合甲方质量要求的乙方产品。

四、在育肥过程中的风险和损失乙方自行负责。

五、乙方在育肥过程中不得将订单产品销售给除甲方外的第三方。甲方不得拒收符合质量要求的乙方产品，也不得压低价格。

六、乙方在养殖过程中须接受甲方技术指导和检查、监督。严格按照甲方技术要求养殖。

七、违约责任

甲方：

(1)甲方未按合同规定收购或在合同期间退货的，应按未收或退货部分货款总价值的　　%偿付违约金。

(2)甲方如需提前收购，征得乙方同意变更合同的，甲方应给乙方提前收购货物总价值的　　%，因特殊原因必须逾期收购的，应承担供方在此期间所支付的保管费和饲养费。

(3)对通过银行结算而未按期付款的，应按有关规定，向乙方偿付　　　　元的违约金。

(4)乙方按合同规定交货，因甲方无正当理由拒收的，除按拒收部分货物总值的　　%支付违约金外，还应承担乙方因此而造成的其他损失。

乙方：

(1)乙方逾期交货或交货少于合同规定，如订方仍然需要的，乙方应如数补交，并应向甲方支付少交部分货物总值　　%的违约金。

(2)乙方交货时间比合同规定提前，经甲乙双方协商一致或经有关部门证明理由正当的，甲方可考虑同意接受，并按约定付款；乙方无正当理由提前交货的，甲方有权拒收。

八、本合同一式两份，甲乙双方各执 1 份。

九、未尽事宜，协商解决，本合同自甲乙双方签字日起生效。

甲方：　　　　　　　　　　　　　　　乙方：（签字）

法定代表人（签字）

　　　　　　　　　　　　　　　　　　年　　　月　　　日

附录3　湘西黑猪公司与农户饲养的惠益分享实施方案

1　合作目的

　　为把湘西黑猪生态养殖产业做大做强，分享市场利益和共同促进发展，充分发挥各自的资源优势，双方本着平等合作、互惠互利的原则，实现双赢目标，实施"公司+农户饲养生猪"和产品回收营销的方案。

2　合作内容

2.1　公司生产断奶湘西黑猪仔猪，饲养保育猪每头达25~30斤，投放农户饲养8个月，全年饲养1次，每次饲养规模50~100头，在饲养期内肥猪毛重达160~200斤，由公司统一回收销售。

2.2　成本承担及比例分成

　　A．公司负责承担保育猪投放的成本和为饲养农户提供技术服务技术员的工资。

　　B．养殖户承担生猪饲料、青饲料培管费、加工费、药品器械费。

　　C．利润分享模式：养饲方从养殖过程中仔猪增重及高于普通猪市场价中获取利润，公司则从市场销售中获取利润，如进行产品深加工，再从销售纯利中提取20%，按各农户的饲养贡献比例反馈。

　　D．公司请求政府及相关部门投资，全部用于黑猪栏舍的建设和饲料粉碎机械购买。

　　E．双方共同投资修建黑猪规模养殖基地。双方共同协商征用基地户3~5亩土地作为栏舍修建基地，地价由双方协商决定。按基地和所修建栏舍所需资金（政府投入除外）公司方投放60%、基地户投入40%组合成股份制产权，该基地及栏舍的所有权为公司方占有60%股份、基地户占40%股份。

3　公司具备提供猪苗的优势

　　牛角山公司是自治州一家综合农业开发的农业龙头企业，目前已整合了古丈县6家湘西黑猪养殖场。现共存栏有湘西黑猪能繁母猪200头。年能提供仔猪1 700余。公司正在进行湘西黑猪旅游产品开发和冷鲜肉对外销售，加上旅游接待销量，有实力把产业做大做强。公司技术力量雄厚，现有畜牧师3人，并具有畜牧经验，调派一名兽医技术员常年专职为基地户免费指导服务。

4　建立基地养饲户具备的主要条件

　　A．户主具有初中毕业以上文化，年龄40岁以下，精明能干，热爱畜牧业，家庭主要劳力3人以上，公路沿线。

　　B．家庭资产达5万元以上，自筹一定资金按要求修建猪栏100~200 m²，栏舍通电、通水。

　　C．农户饲养离自然村寨2 km以上，水源条件好，草坡草山面积0.5万亩以上。

　　D．购置一台饲料机械，具备一定流动资金购买饲料配方和原材料。

5   合作模式暨生猪饲养模式

5.1   公司方义务

A．负责生产断奶仔猪、饲养保育仔猪，投放保育猪每头毛重 15～20 kg，并开保育猪成本价收据。

B．调派一名技术员为基地户饲养的生猪栏舍定期消毒，生猪作体能检测、检疫、防疫。

C．统一饲料配方，为基地户饲养提供预混料、豆粕主要配方，按公司调拨价销售并开销售收据。

D．向政府及部门汇报，争取投资，用于栏舍的修建和饲料机械的购买。

E．合建规模场除政府投资外，负责规模场地征用和栏舍建设投入的 60%资金。

F．为基地户担保小额贷款，并负责贷款贴息。

G．为饲养户提供饲料药品、器械按公司调拨价销售并开销售收据。

5.2   基地方义务

A．负责生猪的生产经营和管理，确保生猪符合公司规定的养殖时间、重量，养殖方交公司订购。

B．农户饲养生猪饲料配方在公司购买，凭购买配方收据结算。

C．确定一名专职生猪防疫人员，按公司技术员要求对栏舍环境、栏舍定期消毒和生猪体能检测、检疫、防疫、治疗等方面精心护理。

D．农户饲养生猪药品、器械在公司购买，凭购买药品、器械收购时抵算。

E．除政府投资外，负责基地征用和栏舍建设投入的 40%资金。

5.3   明确饲养责任与奖罚

A．养殖期饲养的生猪 1 个月内出现病情经治疗无效而死亡的，农户须及时报告公司，公司及时派员验证确认后，公司扣除相应数量的保育猪成本；生猪因病死亡未报告公司的，由基地户按市场价全额赔偿；因忽视管理，造成生猪死亡的，农户全额赔偿。

B．养殖期饲养的生猪被盗的，由基地方依照同类生猪重量按市场价赔偿。

C．养殖时间达 8 个月生猪，毛重在 80 kg 以下，继续饲养至 90 kg 以上再交公司销售。

D．由于市场价格下滑，经公司、农户决定生猪暂缓销售，延期生猪饲养的饲料成本及药费纳入成本结算。

E．农户独销售者公司有权依法要求全额赔偿并处罚金，有权终止与农户的一切合作。

5.4   实现公司、农户全年利润收入

A．据公司 2010 年断奶仔猪、保育仔猪、肥猪成本核算表明：断奶仔猪成本 500 元，保育猪 110 元，肥猪成本 910 元，共计成本为 1 520 元。

B．农户养饲生猪 8 个月出栏拟定平均每头毛重 90 kg，拟市场价 26 元/kg 计算为 2 340 元，减成本价 2 340-1 520 元=820 元。

C．每头肥猪利润 820 元。

D. 农户利润：全年饲养 1 次，每次饲养期 8 个月，每期规模饲养最低 50 头，全年肥猪出栏达 98%，全年肥猪出栏为 49 头，每头肥猪销售利润 820 元，49×820=40 180 元。

E. 公司毛利润：按 34 元/kg 毛重出售，公司实际利润价为（34 元/kg 毛重-26 元/kg 毛重）×49 头/户。90 kg/头×（34 元/kg-26 元/kg）×49 头/户×10 户=352 800 元。如进行深加工利润翻两番。

6　违约责任

双方如有违约，则违约方须承担因违约而给另一方造成的全部经济损失，并处罚金。公司方违约造成饲养方经济损失，冻结公司银行账户，按损失金额全额赔偿。饲养方违约造成经济损失，冻结担保干部财政工资本账户，按损失金额全赔赔偿。

7　请示政府及部门帮助解决以下事项

为把湘西黑猪养殖产业做大做强，以养殖龙头企业为依托，发展农村规模生猪养殖产业，公司建设农村饲养户，投放生猪农户养殖，是增加农民收入、帮助农民脱贫致富奔小康的有效途径。确保农村相关产业的发展，为农民提供创业和就业机遇。为此，请示县委、县政府关于出台惠农优惠政策文件。

为基地养殖户在自留山荒坡荒地修建生猪。栏舍占用 3～5 亩，土地征收减免或优惠一半以上。

国土部门将土地办理过户到股份制养殖企业并颁发产权证书，减免费用或优惠一半以上。

帮助解决基地养饲生猪栏舍资金，根据基地农户养饲生猪 50 头，修建生猪栏舍建筑面积 100 m²，实用面积 80 m²，按每平方米造价 500 元计算，26 户共需要建设资金 130 万元，自筹资金 50%，请求政府及部门帮助解决资金 65 元。

帮助解决基地养殖户购买饲料加工机械一套，生猪饲料加工机械一套价格 2 万元，计划生猪基地养饲 10 户，需资金 52 万元。

总共需要资金 162 万元。

8　关于修建栏舍资金和栏舍规划的建设

A. 栏舍建设资金拨入公司开设的专户，专款专用，公司挪用专款资金，罚款 100%。

B. 公司负责栏舍规划设计，公司派员跟踪监督施工队按设计要求保质保量修建栏舍。

C. 修建栏舍施工队，由基地户招聘，部门、公司监督招聘施工队。

D. 专款使用，委托公司监督使用，每项资金开支由基地户在发票签字监督，栏舍修建竣工由拨款单位、公司验收，由公司向拨款单位报账，由拨款单位审计专款。

附录4　古丈县万山生态养殖专业合作社章程

第一章　总　则

第一条　为规范本专业合作社的活动行为，根据有关法律、法规，结合实际，特制定本章程。

第二条　由向成周、龙树平、龙晓红等人发起，于2010年3月20日召开设立大会。

第三条　本社名称：古丈县万山生态养殖专业合作社，成员出资总额50多万元。

本社法定代表人：向成周。

专业合作社总部地址：默戎镇新窝村。

第四条　本专业合作社是从事生猪养殖的生产经营者，依据加入自愿、退出自由、民主管理、盈余返还的原则，按照本章程进行共同生产、经营、服务的互助性经济组织。

第五条　本养殖合作社经营范围：生猪饲养、销售，为本社成员提供畜禽养殖产前、产中、产后、市场咨询、技术指导及饲料、兽药产品。

第六条　本专业合作社依法独立承担民事责任。

本专业合作社接受各级行政主管部门的指导、协助和服务。

第七条　本专业合作社的主要任务

（一）统一建设标准化示范基地，开发、引进、试验和推广新品种、新技术、新设备、新成果；

（二）统一制定并组织社员实施生猪品改，组织开展社员生产经营中的技术指导、咨询、培训和交流等活动，向社员提供生产技术和经营信息等资料；

（三）统一推荐种苗、饲料及饲料原料和药品等；

（四）统一组织收购、销售社员的产品，按高出本地市场价4元/kg的价格收购；

（五）统一注册商标、产品包装和市场开拓；

（六）统一申报无公害基地、无公害农产品、绿色农产品、绿色食品、有机食品、森林食品等，提升产品品牌；

（七）统一开展社员需要的法律、法规和文化、福利等其他事业服务。

第二章　会费设置

第八条　本专业合作社的经费由发起人筹资。

第九条　本专业合作社社员不需交纳会费。

第十条　本专业合作社须向登记机关登记注册。

第三章　社　员

第十一条　凡从事与本专业合作社同类或相关产品，有一定的生产规模或经营、服务能力，承认并遵守本章程，具有民事行为能力的生产经营者或畜牧兽医人员，自愿提出加入专业合作社申请，方可成为本专业合作社社员。本专业合作社社员主要以从事与本专业合作社相同产业的农民为主。

第十二条　社员的权利：

（一）有权参加本专业合作社社员大会，并有表决权、选举权和被选举权。联合认购股份的社员由推选代表行使相应权利；

（二）享有本专业合作社提供的各项服务和产品优先交售权；

（三）股东享有按认购金额和交易额参加盈余分配的权利；

（四）享有民主管理、民主监督本专业合作社的权利，有权对本生专业合作社的工作提出质询、批评和建议；

（五）有权拒绝本专业合作社不合法的负担；

（六）有权申请退出本专业合作社；

（七）股东享有本专业合作社终止后的剩余财产的分配。

第十三条　社员的义务：

（一）遵守本专业合作社章程及各项制度，执行社员大会的决定；

（二）严格履行与本专业合作社签订的各项协议或合同，按规定的生产质量标准和要求组织生产和交售；

（三）按照本专业合作社的市场营销策略，积极组织实施，开拓市场，努力提高产品市场竞争力；

（四）积极参加本专业合作社组织的学习、培训等各项活动，社员之间互帮互学，发扬互助合作精神，积极向本专业合作社反映情况，提供信息；

（五）维护本专业合作社利益，保护本专业合作社的财产，爱护本专业合作社的设施；

（六）依其缴纳资金额承担相应的责任。

第十四条　社员退出本专业合作社须以书面形式提出，出具责任承担证明，并经社员大会通过。退出专业合作社后，其加入合作社资金于该年度年终决算后两个月内退还；如本专业合作社经营盈余，可参加盈余分配；本专业合作社经营亏损，应扣除其应承担的亏损份额。

第十五条　有下列情况之一，由社员大会决定予以除名，并办理退出专业合作社手续：

（一）不遵守本专业合作社章程和各项制度；

（二）不履行社员义务；

（三）6个月以上不参加本专业合作社组织的活动；

（四）其行为给本专业合作社名誉和利益带来严重损害。

第十六条　社员死亡的，可由继承人继承其社员资格，办理有关手续后享有权利和承担义务。继承人不愿意加入合作社的，可按本章程规定申请退出合作社。

第四章　组织机构

第十七条　本专业合作社设立社员大会和理事会等组织机构。

第十八条　社员大会是本专业合作社的最高权力机构。社员大会由全体社员组成。经授权，社员代表大会，可以履行社员大会职权。社员代表由社员直接选举产生，代表人数不少于社员总人数的 1/10，任期 3 年，可连选连任。

第十九条　社员大会的职权：

（一）审议、修改章程；

（二）除名社员；

（三）决定增减认购资金和资金转让；

（四）决定合并、分立、终止和清算等重大事项；

（五）决定生产经营方针、投资规划和工作计划；

（六）决定社员认购的资金总额、每股金额和单个社员认购最大份额；

（七）决定重大财产处置；

（八）决定盈余分配和弥补亏损方案；

（九）其他需要社员大会审议决定的重大事项。

第二十条　社员大会每年至少召开 1～2 次。遇有下列情形之一时，可以临时召开社员大会：

（一）1/4 以上社员提议；

（二）1/3 以上社员股东、代表提议。

第二十一条　社员大会应当有 2/3 以上的全体社员出席方可召开。

第二十二条　社员大会表决实行一人一票制，出资额或交易量较大的社员股东，可享有附加表决权，但附加表决权总票数不得超过基本表决权总票数的 20%。

第二十三条　社员因故不能到会，可书面委托其他社员代理，一个社员最多只能代理 2 名社员。各项决议须有出席会议的 2/3 以上社员同意，方可生效。

第二十四条　召开社员大会前，须提前 3 天向社员告知会议内容，否则社员有权拒绝参加。

第二十五条　理事会是本专业合作社的执行机构，负责日常工作，对社员大会负责。理事会由理事 4 人组成，理事由社员大会选举产生，任期 3 年，可连选连任。理事会选举产生理事长 1 人、理事 1 人、监事长 1 人、监事 1 人。理事长为本专业合作社的法定代表人。

第二十六条　理事会的职权：

（一）组织召开社员大会，执行社员大会决议；

（二）向社员大会提交需讨论审议的章程、制度、工作计划等有关事项；

（三）向社员大会提交社员加入专业合作社、退出专业合作社、除名、继承等事项；

（四）讨论决定内部业务机构的设置及其负责人的任免；

（五）讨论决定社员与职员的奖励和处分；

（六）代表本专业合作社对外签订合同、协议和契约；

（七）根据本专业合作社发展需要为社员提供各项服务；

（八）聘用或解雇本专业合作社职员；

（九）管理本专业合作社的资产和财务；

（十）履行社员大会授予的其他职责，办理章程规定的有关事项。

第二十七条　理事会负责经营本专业合作社业务，保障本专业合作社的财产安全。如有渎职失职、徇私舞弊等造成损失的，应追究当事人的经济责任。构成犯罪的，由司法机关依法追究刑事责任。

第二十八条　理事会议每月至少召开1次。每次会议须有2/3以上理事出席方能召开，参加理事会议的2/3以上理事同意方可形成决定。召开理事会议由理事长主持，必要时可邀请社员代表列席。列席者无表决权，理事个人对某项决议有不同意见时，须将其意见记入会议记录。

第二十九条　社员代表大会、理事会决定事项和执行情况，采取适当形式按时向社员报告。

第五章　产品交售、作价和结算

第三十条　社员应根据与本社签订的生产协议（合同），足额交售符合要求的产品。除外部不可抗拒的因素外，未交足额的，须缴纳不足部分20%的公积金。

第三十一条　社员出售的产品（生猪）价格按高出本地市场价格4元/kg收取。

第三十二条　社员产品结算可以待本批产品销售完毕后付款。

第三十三条　非社员交售给本专业合作社的产品，其作价政策和结算方式，可以按批次由理事会临时决定。

第六章　财务管理与盈余分配

第三十四条　本专业合作社应依照有关财经法规、政策，制定本专业合作社财务、会计制度，进行财务管理和会计核算。

第三十五条　本专业合作社资金来源包括：

（一）社员认购资金；

（二）盈余分配中提留的公积金、公益金和风险金；

（三）银行贷款或借款；

（四）政府扶持资金及接受的捐赠；

（五）其他来源。

第三十六条　本专业合作社接纳外部无偿资助，均按接收时的现值入账，作为本专业合作社的自有资产。经社员大会讨论决定，可以按决定的数额参加社会公益捐赠。任何单位与个人无权平调本专业合作社资产。

第三十七条　本专业合作社生产经营和管理中的费用开支范围，应严格执行有关财务、会计制度，计入成本。费用开支范围主要包括：

（一）日常办公费；

（二）生产、经营和服务性支出；

（三）科研、咨询、培训、宣传、推广、项目申报、认证认定等支出；

（四）职工工资和福利费用；

（五）社员和职工的奖励；

（六）福利事业费用和特别困难社员的补助；

（七）其他本专业合作社发展需要而又符合财会制度规定的支出。

第三十八条　本专业合作社按公历年度进行会计核算。理事会须在每一季度终了时将上期财务收支情况向社员公布。理事会须于每年 1 月 31 日前向社员大会提交上年经审核的资产负债表、损益表、财务状况变动表。同时，提出本年度的财务收支计划，交社员大会讨论，通过后执行。根据农业行政主管部门的要求定期上报有关财务、会计报表。

第三十九条　扣除当年经营、服务成本，年终盈余按下列项目分配和使用。

（一）公积金，按税后利润 10%的比例提取，用于扩大服务能力、奖励及亏损弥补；

（二）公益金，按税后利润 10%的比例提取，用于文化、福利事业；

（三）风险金，按税后利润 10%的比例提取，用于本专业合作社的生产经营风险。

（四）盈余分配，提取公积金、公益金和风险金后，净利润按股金比例分配。

上述分配项目、提取比例和分配数额，由理事会提出方案，经社员大会讨论决定后实施。

第四十条　本专业合作社需列支的社员交易成本、盈余分配、聘用职员工资、社员和职员的物质奖励，计入成本。

第四十一条　本专业合作社和其他组织、个人赠与资产，应当用于本专业合作社的发展，盈余部分按股金比例分配。国家另有规定或者双方另有约定的除外。

第四十二条　本专业合作社接受农业部门的年度审计和专项、换届审计。

第七章　变更和终止、清算

第四十三条　本专业合作社名称、住所、法定代表人、注册资金、认购资金、经营范围等发生变化时，须向工商行政管理机关申请办理变更等相关手续。

第四十四条　本专业合作社遇下列情况之一，经社员大会决定解散时，应及时向工商行政管理机关办理注销手续。

（一）本专业合作社规定的营业期限届满或本专业合作社章程规定的其他解散事由出现时；

（二）社员大会决议解散的；

（三）因本专业合作社合并或分立需要解散的；

（四）本专业合作社违反法律、行政法规被依法责令关闭的；

（五）不可抗力事件致使本专业合作社无法继续经营时；

（六）宣告破产。

第四十五条　在确认解散或重组后，理事会应在1个月内向社员和社会公布解散或重组。

第四十六条　本专业合作社决定解散时，由社员大会选出5人组成清查小组，对本专业合作社的资产和债权、债务进行清理，并制定清偿方案报社员大会批准。本专业合作社共有资产按下列顺序清偿：① 支付清算费用；② 支付所欠职员劳动工资；③ 缴纳本专业合作社所欠税款；④ 抵偿债务；⑤ 按社员认购资金比例还款；⑥ 按社员认购资金比例进行分配。清算完毕后，应及时向工商行政管理机关申请注销。

附录 5　湘西黑猪遗传资源及相关传统知识获取与惠益分享协定

第一条　总　则

本《获取与惠益分享合作协定》（协定）由×××与古丈县遗传资源管理机构共同签订。

目的是希望从事合作活动的一方，对古丈县辖区中现存的湘西黑猪遗传材料研究发现其潜在的利用价值和方法，推进生物多样性保护与管理，提高当地农民经济收入。同时促进湘西黑猪遗传资源有关的信息的交流及新型生物活性材料开发广泛用于化学合成、医疗诊断、医药等领域利用。通过一些惠益分享的研究，双方共同分享该研究有关的信息、数据和经济收益，保护和湘西黑猪资源。应用最先进的专业和科学技术，致力于发现和开发可促进人道主义目标和公共福利的生物活性材料。

第二条　法律依据

根据《中华人民共和国合同法》、《知识产权保护法》等相关法律、行政法规。

第三条　协定的目的和范围

协定的目的是确立一个框架，据此×××和古丈县湘西黑猪遗传资源管理机构（以下简称管理机构）可以公平分享利用古丈县生物样本标本进行生物勘探研究所产生的各种惠益。

第四条　协定期限

本协定开始于公历××××年××月××日至××××年××月××日。

第五条　执行协定审查

在本协定履行××年后以及其后的每××年，双方应对本协定进行审查，在此期间双方可以谈判达成修正案，同时约定惠益支付计划。

2 年后，×××生物勘探研究活动将受到独立审查，管理机构选择审查者、受审查方支付审查费用等，并对相关技术和商业信息保密，受审查方应提供所有获取信息（包括销售收入，版权收入，研究技术，记录等）。

第六条　获取安排

×××可以为生物勘探研究的目的采集新的湘西黑猪生物样本，但须遵守从古丈县管理机构批准的证书各项规定。

×××向第三方提供古丈县湘西黑猪生物样本必须征得古丈县管理机构的同意，否则按违约处理。

如果×××向第三方提供古丈县湘西黑猪样本，它必须确保第三方协定也要承认湘西黑猪是古丈生物样本来源的所有者具享同等的惠益。

根据在本惠益分享协定下，×××有权获取并对样本进行科学研究。

在与第三方的谈判合作协定前，×××必须达到如下标准：

1. 合理的条件下，相类似的合作机会不能给予他人。

2. 从第三方转让来的技术，应首先提供给古丈县，再提供给古丈以外地区。

×××同意与第三方的商业安排遵行如下原则：

1. 首先保证古丈县管理机构的利益；

2. 对所需指定样品分类托运，长期大规模提供的样品应进行样本材料评估；

3. 古丈县管理机构有权参与分享第三方开发的先导成分任何专利和经济惠益，并与该协定合作者约定的惠益一致；

4. 任何先导成分的开发都须承认古丈县作为来源地的权利。

第七条　惠益分享的内容和形式

1. 信息分享

×××应提交年度报告，总结其利用古丈县样本进行的生物勘探研究。

×××应向适当的古丈县资源管理机构提供关于古丈县新样品的详细收集数据。

如果可行，或在许可证或批准文件中作了规定，保存完好的证明样本应保存在古丈县博物馆，并附带详细的数据及其他有助于增加该县科学知识的信息。

×××应尽最大努力，与古丈县博物馆就交存保存完好的证明样本进行合作。

×××应尽最大努力与古丈县管理机构相关政府机构相合作，以便最大限度地获得从所采集的标本上得到的分类学与生物系统学的研究惠益。

×××应尽最大努力与古丈县管理机构合作的非研究湘西黑猪生物勘探的科学家把古丈县样本相关的各种生物勘探研究方面进行合作。

×××应向古丈县管理机构相关政府机构通告下列机会：生物技术产业的能力建设、增值、合作投资，以便为了该县的利益而获得这些机会。

2. 技术分享

（1）×××提供或者获取遗传资源保存，特性鉴定，评价及利用的技术。鉴于某些技术能通过遗传材料转让应尊重适用的产权和相关的法律，使管理机构能利用这些技术，改良品种及遗传材料为获得提供便利。

（2）×××应向当地贫困地区及经济转型地区提供和转让技术，包括建立、保持和参与关于遗传资源利用的课题，参与所有类型的研究与开发的商业合作伙伴和人力资源开发关系。以利于该地区遗传资源的保护和提高农民经济收入。

（3）×××者按照公平和最有利的条件通过当地的管理机构向农民或经济组织提供上述研究技术（包括知识产权保护的技术），以惠及当地农民和充分有效保护知识产权。

3. 能力建设分享

考虑到遗传资源保护区域的经济发展及经济转型的需要，在制定遗传资源计划和方案时充分体现该区域的能力建设与当前经济社会发展同步，重点有以下几个方面：

（1）制订和加强遗传资源保存及可持续利用方面的科技教育和培训计划。

（2）特别是划定的遗传资源，保护区、保种场的基础设施持续利用建设。

（3）必要时勘探者应与当地企业，科研院及高校开展湘西黑猪遗传资源保护及开发的科学研究。

4. 货币收益分享的内容及标准

×××同意向提供材料的管理机构支付研究过程中获得的所有成果并且这些成果已转换为商业货币的合理份额。这些份额包括下列内容：

研究成果产品销售；

技术出售或转让；

专利出售收益；

著作权收益；

专利收益分享；

版权收益；

数据出版物。

支付合理份额的标准如下：

研究成果产品总销售额 5%/a；

技术出售或转让额 2%；

专利出售收益额 2%；

著作权收益额 1%；

版权收益额 1%；

数据出版物收益额 1%。

第八条　先导特许费分配

如果发现先导成分，并且×××获得净特许费收入，那么该×××将向政府管理机构缴纳 1.5%的净特许费收入（如果非该县的科学家为该先导成分的发现做出智力贡献，×××也应将余下的净特许费收入的一部分支付给该科学家和/或其组织），如果协定终止，该条款仍适用。

第九条　知识产权—保密信息

由×××提供给古丈县管理机构关于其研究的信息，是×××的知识产权；在某些情况下，×××有权要求古丈县管理机构将此信息认定为"商业机密"。

第十条　协定终止

1. 合作双方各自都享有在提前 30 天书面通知另一方的情况下终止本协定的权利。提出终止方应编写终止之日的结果报告，该报告的费用从偿还给合作方的款项中扣除。

2. 所支付的各种实物可以保留，以支持本项目。

3. ×××应编写终止之日的结果报告，该报告的费用应从得款项中扣除。

4. 任何一方因任何原因终止本协定，均不得影响双方在协定终止日之前所产生的权利和义务。

第十一条　争议

解决。因本协定而产生的任何争议如不能由双方协议解决，应将该争议提交双方签字人，由双方签字人或其授权人联合解决该争议，争议仍无法解决可以向上一级管理机构申请仲裁或向法院起诉。

附录 6　古丈县湘西黑猪遗传资源及相关传统知识获取与惠益分享开发合作协定

本《获取与惠益分享合作协定》（协定）由×××与古丈县遗传资源管理机构共同签订。

从事合作活动的双方，对古丈县辖区中现存的湘西黑猪遗传材料研究，发现其潜在的利用价值和方法，推进生物多样性保护与管理，提高当地农民经济收入。同时促进湘西黑猪遗传资源有关的信息的交流及开发新型生物活性材料广泛用于化学合成、医疗诊断、医药等领域。通过一些有益的研究，双方共同分享该研究有关的信息、数据和经济收益，保护和检测湘西黑猪资源。应用最先进的专业和科学技术，致力于发现和开发可促进人道主义目标和公共福利的生物活性材料。

第一条　法律依据

本协定根据《中华人民共和国合同法》、《知识产权法》等法律、行政法规制定。

约定的协定附件组成该协定的文件部分具有同等的法律作用。

第二条　研究报告编写

合作方按照古丈县管理机构发给的许可证及遗传资源管理要求，编写研究报告。报告中所涉及的信息需保密的应加以注明，内容包括：

1. 保密信息；

2. 保密期限；

3. 涉密人员；

4. 泄密责任等（具体附件约定）。

第三条　资金支付方案

合作方在编写研究报告的必须提供明确的补偿资金方案，其内容包括：

1. 资金支付时间阶段；

2. 每年应支付资金项的情况描述（销售量、销售额等）；

3. 每年产品销售及其他获得的总收入；

4. 根据以上 2、3 项相应计算出所有应支付的资金额。

第四条　版权报告

根据约定的附件合作方必须向管理机构支付版权材料的特许费，而且在管理机构指定的时间期限内提交书面版权支付方案，其内容包括：

1. 支付时间；

2. 应支付特许费版权作品的数量和情况描述；

3. 版权销售及其他处置获得的总收入；

4. 根据 2、3 项计算出应支付的特许费的数额。

第五条　记录

合作方同意进行相关记录，以详细说明所有产品的销售额和交易情况，便于管理机构计算确定合作方应当支付的资金项。记录要求如下：

1．合作方同意保留所有记录至少 5 年以上；

2．合作方同意管理机构指派审计员对相关记录进行不定期检查；

3．每年至少检查 2 次，发现一次记录未记或记录不全合作方说明原因和立即补记，并处 10 000 元人民币罚金；

4．如果合作方在检查中出现没有被支付至少 30%的特许费，除把所欠的特许费补交齐外，并处 100 000 元人民币罚金；

5．所有的记录必须是真实的，不得弄虚作假，一旦发现虚假记录罚特许费 2 倍。

第六条　财政责任

1．合作方同意按照协定副本的要求支付所有款项。

2．支付方式以支票或汇票，结算方式以人民币或美元。

3．支付地址：

4．开户行：

5．账号：

6．管理机构根据所得的资金提供资源保护、劳务、专家、交通、设备及实验室及本协定工作当地的协调支持。

7．根据审计显示，合作方未能及时支付款项，则应以 30 天为一单位就迟交的款项或超过协定副本要求的规定收取滞纳金，具体标准按《财政部规定》实行。

第七条　承认古丈县的贡献

合作方承认古丈县在保存、保护和选育湘西黑猪方面对样本研究和产品开发所作出的巨大贡献，同意在样本研究和开发出的任何主题发明及产品中获得利益。

第八条　专利权归属

1．在研究过程中属于合作双方共同参与完成的主题发明专利权归属于双方共有，并且经合作双方同意，必须在 60 天内向国家专利管理机构申请此项发明，并编写专利申请报告。如果该项发明尚未披露，合作方有权利用该项技术，但必须保密相关技术或信息。

2．在研究过程中，合作双方研究人员独立完成的主题发明专利的专利权归属于独立完成研究人员所有，该研究人员可以以自己的名义提出专利申请。合作方有权优先利用该专利，但应给予适当的经济补偿。

3．专利申请：对特定主题事项其中一方可以选择不对其提出专利申请，但双方应在该专利申请前 30 天通知对方。

4．专利申请费：专利申请费经双方同意的根据专利权冠名先后承担相应的费用。任何单方提出专利申请其专利的费用由提出专利的一方承担。专利信息披露后，提出专利申请方应把专利申请资料的复印件提供给合作方保存。

5．如果合作双方共同的发明专利受到侵害或怀疑受到侵害，必须共同进行调查或聘请律师并提起各种适当的法律程序。诉讼费用由双方平等分配。

6．如果任何发明专利被商业化，合作双方必须书面告知对方。

第九条　版权所有

1．合作双方根据本协定完成的全部或部分创造的所有软件、文档及其他作品享有著作权，但这些作品应注明各自的贡献。

2．开发出的所有版权软件或版权作品，政府有权披露和利用，但不能被商业性利用。

3．开发出的所有版权软件及其版权作品应免费提供给合作对方至少2份。

第十条　著作权特许费

合作方有从销售或利用版权材料所得的特许费中补偿古丈县的义务（管理机构代表当地政府和人民）。具体补偿额度由双方另行约定。

第十一条　数据与出版物

1．管理机构有权利用所有的相关数据，但不能随意将其向公众公开。下列情况可以公开：

（1）管理机构在公布其受资助及研究的成果时；

（2）专利已获审批后；

（3）列入政府公开信息内容，经双方协商部分或全部公开。

2．保密信息

合作方向管理机构提交报告时应将需要保密的信息注明，管理机构未经合作方同意不得披露。

3．信息泄密责任

如果合作双方任何一方有泄密现象，根据其受损失程度应全额承担，同时应负法律责任。

4．双方同意在将任何主题数据提交出版之前30天内必须书面告知对方确保没有公布任何保密信息或协定信息，没有损害专利权。受到审查方必须在30天内做出书面答复并阐明反对提交出版。

5．背景知识产权不属于本协定主题发明不属于本协定保密范围。

6．本协定受保密的信息在保密期限内必须公开，须经双方提前书面商定。

7．本协定受保密的信息在双方无过错的情况下被他人知晓，其中任何一方发现后立即书面通知对方终止保密义务。

8．双方同意将本协定有关的研究成果提交出版物。根据贡献程度进行合作作者署名，以泄密处置。

第十二条　转让

本协定约定的权利和义务需要转让给第三方必须提前30天书面通知另一方而且经同意的情况下才能转让。

第十三条 协定终止

1．合作双方各自享有在提前 30 天书面通知对方要求终止本协定的权利。提出终止方应书面阐明终止的原因，已支付的款项根据双方合作研究的程度或开展的实际精度实行多退少补。

2．双方合作已作为实物支付的应全部保留，以支持本项目。

3．任何一方因任何原因终止本协定，均不得影响双方在协定终止前所产生的权利和义务。

4．对于非一方过错或疏忽导致的无法控制和不能预见的事件，造成本协定中的义务不能履行，该方不承担责任。包括自然灾害、流行疾病、战争、暴动、罢工、法律规定或政府机关命令和禁止等。但是应立即通知对方终止履行义务。

第十四条 违约责任

双方如有一方违反协定，其中任何一条必须承担造成的全部损失并处 50 000 元人民币罚金。

第十五条 争议解决

1．因本协定产生的任何争议，双方应共同协商解决，如果协商解决不了，可以向上级管理机构申请解决，也可以直接提起法院诉讼。

2．在相关争议未得到解决之前，协定继续执行。

第十六条 担保

管理机构在本协定执行过程中，不承担任何担保。

第十七条 损害赔偿

合作双方工作人员在执行本协定过程中出现的财产损失、人身伤亡或其他损害，合作对方不承担任何责任。

第十八条 协定的期限和生效日期

1．本协定于   年 月 日 —   年 月 日

2．经双方法人代表或委托人签字之日生效

3．本协定一式   份，合作双方及律师各持 1 份。

合作单位（名称）：   （盖章）　　　　　　合作方单位或个人：

法人代表：   （印章）　　　　　　　　　　法人代表：

签订地址：　　　　　　　　　　　　　　　签订地址：

委托人：   （印章）　　　　　　　　　　委托人：

　　　　　 年 月 日　　　　　　　　　　　　年 月 日

证明单位：

证明人：

　　　　　 年 月 日

案例研究九
湘西黄牛惠益共享

　　湘西黄牛是中国巫陵牛，是在湘西北丘陵地区和亚热带季风气候条件下经过长期自然和人工选择而逐渐定型的优良黄牛品种[1]。2006 年被列为《国家级畜禽遗传资源保护名录》（农业部公告第 662 号）21 个牛品种之一[2]。湘西黄牛产于湖南省湘西土家族苗族自治州和慈利县，以及石门、桃源、沅陵、辰溪、麻阳、芷江、新晃等县的部分地方。主要产区为凤凰、花垣、大庸、桑植、永顺、慈利六县。湘西黄牛核心分布区在凤凰县腊尔山、禾库、山江、柳薄、米良、两林、麻冲、千工坪、木里、落潮井、吉信及都里等 12 个乡镇。

　　湘西黄牛具有生长发育早、肉质好；耐粗饲、性情温驯、易管理、繁殖力强、能适应不同气候环境；体质强健、行动敏捷、善于爬山越岭；适应山区放牧和坡地、小块梯田耕作等优良特性，是典型的肉役兼用型品种[3, 4]。

一、研究地区概况

　　凤凰县位于湖南省湘西土家族苗族自治州的西南角，地处云贵高原东侧的五陵山脉与沅麻盆地交接地带，东经 109°36′，北纬 27°57′。全县总面积 1 758 km²。其中有各类草场面积 7.59 万 hm²，集中成片草场 5.93 万 hm²，牧草种类丰富。县域 43.2%属中亚热带山地，湿润季风性气候，四季分明。全县海拔 170～1 117 m；年平均气温在 15.9℃，最高 40.2℃，最低-15.7℃。相对湿度年平均 80%，年平均降水量 1 308.1 mm，平均日照 1 266.3 h，无霜期 276 d。这些有利的自然条件为湘西黄牛的生长、繁殖提供了适宜的环境。

1 欧阳声骏，傅祖国，王剑农，等. 湖南省家畜家禽品种志和品种图谱. 长沙：湖南科学技术出版社，1984：54-60.

2 李瑞武，陈功建，罗振. 湘西黄牛的品种特征与生存环境分析. 黄牛杂志，2005，31（6）：69-70.

3 姚亚玲，廖开文，陈斌. 湘西黄牛生产性能. 中国牛业科学，2007，33（5）：8-12.

4 张彬，薛立群，龙江松，等. 湘西黄牛遗传资源的调查报告//林祥金. 崛起中的南方肉牛业. 北京：光明日报出版社，2006：344-354.

二、生物学特征

（一）外形特征

湘西黄牛体格中等，体躯较短，前高后低，肌肉发达，骨骼坚实，皮肤富有弹性。头大小适中，头顶稍圆。公牛头短额宽，母牛头较秀长。眼大有神，眼眶稍突出。耳薄，鼻镜宽，鼻孔大，嘴岔深，角形以龙门、倒八字形为多，角以玉色、乳黄色者多，也有黑色、灰黑色个体。公牛颈粗短而雄伟。湘西黄牛的颈部垂皮较发达，前胸开阔，鬐甲丰圆。公牛肩峰明显，背腰平直短宽，腹大而不下垂；母牛乳房不发达，肩峰不明显，身体略长，尻斜者较多。公牛睾丸显露，大小匀称。四肢端正，蹄质坚实，蹄以黑色居多。尾较长，尾根较粗且着生部位高，帚毛密而多，越过飞节。全身毛色以黄色者最多，占70%以上，栗色、黑色次之，杂色很少、一般体躯上部毛色深，腹胁及四肢内侧毛色较浅[5]。

（二）役用性能

湘西黄牛体质强健，行动敏捷，善于爬山越岭，蹄质坚实，役力较强，突击力和持久性能好。因而广泛适应于湘西北山原地的农业生产和山区运输，是产区的当家役畜。役力以6～10岁最强，役用期为16～20年。

（三）产肉性能

湘西黄牛成年公牛屠宰率和净肉率接近50%和40%，母牛屠宰率和净肉率超过45%和35%，眼肌面积50.1 cm^2，骨肉比1：4.1；肉质红润，色鲜艳，水分少，蛋白质含量高，是理想的肉类食品，适宜加工牛肉干。湘西黄牛肉制品在香港国际市场上有优质味美产品佳誉，与西门塔尔牛、短角牛等杂交，可显著提高其馕肉性能[6,7]。

（四）繁殖性能

湘西黄牛具有发情症状明显、发情持续期较长的行为特征。湘西黄牛公牛8～10月龄开始出现爬跨行为，1.5～2岁阴茎勃起、爬跨冲动等交配动作显著。公牛3～5岁时配种能力最强，6岁以后配种能力逐渐下降，实际配种使用年限为3～5年。母牛10～12月龄开始发情，但无规律，1.5岁左右则表现为明显的规律性发情，平均发情周期为21 d，发情持续期为42 h左右；妊娠期为281（270～290）d，泌乳期为205 d，日均产奶2.5 kg。母牛产犊多为三年两胎，也有一年一胎，一头母牛终生可产牛犊8～12头。农户饲养繁殖

5　耿社民，常洪，秦国庆，等. 陕西黄牛群体血液蛋白位点的遗传分化. 西北农业大学学报，1995，23（2）：19-23.
6　李志才，肖兵南，马美湖，等. 西门塔尔牛、短角牛与湘西换牛杂交牛的屠宰试验. 湖南畜牧兽医，2001（6）：41-43.
7　秦茂，李冬萍. 湘西黄牛杂交改良效果试验. 湖南畜牧兽医，2007（2）：25-26.

率可达 66.13%，成活率为 75.28%[8]。

图 9-1　湘西黄牛（李俊年摄影）

（五）生长发育特点

湘西黄牛早期生长快，体重以 6 月龄至 12 月龄时增长较快，2 岁后增重减缓，但下降幅度比较平稳。体高的增长以初生至 6 月龄为最快，相对增重以初生至 6 月龄时最大。母牛为 2～3 岁达到体成熟，公牛为 3 岁左右。

（六）体重和体尺

湘西黄牛成年公牛平均体长 112.23 cm，平均体重 334.29 kg；母牛平均体长 122.96 cm，平均体重 240.24 kg；阉牛平均体长 114.45 cm，平均体重 370.2 kg。

从初生到 6 月龄的哺乳期内，因为犊牛以母乳为主要营养来源，所以湘西黄牛体尺和体重的增长较快。从 6 月龄以后，由于从哺乳过渡到饲草，日增重减小。

---

8 程华东，戴春桃. 西门塔尔牛与湘西黄牛杂交 F_1 代牛屠宰试验初报. 湖南畜牧兽医，2000（3）：11-12.

三、饲养管理

湘西地处山区，终年湿润多雨较潮湿，牛长期生活在潮湿的环境中易得风湿等疾病。湘西的牛圈多为木质结构，四面通风可以防潮。木质结构的牛圈底部也铺有木板，底部的木板使得牛圈与地面形成隔层，有防潮的功能，可以减少牛患病的概率。

湘西黄牛以放养为主，舍饲为辅。春季以放牧为主；夏季利用早晚放牧，白天在牛舍补充青草料（天然牧草以及玉米、稻草等农作物秸秆），搞好防暑降温及驱蚊虫工作；秋季以放牧为主，并贮备草料，抓好秋膘提壮，以利牛越冬；冬季主要以舍饲为主，放牧为辅，适当补充精料，抓好防寒保暖工作。一年四季都定期刷拭牛体，定期驱虫，保持牛体清洁，并每天打扫栏舍，搞好栏舍周围环境卫生，减少疾病的发生[9]。

从初生到 6 月龄的哺乳期内，犊牛以母乳为主要营养来源。从 6 月龄开始，开始从哺乳过渡到饲草喂养。当地习惯是"九月重阳抛放牛羊"，以充分利用结籽牧草和冬闲地内再生草丛。草料来源充足、饲养细腻是湘西黄牛役力较强，突击力和持久性好，肉质优良等生产特征形成的重要物质基础。

管理精心，并做到一岁分栏饲养，两岁使役调教，三岁母牛配种，非种用公牛四岁阉割，五岁时视公、母牛的繁殖好坏和役力强弱，决定取舍。村民将其归纳总结为"一岁分栏两岁教，三配四割五选挑"。

四、疫病防治

湘西黄牛品种优良，不易感染疾病，特别是对口蹄疫、牛出败等疾病表现出较强的抗病性。据介绍，牛的发病时间通常为春天的 2—3 月份、夏天高温和冬天干旱时节。因此在发病高峰期他们必须提高警惕，密切观察牛的动静。如发现牛有异样会立即请当地兽医诊治。当牛病死或无力耕田时，村民就把牛卖给牛贩子，将其宰杀。

五、种群数量及现状

随着海拔高度的增加，村寨内养殖黄牛的农户数量呈线性增加。海拔在 400 m 以下的村寨，水田较为平缓，农田大多采用机械耕作。同时，信息较为畅通，年轻人外出打工较多，所以黄牛养殖数量较低。黄牛存栏情况是否与气温、寄生虫、植被群落结构变化有关，尚需进一步调查和研究。

村寨距离公路越远，村寨内养殖黄牛的农户比例越高。因为交通不便，山地坡度大，

---

9 麻文济. 凤凰县湘西黄牛产业的现状及对策. 中国畜禽种业，2008（5）：81-84.

耕地不适宜机耕，加之草山草坡面积大。如凤凰县禾库镇米坨村地势较吉兴镇万溶江村高，而且地处偏远，通往该村的路迄今仍为颠簸不平的石子路，车辆通行不方便，人口流动量小，所受外来影响较小，因此在此处湘西黄牛品种得到了一定的保存，基本上每家每户都有一头黄牛。而交通较方便的凤凰县吉信镇万溶江村情况就不怎么乐观了。该村黄牛的数量已屈指可数，村民家里几乎不饲养黄牛。该村第一组有 40 多家农户，现仅有 4 家饲养着黄牛。

国家政策变更导致湘西黄牛种群数量下降[10]。20 世纪 90 年代，国家开始实施退耕还林政策，县乡村各级政府均限制牛羊在实施退耕还林的山地放牧，湘西黄牛的数量开始下降；2000 年后，由于大量的年轻劳力外出打工，许多耕地抛荒，对湘西黄牛的耕作依赖下降，导致养殖数量急剧下降；2006 年开始，国家实行农机补贴政策，农户开始以农机替代黄牛耕田，黄牛数量继续下降[11]。

六、民俗文化

当地在生产实践中总结出一系列选种、选配工作经验并赋予绕口令代代相传。外形："黄红毛衣闪金光，粉嘴画眉白漂档，团头鼓眶荷包嘴，扇子耳朵龙门角"；"前山（鬐甲部）峰高超后山，膛宽肋密肚大圆"。繁殖性能："尾长根粗能遮羞，十胎牛儿九不丢"；"母牛过胖多蒙东（指不孕牛），公牛垂肚难逞雄"，"鞭筒（指包皮）贴肚不垂松、蛋子（睾丸）无雌雄"；"袋子夏吊冬紧缩，十回配种九不空"。产肉性能："脚高体长内膘好，膛宽股圆出肉多"。配种："留牛息看牛娘，好母还靠访牛郎"。当地还有牵母牛远地择配，付以重酬的习惯，使湘西黄牛的选配符合了远缘交配有优势的育种原理。

湘西黄牛在当地的老百姓家里有着很重要的作用，老百姓对它们也很有感情，已将其作为家庭成员[12]。特别值得关注的是，在当地的文化传统中黄牛占有重要的作用。湘西黄牛分布区主要为苗族和土家族，他们有着自己独特的传统文化，而有些文化是与牛息息相关的。在村里的祭祀、婚丧嫁娶、驱鬼辟邪等活动中，村民们通常将牛作为人与天地、鬼神沟通的灵物。在春节、中秋等重大传统节日时，村民并不宰杀牛，他们认为人与牛是有感情的，牛是他们的功臣，所以当人们庆祝节日时牛也应当受到优待。而平时他们不吃黄牛肉。而且在春节、中秋节日期间，黄牛会受到优待，村民会供给他们较多的玉米、黄豆等，这是村民对它们这一年来辛勤劳作表示感谢。他们平时不宰杀湘西黄牛，只有在办红白喜事的时候才宰杀它们，用它的肉来招待客人，宰杀的黄牛越大，就说明喜事越隆重。

10 陈功建. 湘西黄牛保种模式比较. 黄牛杂志，2004，30（2）：48-49.

11 刘莹莹，肖兵南，田科雄. 湘西黄牛的保种与开发利用. 中国畜禽种业，2008（19）：15-17.

12 陈幼春. 中国家畜多样性保护的意义. 生物多样性，1995，3（3）：143-146.

七、不同保护模式比较

湖南省从 20 世纪 70 年代开始就将湘西黄牛保种，作为湖南省畜禽地方良种保种工作的重要内容。由于体制、经费等多方面的原因，这项工作反复多次，形成了三个不同的阶段和对应的三种不同的模式，即：70 年代初到 80 年代中期的政府行为——行政保种模式，典型代表是慈利县郝家山种牛场；从 80 年代中后期到 21 世纪初的市场自然选择——社会保种模式，各饲养户是其代表；2003 年开始，市场+行政保种模式，典型代表是张家界永定区三家馆乡、慈利县南山坪乡和湘西自治州凤凰县的腊尔山。

（一）行政保种模式

郝家山种牛场始建于 20 世纪 70 年代初，由湖南省农业厅畜牧局投资，慈利县畜牧水产局承办，主要是进行湘西黄牛的良种选育和提供湘西黄牛良种。兴盛时期有干部职工 30 多人，养种牛 100 多头。1985 年出现经营困难，1995 年因取消行政性拨款，财源枯竭而停止保种养牛，2003 年已将固定资产整体出让给加华牛业发展肉牛养殖。它的优点是建立保种核心群和保种核心区，技术水平高、保种质量好，进行了本品种选育；缺点是保种群数量少、核心区范围小，一次性投入大、单位保种成本高。

（二）社会保种模式

农户自己饲养湘西黄牛，配种由农户根据市场需要选择，在当地个体比较大、肉用性能比较好、役用比较出色的种牛自然选留，受到饲养户的母牛的追捧，配种机会比较多；劣质公牛根据饲养户的习惯和需要也有保留，不会有特别的控制措施，一般不刻意选种交配，放牧牛群任其自由交配，主要根据市场需要选择，近年以市场需要为主导的冷配杂交逐步推广，外来基因逐渐进入，湘西黄牛纯种基因不断丢失。社会保种模式的优点是投入小、自由度大、市场反应快；缺点是没有保种核心群及核心保种区，种质不清、基因流失严重、保种效果差，未进行专门选育、任其杂交。

（三）市场+行政保种模式

这种模式计划为期八年，每年由省财政安排 100 万元以上的资金，结合扶贫开发的农户致富工程，发展农户饲养纯种湘西黄牛；对张家界市的永定区、慈利县和湘西自治州的凤凰县的湘西黄牛进行有选择的保种。每个区县确定连片的两个乡镇为保种区，每个保种区按公母比例 1∶25 的比例，选取 1 000 头品种特征明显的湘西黄牛进行保种选育，经过品种测定、耳卡标记，逐头建立档册，为后代建立详细的系谱，严格淘汰劣质种公牛，进行本品种选育，达到提纯复壮、增大体格、提高肉质的目的。实施的方式以市场经济方式运作为主，辅以必要的行政强制手段。市场经济为主主要体现在养牛以农户等市场主体为主，政府按增加的劳动量、劳动强度和占用资源的市场价格进行适当补贴；行政强制为辅主要是辅助提供工作经费和经济补贴。根据《种畜禽管理条例》和《种畜禽管理条例实施细则》强制淘汰劣质种公牛[13]。市场+行政保种模式的优点是确定了保种区域，保种面大、投入不高但技术水平较高，既保种又选育改良、质量有保证；缺点是没有保种核心群，工作面大、环节比较多、难度比较大。

执笔人：李俊年

吉首大学生物资源与环境科学学院

---

13 韩崇江，孙梅，赵亚昕. 地方畜禽遗传资源的保护与开发利用. 中国畜禽种业，2008（21）：8-9.

案例研究十

马头山羊惠益共享

马头山羊头部无角,形似马头,是我国肉皮兼用的山羊良种之一。该羊具有体质强健,性情温驯,耐粗饲,易管理,阉羊肥育快,脂肪沉积多,屠宰率高,适应山地放牧饲养等特性,以体型较大、肉和板皮质量优良而著称。但与波尔山羊比较,其生长速度远远赶不上。近期大量的杂交改良导致了纯种数量急剧减少,会使沿袭上千年的优良地方品种在较短时间内灭绝[1]。研究人员以湖南省石门县和湖北省郧西县为调查点,研究了马头山羊的品种资源保护和利用现状。

一、产区概况

马头山羊的中心产区为于湖南、湖北两省。湖南境内主要分布于湘西州及芷江、新晃、桑植、石门、慈利等县;湖北境内主要分布于竹山、郧西、房县、神农架、巴东和建始等县。零星分布于陕西、河南、四川和贵州等的部分地区。近年来,通过不同的渠道和引种,该品种已流入江苏、新疆、福建、江西、浙江、内蒙古、广西、河北等11个省区[2]。

核心产区为武陵、秦岭、武当等山脉和其所在地。境内万山重叠、形态多姿、起伏较大;地形地貌复杂,气候属于中亚热带山地季风气候,具有大陆性气候的特点。一般在海拔1 000 m左右,最高处达3 052 m。在土地总面积中,山地约占80%。山坡岩石较多,植被覆盖率60%~70%。年平均日照为1 300~1 972 h。年平均气温16~16.5℃,年平均降水量800~1 300 mm,年平均相对湿度70%~80%,无霜期200~280 d。四季分明,冬季较平原区暖和,夏季比平原区凉爽。土壤以黄土为主,灰包土次之,pH值5.0~6.8,有机质含量1.8%~3.9%,适宜生长多种林木和牧草。农作物一般一年两熟,主要产水稻、小麦、玉米、豆类、薯类、油菜、芝麻、花生等,但高山、二高山和低山又有差异。产区山场广阔,牧草繁茂,植被中灌丛多,旱杂粮副产品丰富,很适于山羊的生存和发展。草场资源丰富。主要为山地草甸类草场、草丛类草场、灌木草场、灌丛类草场和疏林类草场。牧草以禾本科为主,其次有豆科、莎草科、菊科和伞形科。

1 韩崇江,孙梅,赵亚昕. 地方畜禽遗传资源的保护与开发利用. 中国畜禽种业,2008(21):8-9.
2 杨全武,盛文亮. 马头山羊现状的探讨. 甘肃农业大学学报,1986(3):20-24.

特定的生态条件，是形成马头山羊品种的主要因素。马头山羊对中亚热山地季风气候、山地草甸类草场、草丛类草场、灌木草场和疏林类草场等生态环境有着高度的适应能力。同时从近几年来各省的引种情况看，生态条件与产区差异不大的地区对马头山羊的适应能力没有什么影响，但是马头山羊对荒漠半荒漠、干旱、高寒以及海拔超过 1 200 m 以上的生态环境的反应较大，出现抗病力下降致呼吸道疾病。

二、资源特征

(一) 外形特征

马头山羊全身被毛白色，底绒较少，肤色粉红，头清秀而略宽，额微凸，鼻梁平直，公母皆有胡须，部分颌下有肉垂。颈短粗而宽厚，与肩结合良好，胸宽而深，前胸饱满，背腰平直，肋骨开张良好。腹圆大而紧凑。尻宽而略斜，臀部肌肉丰满。公羊睾丸圆大，左右对称；母羊乳房基部较大，乳头整齐明显。四肢短壮，蹄质坚实，体型长方，体质偏于细疏松型。种公羊颈部及四肢上部均有蓑衣毛，年龄越大，此毛越长[3]。

(二) 体尺、体重

成年公母羊体重、体尺：马头羊成年公母羊体重体尺如表 10-1 所示。

表 10-1　成年马头山羊体尺、体重

性别	体重/kg	身高/cm	胸围/cm	体长/cm
	$X \pm SD$	$X \pm SD$	$X \pm SD$	$X \pm SD$
公	43.81±1.91	61.60±0.73	62.35±0.76	67.47±0.83
母	33.70±0.51	54.72±0.25	55.96±0.25	62.63±0.28

6 月龄、12 月龄公、母、阉羊的体重、体尺指标比较见表 10-2。

表 10-2　马头山羊不同月龄体重、体尺

类别	月龄	体重/kg	体高/cm	体长/cm
公羊	6	18.55±4.24	45.8±3.2	48.13±10.2
	12	26.56±5.01	54.2±4.71	57.20±5.28
母羊	6	16.75±3.16	40.91±2.08	46.72±10.3
	12	24.59±4.13	52.71±16.52	52.91±7.70
羯羊	6	17.34±4.44	45.24±7.14	49.47±7.66
	12	28.66±4.34	57.36±4.63	54.1±5.74

3　吴飞. 马头山羊国家标准正式发布实施. 农业知识，2009（9）：27.

（三）生产性能

1. 羊肉品质

马头山羊的肉色鲜红，肌纤维细嫩，膻味轻，食之可口，美而不腻，营养丰富，用肉及骨煮汤对年老体弱、气血亏虚、风寒湿痹等症，滋补作用十分明显。

2. 板皮品质

板皮质地致密，厚薄均匀，拉力强，弹性好，油性足，为传统宜昌路和汉口路优良板皮。毛色洁白，一张羊皮一般可脱毛 0.3～0.5 kg，是制毛笔、毛刷、地毯的原料。髯毛、蹄壳和肠衣也是重要的轻工原料和出口物资。

3. 乳用性能

马头山羊乳房发达，呈球形，有的垂至飞节，奶头排列整齐，大小适中，马头山羊泌乳期，1 月龄羊羔体重为初生重的 3.5 倍，2 月龄为 5.0 倍，3 月龄为 5.5 倍。

表 10-3 马头山羊主要生产性能

生长期	性别	体重/kg	屠宰率/%	净肉率/%
6 月龄	公羊	18.55±4.24	43.4±3.3	35.5±3.6
	母羊	16.75±3.16	43.2±3.7	35.7±3.8
12 月龄	公羊	26.56±5.01	47.3±4.2	37.2±3.7
	母羊	24.59±4.13	47.5±4.5	37.2±3.5
成年	公羊	52.79±5.44	51.4±4.6	41.1±3.8
	母羊	45.67±6.21	48.4±4.3	38.0±4.1

（四）繁殖性能

1. 配种年龄

马头山羊性成熟较早，母羊在 3 月龄左右就有性活动，5 月龄性成熟，但适宜配种月龄，多在 10 月龄左右，公、母羊一般利用 2～4 年[4, 5, 6]。

2. 发情周期和持续期

发情周期 20 d 左右，持续期 1.5～3 d，产后发情一般为 15～25 d。终年均可发情，但春季 3—4 月，秋季 9—10 月发情配种较多。

3. 怀孕分娩

据原郧阳地区（现士堰市）调查，怀孕期 148～152 d，一年可产两胎，第一胎多为单羔，经产母羊多为双羔，个别可产五羔，成活率约 80%。每胎产羔只数，据对巴东县 85

---

4 杨利国，张作仁，陈世林，等. 鄂西北马头山羊繁殖性能分析. 中国草食动物，2004，24（4）：35-38.

5 王宝理，羹小春. 马头山羊繁殖生理适应的初步观察. 草与畜志，1996（2）：17-18.

6 张作仁，甘先华，吴惠珍，等. 马头山羊繁殖性能调查报告. 养殖与饲料，2003（8）：26-27.

只繁殖母羊 306 胎的调查统计，单羔 57 胎，占 18.6%；双羔 204 胎，占 66.7%；三羔 32 胎，占 10.5%；四羔 13 胎，占 4.3%。一般单羔个体大，成活率高，双羔及三羔次之，四羔以上个体偏小，成活率很低。

4．杂交利用

利用波尔山羊对马头山羊进行小区域杂交改良试验，结果表明，F_1 代初生重、断奶重、3 月龄平均重分别比马头山羊初生重 1.4 kg、断奶重 6.5 kg、3 月龄重 12.5 kg，分别提高 37%、46% 和 48%[7, 8]。

（五）品种优势

1．适应性强

马头山羊是一种既耐寒又耐热的家畜，主要表现在地域分布辽阔，马头山羊食物种类广泛。在各种食物中，马头山羊最喜欢采食脆嫩的灌木枝条、树枝叶和块根块茎等。

2．繁殖力强

马头山羊一般 4 月龄性成熟。因此，马头山羊往往是当年配种。马头山羊一般无严格的发情季节，全年均可繁殖。一年可产两胎或两年三胎。

3．抗病力强

马头山羊对各种疾病的抵抗力较强，并且对病的耐受性也强，对药物的剂量也有一定的耐受范围。马头山羊在饲养管理条件好的情况下很少发病。

4．温顺

马头山羊属于温顺、懦弱的动物，合群。马头山羊行动敏捷，灵活、喜登陡坡和悬岩、喜燥恶湿、喜洁厌污。

三、养殖知识

放牧羊群应结合当地草地资源状况而定，要求让羊少跑动、多吃草。吃饱，才能养好羊。"低头啃不上，抬头对面青"；"放羊打住头，放得满肚油，放羊不打头，放得成瘦猴"；搞好四季放牧，春季放牧时草低矮，羊不易吃饱，要延长放牧时间，做到人在前，羊在后，压住羊头慢走路，顶风去，顺风归，少走路，饮足水；夏季天气渐热后，要在早上露水稍干后才能放牧，否则易引起山羊拉稀。夏季放牧，天气炎热要选择地势高，通风凉爽的山岗草坡和平坦开阔的草地放牧。做到早出晚归，两头不见太阳，延长放牧时间，中午可多休息，伏天雨水多，争取时间放牧，做到小雨当晴天，中雨坚持放，大雨过后抓紧放。秋季放牧，抓膘情，放牧时间要尽量延长，午间休息 1 h，让羊饮水，反刍。放牧时要稳走慢赶，少走路，多吃草；冬季放牧采取游走，边走边吃，顶风去，顺风归，不跳沟，不惊

7　刘振武，肖亚，余一心，等. 马头山羊与本地山羊补饲育肥对比试验. 湖北畜牧兽医，2002（2）：12-14.

8　后家根，闻群英，戴猛，等. 马头山羊育肥效果试验. 养殖与饲料，2008（8）：1-2.

吓，不追羊，不快赶，不拥挤又不离群，每日放牧 10 h 以上。饲料不喂给带雨水或露水的青饲料，含水分高的青饲料稍作晾晒后再饲喂；冬季放牧让羊在羊圈左右采食一些树叶和枯草，可以减少越冬贮草压力[9, 10, 11]。

山羊的配种年龄一般 12～15 个月，达到成年体重的 65%～70%就可配种，到了夏、秋、冬季，把公、母羊混群，任其自由交配，受胎率高。适宜配种母羊，发情后 12～24 h 配种，配 1～2 次受胎率最高。母羊怀孕期为 5 个月，怀孕后期（最后两个半月），每日早晚补饲饲料，满足饮水。特别是冬季要备足草料加强饲养，防止母羊拥挤，滑倒，以免造成流产。

四、养殖历史

马头山羊的驯养历史悠久。明朝天顺年间成书的湖南省《石门县志·物产卷》就有马头山羊（无角羊）的记载。由于这种羊温驯（群众俗称"懒羊"）、不好动、体大、易肥、羊肉品质好，所以很受人们的喜爱，其肉食也很受当地群众的欢迎。《石门县志》记载："羊祥也，故吉礼用之，牧曰羧，曰羝，牝曰羟，曰羒……无角曰羫、曰羝，去势曰羯，子曰羔。性恶湿喜燥。胫骨灰可磨镜，头骨可消铁……"可见马头山羊有文字记载的饲养历史已有 500 多年，而马头山羊实际存在的时间更长。据明《慈利县志》卷七"畜属篇"载："罐羊性善群，其物以瘦为病，性畏露，早出晚归。"据湖北竹山县民间传说，唐朝薛刚反唐时，在当地就饲养有一种类似现在的无角马头山羊，长势好，个体大，被称之为"马鬃山羊"。在《竹山县志》中记载，明清时代"移民携牛、羊、豕入庸"（庸指竹山、竹溪、房县一带）。从自然条件分析，产区历史上交通闭塞，山大人稀，农业基础差；但养羊条件好，劳动力投资少，当地民众历来以肉、油、皮换饲草。同时区内穆斯林较多，为了解决肉食问题，选择个体大、屠宰率高的马头山羊饲养。相传清朝末年外国传教士来产区办教堂时，带进少量的奶用山羊饲养，致使局部产区的马头山羊和外来羊品种杂交。

1959 年，湖北省家畜良种资源调查时，先在竹山和竹溪发现 5 000 多只，后在郧阳、襄阳一带也发现有饲养，定名为"马头山羊"。1982 年 10 月，《中国羊志》编辑组组织有关专家在湖南、湖北联合考察后，认为两省内同类群的羊也是一个品种，全国正式命名为"马头山羊"。

---

9 张作仁，熊金洲，闻群英，等. 马头山羊越冬保膘试验报告. 湖北畜牧兽医，2005（5）：10-11.

10 张作仁，熊金洲，闻群英，等. 马头山羊种羊饲养管理技术探讨. 畜禽养殖，2003（8）：26-27.

11 韩仕平，柯有田，郑少友，等. 马头山羊标准化示范区项目实施的管理工作做法与体会. 湖北畜牧兽医，2009（8）：10-11.

五、养殖利弊

（一）有利于马头山羊养殖的因素

从群众基础看，马头山羊产区农民素有养羊的传统习惯，历史悠久，农民对其有深厚的感情，也有丰富的山羊养殖经验[12, 13]。在湖北鄂西地区郧西县的西北部是回汉杂居之地，居住在高山地区的农民都有养羊的传统，马头羊是当地回民的主要放牧的家畜。

从品种资源看，郧西地处秦岭南麓，气候、区位、海拔、草质等独特因素，马头山羊能适应产区独特的气候和陡峭复杂的地貌。

从饲草资源看，除有可利用的草山草坡资源可供马头山羊放牧外，产区内大量的农作物秸秆可作为马头山羊的饲料。

随着人们生活水平逐步提高，羊肉产品消费群体逐年扩大，国际市场受疫病等因素影响，养羊数量下降，羊肉需求量一直保持持续上升态势，因此养羊具有较好的经济收入。

湘西和鄂西地区是农业部对口扶贫地区，其中种草养羊是一个核心扶贫项目，每年均下派一名畜牧兽医方面的官员在湘西鄂西挂职，同时，每年农业部都会以项目形式投入相当资金，促进鄂西湘西山羊养殖。

（二）限制马头山羊养殖的不利因素

山羊疫病的防治技术落后，因为缺乏必要的科学诊断检测，所以对于山羊疫病不仅养羊户说不清楚，就是兽医技术人员也道不明。诸如严重危害羊群的脓包疮、癣病、传染性急性胸膜炎、口疮等疾病，无法得到有效治疗和预防，养羊户遭受经济损失较大。2004年古丈县高峰县铁匠铺村张志祥养殖的 40 只山羊，在一场大雪后山羊暴发传染性胸膜炎，全部死亡。

农民没有储备山羊过冬牧草的习惯，每逢冬季极端严寒天气，冰雪覆盖牧草，湿度大，气温低，往往养殖于海拔高于 800 m 以上的山羊大面积死亡，养羊农户损失惨重。

由于马头山羊产区为典型的喀斯特地区，土壤、牧草中钙含量较高，高钙抑制山羊镁的吸收，从而导致山羊缺镁，尤其是规模化养殖的山羊，大多种植黑麦草等优质牧草，在夏季使用尿素促进牧草生长，而尿素分解的脲酸与镁结合，限制山羊对镁的吸收。因此，规模化山羊养殖场常出现山羊四肢瘫痪，当地兽医却认为是寄生虫所致，长期没有得到有效治疗和防治，对弃商养羊养殖场的老板打击很大，因此，许多规模化马头山羊养殖企业亏损而关门。通过测定土壤—牧草—山羊系统钙镁含量，发现山羊血清内含量低于生理耐

---

12 蒋春模. 首届马头山羊赛羊会. 湖南畜牧兽医, 2001（6）：35.

13 闫旭明, 任大鹏. 浅析畜禽遗传资源权利结构. 中国畜牧杂志, 2006, 42（12）：16-19.

受范围，通过山羊食物添加硫酸镁，攻克了影响马头山羊四肢瘫痪的顽症[14, 15]。

马头山羊养殖户主要从自己养殖的羊群中选留种公羊，导致近亲繁殖严重，嫡亲杂交现象十分普遍，体格偏小，抵抗力下降，品质退化，昔日那种"大的能推磨，小的一百多"已逐渐成为历史，马头山羊虽"名"而不"优"，致使纯种马头山羊养殖效益低下，许多农户不愿养羊[16]。

由于马头山羊早期生长发育缓慢，体格相对较小，屠宰率较低。政府引入波尔山羊和南江黄羊与波尔山羊杂交，以提高其生长速度和屠宰率。农民每养一只杂交羊可增收 200元、每养一头杂交牛增收 1 000 元。杂交显然是提高农户养羊经济效益的一条捷径，因此，农民很易接受和普及马头山羊的杂交改良。可是，开展杂交以后，"马头山羊"这个地方品种面临着灭绝的危险，几千年的马头山羊优良品种将会荡然无存。

与外出务工相比较，山羊养殖经济收入较低，80%青壮年劳力选择外出务工，致使山羊养殖数量大幅度下降。

由于马头山羊产区为典型的"老少边穷特区"，大部分农民生活十分困难，没有资金给山羊单独修建羊栏，将牛羊圈养在一起，容易诱发疾病，死亡率较高。或圈舍低矮简易，夏不纳凉，冬不保暖，舍内空气污浊，阴暗潮湿。而羊是喜干怕湿的动物，长期与潮湿污浊的地面接触，易患寄生虫病，而且生长缓慢，不易发情、配种，影响农户养殖积极性。

约74%受访养羊老乡防疫、消毒、驱虫意识淡薄，有的从不对羊舍、羊体消毒驱虫，有的连基本的疫苗都不用。病菌容易加快，如遇极端天气，山羊体抵抗力差，山羊的死亡率很高。

湘西农户没有种草养羊的习惯，主要在田间地头，溪边放牧，山羊时有啃食秧苗、果树现象，所以"一家养羊，十家骂娘"不足为怪，每村养羊的农户不过三户，限制马头山羊的种群数量。

六、民俗文化

"大的能推磨，小的一百多，老人吃了不起夜，妇女吃了奶水多。"这首流传在郧西民间的打油诗把马头山羊的温补作用描绘得生动而又传神。

马头山羊历来是滋阴壮阳的佳品，药用价值极高。《本草纲目》载："羊肉能暖中补虚、补中益气、开胃健力。"金人李果说："羊肉有型之物。"能补有形肌肉之气，故曰"补可去弱。人参羊肉之属人参补气，羊肉补形。凡味同羊肉者，皆补血虚益阳生则阴长也。"中医认为其性味甘温，入脾肾经，有益补气补虚、温中暖下之功效，因而可用于虚劳羸瘦、

14 杨冬梅，李俊年，何岚，等. 湘西地区土壤-牧草-山羊钙镁含量的季节性动态特征研究. 生态环境学报，2010，19（6）：1300-1305.

15 杨冬梅，李俊年，薛立群. 波尔山羊镁缺乏症的诊断、治疗和预防. 畜牧与兽医，2009，41（12）：78-81.

16 李瑞彪，陈宏，倪忙生. 我国畜禽遗传资源保护利用方法的思考. 家畜生态，2002，23（4）：52-55.

腰膝酸痛、产后虚冷、腹痛寒疝、中虚反胃等病症的治疗。

在鄂西和湘西地区，当地人认为山羊肉有食补作用，在吃法上也是五花八门，炖羊肉、炒羊脸、蒸羊肚、泡羊肝、烧羊脚。尤擅长用山羊肉烹制山羊火锅、山羊干锅。当地土家族苗族传统医生认为马头山羊不同脏器具有特定的药用价值：马头山羊的血可治跌打损伤，肝可益血明目，肾能助阳生精益脑，胆有清火明目的功效。用肉骨煮汤对老年体弱、气血亏虚、风寒湿痹等症滋补作用十分明显。

七、惠益分享现状

（一）农户

农户普遍认为马头山羊易养殖，抗病力强，繁殖成活率高，但生长速度和当地市场售价难以与杂交山羊相比。因此，农户普遍把马头山羊（母羊，♀）和波尔山羊（公羊，♂）杂交，生产杂交山羊以获得较好的经济效益。

（二）科研人员

在马头山羊的保种区，还活跃着另一个利益群体（研究团队），他们主要是收集马头山羊的遗传样本，调查马头山羊的基础数据，如马头山羊的生长发育、体尺和进行小范围的杂交育肥实验。他们和马头山羊的真正所有者——当地养殖户——的交流很少。他们的研究目的从没有明确告知当地农户，采集数据前也没有征得农户的同意。

（三）当地畜牧技术人员

地方畜牧工作人员认为国家的政策不能持续，项目经费不能到位是影响地方畜种保种的主要影响因素。2000 年至 2003 年，波尔山羊种价格高企时，它和马头山羊的杂交一代也能卖到 2 000～3 000 元，对马头山羊的保种打击最大。

案例一：2006 年古丈县实施规模化山羊养殖项目，政府无偿发给高峰乡米沱村田某 1 只波尔山羊种公羊和 3 只波尔山羊母羊。田某将其与约 40 只马头山羊母羊杂交，希望能提高养殖效益。2007 年，杂交羔羊出售价格较马头山羊每只高出 80 元，使其增收将近 4 000 元。但发给的波尔山羊母羊却没有成功杂交。2008 年出售的杂交羔羊又增收近 6 000 元。2008 年，一场大雪使他养殖的波尔山羊全部冻死，杂交羔羊也因寒冷和饥饿死亡率超过 75%，而他养殖的马头山羊和武雪山羊得以保存下来。

案例二：保靖县柏杨乡猫子糖村彭某 2004 年养殖有 50 只马头山羊和武雪山羊。当地县畜牧局为扶持他将山羊养殖做大做强，给他发放 2 只波尔山羊和 4 只南江黄羊，但很快就发现羊群中小羊羔和体弱母羊开始患有口疮。虽然他长期养羊，积累有丰富的养病预防和治疗的土方子，但还是不能阻止口疮在羊群蔓延，最后请县畜牧局兽医给羊打针灌药，才治疗好。但付出的代价是死了 10 只小羔羊和 4 只母羊。彭某将南江黄羊和波尔山羊退还给畜牧局。他认为当地羊虽然生长速度慢，但抵抗力强，容易养殖。

案例三：龙山县八面乡青天村彭某等 7 户村民，认为外来山羊（波尔山羊、南江黄羊）的肉不好吃。虽然个头大，长得快，但没有当地羊肉鲜，不愿饲养引入的羊。不过他们都是养殖了 6～10 只不等。白天将山羊赶出，晚上赶回，没有将其作为主要的经济收入，养羊只是供自己家吃，或在赶集时换回生活日用品而已。

八、对策

1．保种提纯

马头山羊具有生长快、个体大、肉用品质好、与多品种山羊杂交亲和力强等优点；但生长速度远低于波尔山羊。大量杂交改性导致纯种马头山羊的数量急剧减少，马头山羊品种资源保护的任务刻不容缓。在马头山羊核心区，应严禁引入外来品种私配滥交，定额补贴马头山羊养殖户和企业，为稳定发展山羊产业奠定种源基础。

2．重点培育生长快、繁殖率高、体格高大、肉质香的品系

马头山羊繁殖力强，前期生长速度慢。因此，以个体入手，群体着眼，培育出马头山羊早期增重速度快、繁殖性能高、肉用体格高大的品系，可望取得较快的遗传进展，对于提高马头山羊的生产性能具有重要的意义。

3．建立马头山羊饲养与高效管理的标准体系

南方草山草坡，多为营养含量低、再生能力差、适口性差、消化利用率低等缺点，严重制约马头山羊的发展。筛选能适应湘西特殊生态环境条件下的优质牧草，探索其栽培、施肥、管理、加工、储藏模式，并总结出成熟的种植管理及加工利用技术标准则极为迫切。制定马头山羊的饲养标准、兽药使用规则、建立饲料、兽医、生产档案等技术标准对于提高马头山羊养殖效益意义重大。

4．建立羊羔超早期断奶和直线强化育肥配套技术体系

探索羔羊早期诱食料的口感、断奶时间方式、补饲技术、羔羊不同生长阶段的饲料配方，形成规模化羔羊超早期断奶的操作程序和技术标准，确保马头山羊羔羊出生当年育肥出栏。

5．杂交利用

以马头山羊为母本，利用波尔山羊、努比羊等优秀肉用品种，进行二元或三元杂交，筛选出最优杂交组合，以充分发挥马头山羊的优良性状，对推动西南山区养羊业的发展和喀斯特山区生态系统的可持续发展占据重要的地位。

6．加大先进适用技术推广力度

重点抓好人工种草、栏圈改造、舍饲圈养、饲料配制、疫病防治等实用技术的普及应

用，提高产业科技含量，大力扶持山羊产品加工龙头企业。鼓励加工企业按照"公司+基地+农户"的模式，建立稳定的山羊产品供应基地，与农户形成"风险共担，利益均沾"的利益共同体，扩大生产规模，发展产业化经营。

执笔人：李俊年

吉首大学生物资源与环境科学学院

案例研究十一
湘西芭茅鸡惠益共享

一、研究区域概况

古丈县位于湖南省西部、湘西自治州中部偏东，武陵山脉斜贯全境。境内山峦重叠，由西向南、向东、向北方向延伸。主山脉牛角山至高望界，由西向南东北延伸，山势高峻，沟深谷窄，形成锯状屋脊，分向东南和西北稍平缓，溪河谷地错落其间。最高海拔 1 146 m，最低海拔 147 m。古丈县属于中亚热带山地型季风湿润气候，年降水量 1 450 mm，具有四季分明，气候温和，雨季明显，作物生长期长的特点。古丈县处于万山丛中，森林覆盖率大，全县森林覆盖率 71.9%，是湖南省重点林业县。

战国时，古丈属楚，秦时属黔中郡，清道光二年（1822 年）置古丈坪厅，民国元年（1912 年）改厅置古丈县至今。全县辖 7 乡、4 镇和 1 乡级国有林场，总面积 1 297 km²。总人口 14.3 万人，其中少数民族占 76.9%，素有"林业之乡、名茶之乡、举重之乡、歌舞之乡"的美称。居住其间的土家族、苗族人民有着独特的民族语言、宗教礼仪、婚丧习俗，以及丰富多彩的民间歌谣、舞蹈等，具有浓郁的少数民族特色[1]。

二、资源特征

湘西古丈县的土家族群众养殖着一种地方家禽——芭茅鸡，距今已有 5 000 多年的养殖历史。因半野外放养于芭茅草丛中而得名。芭茅鸡食杂粮、虫、草，阳光曝晒充足，接近野生珍禽。根据交通便利程度，选择调查了古丈县的 13 个村落，采用关键人物访谈法采访了当地 109 名关键人物，其中 89 名当地农户（如老者，妇女等）、20 名乡土专家（如乡村兽医、养殖户）；实地观察和拍摄芭茅鸡的外表特征；收集了地方政府近年统计的畜禽数量变化；调查了不同时期芭茅鸡的养殖情况（包括鸡的外表特征，数量，规模），养殖目的，养殖品种患病状况和应对措施，养殖家禽的销售方式和方向，农户对芭茅鸡遗传

---

1 引自 http://www.gzx.gov.cn（2013-10-31）.

资源的惠益分享认知度等（调查表见附录）。

（一）起源和分布

据高峰乡和岩头寨乡的村民介绍，芭茅鸡是他们的老祖宗遗留下来的。芭茅鸡在高峰乡分布广、数量多。远离乡政府的村落还保留有较多的芭茅鸡，而乡政府所在地——李家洞村的芭茅鸡已经几乎被外来鸡种替代了。远离乡政府的村庄分布疏散、人口少、流动小，受外来鸡种的影响较小，那些村庄家家户户都养芭茅鸡，平均每户放养 10～20 只。小鸡喂食大米，大鸡喂食稻谷、玉米、米糠。当地老人说，喂食米饭不易消化。在靠近公路和县城的村寨，芭茅鸡的数量相对就少了许多。

（二）外形特征

公鸡外形雄健，昂头，脚爪短细呈灰色，羽毛艳丽光净紧实。鸡冠幅大，鲜红、高耸，冠齿深切、整齐、分明；尾翎高挺孤垂，行动敏捷。鸣声高亢嘹亮，中气沛长。母鸡成圆形，短小矮缩紧实，颈短头小，冠幅小呈红色；脚、爪短细呈黑色；羽毛紧实顺洁，多为浅黄夹黑斑点；体态轻盈，行动轻快敏捷；双足交叉走直线，奔跑时身体左摇右摆。丰羽公、母鸡上飞能力 8～10 m，滑飞能力 1.5 km。

（三）生产性能

1. 生长周期

芭茅鸡的生长速度较慢，周期长。一般 6～7 个月才能上市，上市时重 1～2 kg；有的喂食饲料的公鸡可达到 2 kg 以上。

2. 产蛋性能

芭茅鸡生长到 4～5 个月就开始产蛋了。一般每只母鸡每半个月左右可产下一窝蛋，每窝产量 15 枚左右。

3. 繁殖力

一般每年抱孵两次，分别为农历 2—3 月份和 9—10 月份。村民选取那些不到处乱跑、会保护幼鸡、在固定地方下蛋或者是有过几次孵化经验的老母鸡作为孵化的母鸡。鸡蛋的自然孵化率高，据统计，芭茅鸡的孵化率可高达 90%以上。公鸡 12 月龄采阴，一个产蛋期 2 个月。母鸡正常产期 3～5 年，公鸡 4～6 年。

4. 生活力

抗病能力强，较其他品种少病。对于疾病的预防和处理，部分村民会给小鸡注射疫苗、喂药；但是大部分村民缺乏这种意识，并不做预防工作，只有观察觉得鸡有什么异样（体温、粪便）时才喂药。当鸡瘟（禽流感）来袭时，村民会到畜牧站买药，但一般没有效果，有的农户干脆任其自生自灭。

（四）作用与功能

高峰乡和岩头寨乡都处于海拔较高地带，车辆通行不方便，村民和外界联系不是很多。村民们只有在赶集时才会买到大量的食物，所以在平常，他们只能靠自家或附近的家禽来改善伙食。芭茅鸡紧实劲道，口味鲜香独特，生物活性成分多，营养价值高，具有生肌复创，调气滋血、固阴补元，去寒除湿，安神益脑，抑烦息躁，增强人休免疫能力、调节人体机能等功效，成为千年来湘西妇女坐月子时唯一入选的药食两用补品，故又名"湘西月子鸡"。主要用途如下：

（1）食用，主要在春节、中秋节等节日杀来吃，平时家里来客人也会用鸡招待，有时自家会杀一只补身子；

（2）售卖，买者上门购买，一般买者为本村或邻村人；

（3）产蛋，芭茅鸡蛋口味好，可为家中产妇、病人、小孩、老人补充营养或送人；如果鸡蛋多，还可以拿到当地市场卖，价钱却比其他鸡蛋略高；

（4）馈赠，生小孩时至亲送鸡；拜年、拜寿可送鸡；

（5）祭祀和婚嫁，当地人称"红白喜事要杀鸡"。

三、养殖现状分析

（一）养殖芭茅鸡的有利条件

（1）抗病害能力较强。2004年湖南湘西禽流感暴发，全州外来鸡种的死亡率高达85%，而芭茅鸡的死亡率低于25%。

（2）抗寒能力强，在严冬下雪天或冻霜天不会冷死。

（3）养殖历史长，是当地人对祖先的历史记忆。

（4）肉质鲜美，营养价值高，当地人的首选补品。

（5）管理简单、方便，节省粮食。

（6）防止农作物虫害。

（7）养殖芭茅鸡的村庄地势偏远，人口流动较少，不易发生禽流感。

（8）鸡肉和鸡蛋价格高。

（二）养殖芭茅鸡的限制因素

（1）生长速度慢，周期长。

（2）个体小，肉少。

（3）大部分青壮年外出务工，缺少劳动力管理；

（4）缺乏专业养殖技术，难以规模化养殖；

（5）养殖成本高，大部分村民承担不起过多的养殖投资；

（6）其他养殖场的竞争。

（三）饲养管理

农户的养殖方式和管理知识都较为简单和粗放。芭茅鸡都被农户放养在竹林、芭茅草丛等地，一般不需要喂食。当地流传"母鸡吃玉米易下蛋"。村民会给产蛋期的母鸡喂食玉米。鸡种是经自然选育和人工选育结合得来，本地鸡互相授精，以产蛋大、体大、温顺，为留种标准。整个养殖期只是在小鸡刚孵化出来时稍加照料，农作物播种期圈养几天，剩余的就是收鸡蛋了。芭茅鸡有时会将蛋产在树下、草丛或石头堆，因而需要专门收蛋。约70%的农户认为3—6月是芭茅鸡最佳的孵化时期，而其他农户则认为春季、夏季和秋季均可孵化。农户如果不想让母鸡抱窝，只需将窝里鸡蛋每天取走即可。如果想孵化时就不必每天取蛋，等到鸡蛋积累到10～12枚鸡蛋，母鸡就会自然孵化了。但有时母鸡会从野外在林中或草丛中带回已孵出的10多个小鸡。对于刚孵出的小鸡，一般农户将母鸡和小鸡关在他们编织的大竹笼内3～4 d，喂碎小米、米糠或玉米面。

四、民俗文化

土家族婴儿诞生当天，父方要事先备好一只鸡、两斤酒、两斤肉、两斤糖等礼品，由婴儿的父亲带到娘家去报喜，俗称"报丁"。报喜时，不是用口说，而是用鸡来暗示。若是生了男孩，女婿就要精选一只红毛公鸡，放在竹篮里，用漂亮的土家花布（土家族花布织巾）盖住，送到娘家；若是生了女孩，则要精选一只红脖母鸡去报喜；如果是双胞胎，则要提上两只鸡去报喜。女婿不能直接把鸡送到岳父面前，而先要将装鸡的竹篮，毕恭毕敬地放在巴神婆婆的神像前，寓意出世的孩子，有巴神婆婆保佑，消灾免病，一定能一帆风顺，健康成长。然后，将鸡抱到岳母面前，喊上一声"岳母娘"。岳母接过报丁鸡后，往往要道上一声"长命富贵"的祝福语。报丁任务完成，女婿随即返身回家。

关于"提鸡报喜"，土家族还流传着一个非常有趣而动人的传说：

很早以前，在武陵山下住着一户樵夫夫妇。夫妇俩互敬互爱，常常是风里来，雨里去，起早摸黑，上山打柴，沿街叫卖，换取米面，糊口度日。可是，寒来暑往，年复一年，不知不觉，已过十载，夫妇膝下并未增添一男半女，令两口烦闷苦恼，愁云不散。

有一天，夫妇俩各自背上背篓，照例上山打柴。忽然天空乌云突现，雷雨交加，一股旋风过后，雨住天晴，白云中突然飞出一对活鸡，飘忽而过，转眼就无影无踪了。樵夫虽感遗憾，但很风趣地对妻子说："你看我俩还不如这对活鸡，它们都会产卵生蛋，孵化小鸡，传下子孙后代。"妻子听后，只朝丈夫瞪了个大白眼，并没理睬他，可心里憋了一股怨气。俗话说："欢喜生财，受气生灾。"妻子从此茶饭不思，一病不起。

后来，樵夫既要上山打柴，又要照顾生病的妻子，忙得不可开交。几天下来，便腰酸腿软，头昏耳鸣，一扑到床上就进入了梦乡。沉睡中，他看见从南大门飞来一对仙鸡直落到他的跟前，并对他说："我们是王母娘娘派来的，你妻子的病需用我们的肉来补，方能痊愈，而且还能抱上一对双胞胎婴儿。"话音刚落，樵夫就被感动得号啕大哭。惊醒之后才知是梦。

第二天，樵夫将妻子安排好后，又独自上山去了。刚到山腰，真的从南方天空飞来一对五颜六色、羽毛丰满的活鸡，落到樵夫面前再也不走了。樵夫心想：这莫不是夜梦灵验？于是便将它们带回了家。

回到家里，樵夫却犯起愁来。他想杀鸡救妻，但又不忍心伤害它们。思来想去，他还是拿起刀来，准备忍痛杀鸡。不料，正要动刀时，只见这对仙鸡各叫三声，并从口里喷出一团烟雾，之后便升腾消失，只留下一堆肉体。樵夫不顾一切把鸡肉烧好后端给妻子，这时，已是几天水米未沾的妻子，一闻到扑鼻的鸡肉香味，便胃口大增，狼吞虎咽地将鸡肉一口气地吃下肚。奇怪的是，一觉醒来，妻子的病果然全好了，不久又怀上了孕。10个月后，妻子真的为樵夫生下了一男一女双胞胎。

中年得子，大喜一桩。小孩出生后的第二天清晨，樵夫便选好一对鸡，特意放进竹篮并盖上土家花布织巾，送到岳父家里，告知这一喜讯。小孩洗三时，樵夫又特地买来酒肉，宴请众乡亲。宴席中，乡亲们连连向樵夫夫妇祝贺，不断地向樵夫敬酒。樵夫平时酒量不大，几杯下肚，便醉意朦胧，糊里糊涂地将吃仙鸡肉获喜的原委吐了出来。众亲友听后半信半疑，惊叹不已，纷纷向樵夫讨取仙鸡肉，以便让自己的媳妇吃后也为他生一个大胖小子或如花似玉的姑娘。在众亲友的央求下，趁着酒兴，樵夫便将剩下的鸡肉按人头分了下去，以满足人们求子心切的愿望。

为了纪念仙鸡的恩德，土家族婴儿一出生，婴儿的父亲便像那位樵夫一样提着活鸡来到岳父家报喜。"提鸡报喜"作为一种出生仪式便被土家族人一代一代地沿袭了下来。

孩子满月，父亲用木棍打鸡3、5、7下，不让其出血，办酒席，请家族长辈，吃满月酒，共同取名，直到满意为止，禀告祖先，向公众宣布，这风俗是"打鸡取名"。

在土家族的迎亲队伍中，有一人专职挑着一只大公鸡和一个大肚子陶瓷坛子，装2～3 kg白酒。次日回来时，捉回那只公鸡，酒坛留在女方家，表示新郎家盼望早生贵子，俗称"盼子坛"。婴儿出生后，母亲坐月子，要吃鸡肉。

五、芭茅鸡养殖案例

案例一：高峰乡凉水李家栋村

男子，40多岁，苗族，在当地算是家养较多数量的纯土鸡，60～70只，小部分雏鸡为20 d左右，其余均为6～7个月，重量在1～1.5 kg，母鸡为多年留下来的鸡种，自然选育留种，放养，房屋前有小规模大概 100 m² 的包括果树，稻草，猪栏的原生态养殖场，鸡自行觅食，家里早晚喂食稻谷和大米。大鸡带小鸡自行回窝，农户无禽畜防疫意识，自孵出后就不会采取任何防病措施，死亡率较低，抗病能力强，特殊情况如瘟疫，粮食中毒，意外事故造成 20% 的死亡率。可能幼时患病率稍高些。主要是以自食和零售，送礼为目的进行养殖。其余购买者一般是当地的其他农户上门购买食用和送礼。由于鸡种好，从来没有上过市场销售。

案例二：高峰乡林场村

老妇，苗族，70 多岁，养殖多年，均是继承老祖宗传下来的养殖方法。现今的纯土鸡，因本鸡种口感好，营养价值高，滋补而小规模饲养。自孵出至今成活率 100%，出生率为 90%（孵化中鸡蛋坏掉），饲养原料小时候为细大米，稍大后就以大米，苞谷，稻谷，米糠，混合自行啄食，放养方式进行，6～7 个月可以出窝，可食。公鸡极重可达 2 kg，母鸡稍轻，公母大小不同混养和混窝，鸡之间有争斗性。产蛋为 15 个，周期为 5 个月左右。养殖目的是自食和送礼也可能卖家里的公鸡和不温驯的母鸡，留种的标准是：不好斗，护幼，产蛋量高的母鸡，平时食用的方法就是煲，蒸，炒。发病情况：不患病但平时会喂养点青霉素和土霉素作预防，冬夏季节气候突变无任何防护措施，每年多会相近数目（10～20 只）的养殖，若碰上瘟疫或原料价格过高就会放弃养殖，没有接受任何家禽培育知识。

案例三：镇奚村

全村 50 多户共 200 多只，20 世纪 50—80 年代为集体化养鸡。80—90 年代自家养鸡但数目就几只，粮食受限制，主要是自食。2000 年后，数目有所增多，每家每户都养了 20～30 只，年轻人外出，均是老人在家养殖。

老妇，74 岁，土家族。家中就老头和自己。整个村无外来鸡和杂交鸡，鸡种是经自然选育和人工选育结合得来，本地鸡互相授精，以产蛋大、体大、温顺为留种标准。大部分家猫和狗是鸡的天敌。现今数量为 20 多只，每年多如此，5 月份，公鸡多于母鸡（每期同样比例 11：6），出生率为 80%。每年春秋两季孵期，时间为 20～22 d，5—6 月大产蛋，每期蛋数为 15～20 个，间隔期为 7～15 d，年产蛋量 100～120 个。蛋极小，口感好，气味香，蛋黄大。春季公鸡达 1～1.5 kg，秋季就 1 kg 多点，肉质也是春季比秋季好。春季鸡，屠杀前活重 1.6 kg，半净膛 1.1 kg，全净膛 0.8 kg。以自食，产蛋换零花钱及送礼为养殖目的，养殖的饲养原料为苞谷为主（口感好），粳米及剩菜和剩饭，在菜园和果林中觅食。放养。不大量养殖的原因是瘟疫和粮食不够，价格高。技术不足，精力和体力不够。一般不发病，抗病性强，即使存在疾病时也不采取任何补救措施。一般把家里活泼的，下蛋量不多的母鸡和公鸡作为礼品。

六、建议

芭茅鸡以粗放养殖、抗病力强、肉质鲜美等特点而深受湘西土家族的偏爱。随着乡村公路的开通、年轻人外出务工、农村结构变化，过去以芭茅鸡作为馈赠礼品或换取生活物资的传统生活习惯正在发生改变。如何在保持芭茅鸡原有优良特性、使土家族养殖知识世代传承的前提下，提高芭茅鸡养殖的经济效益是各级政府、土家族群众、研究者需要解决的新课题。经过广泛而深入的调查，我们认为当前需要加强以下几个方面的工作：

（1）制定芭茅鸡的品种标准，进行提纯复壮，提高芭茅鸡的生产性能。

（2）虽然芭茅鸡能适应山区极端的气候，但严寒、炎热会增加芭茅鸡能量消耗，使其饲料利用率降低。因此，应该结合当地的气候特征和地形地貌，修建鸡舍为芭茅鸡提供适宜的小气候条件，提高其生产性能。

（3）会同基层技术员和养殖户，根据芭茅鸡生长发育产蛋的特点，制定芭茅鸡养殖技术和疫病防治规程。

（4）各乡镇芭茅鸡养殖户应成立芭茅鸡养殖专业合作社，使芭茅鸡养殖走上一定规模，申请国家和湖南省农业厅对各类农村专业合作社的扶持项目，同时专业合作社能帮助养殖户开拓鸡与蛋的销路。

执笔人：李俊年

吉首大学生物资源与环境科学学院

附录　湘西芭茅鸡调查表

调查表				编号	
调查对象			调查人		
调查地点					
经纬度			调查时间		
姓名		性别		年龄	
民族		文化程度		家庭成员	
职业		联系方式		住地	
有否饲养禽畜经历					

现今饲养情况明细					
生物种类		当地俗名		年数	数量
品种的命名	土著畜禽及来源等故事				
饲养目的	自食 □　宠物 □　零售 □　专职育种 □　送人□　其他用途□				
引种途径	自家育种分离　　□　　　　邻家交换　　□ 市场购买　　　　□　　　　国际间流入　□ 其他方式				
饲养方式	放养 □　　圈养 □　　两者结合□ 其他方式 □				
生长环境	农田□　提岸□　农舍周边□　果园 □　菜地 □　林地草场 □　山坡□ 其他地方				
限制条件	食物营养量□　场地范围□　物种竞争□　气候因素□ 经济条件□　医疗条件□ 其他 □				
病变防治手段	物理机械防治□　动物检疫□　自然康疗□ 生物防治□　化学防治□　其他				
生物天敌	植物及种类□ 动物及种类□ 微生物及种类□				

以往饲养情况明细					
生物种类		当地俗名		年数	数量
饲养目的	自食 □　宠物 □　零售 □　专职育种 □　送人□　其他用途□				
引种途径	自家育种分离　　□　　　　邻家交换　　□ 市场购买　　　　□　　　　国际间流入　□ 其他方式				
饲养方式	放养 □　　圈养 □　　两者结合□ 其他方式 □				
生长环境	农田□　提岸□　农舍周边□　果园 □　菜地 □　林地草场 □　山坡□ 其他地方				

限制条件	食物营养量□	场地范围□	物种竞争□	气候因素□
	经济条件□	医疗条件□	其他　□	
病变防治手段	物理机械防治□	动物检疫□	自然康疗□	
	生物防治□	化学防治□	其他　□	
生物天敌	植物及种类□			
	动物及种类□			
	微生物及种类□			

1. 土著畜禽品种的命名及来源等故事

禽畜特征

作用用途

宗教信仰

古典故事

其他

2. 畜禽饲养的地方性知识

3. 畜禽传统食品加工技术

蒸煮□　　油炸□　　烘烤□　　煎煮□　　自然风干□

其他

4. 民族兽药知识

5. 牧草知识

6. 草地植物及其用处知识

7. 特殊庆典仪式中畜禽的作用

食用　□　　摆设　□　　信仰象征　□

其他□

8. 宗教信仰在地方品种保护和利用中的作用

9. 畜禽的文化功能

10. 如何帮助畜禽度过严冬或酷夏

11. 民族兽药知识的社会分布

12. 传统畜禽养殖方法的知识分布

13. 土著畜禽留作种用的挑选标准

14. 对气候变化的认识

15. 体型外貌特征

16. 体重体尺

17. 肉质

18. 生产性能

19. 生长速度

20. 产蛋或产肉性能

21. 繁殖力及生活力

22. 畜禽的喂食

23. 畜禽的数量变化及原因

案例研究十二
湘西倒毛鸡惠益共享

倒毛鸡是湘西地区的地方优良品种，又称为"卷毛鸡"或"麒麟鸡"，有黄羽白皮系、黄羽乌皮系、黑羽白皮系、黑羽乌皮系等四个品系。在湖南的饲养历史悠久，但目前仅湘西苗族土家族自治州有养殖。倒毛鸡在永顺县 30 个乡镇均有分布，主要集中在西岐、两岔、朗溪、长官等 11 个乡镇。倒毛鸡的饲养以山地放牧、自由采食为主。虽然具有抗病力强、耐粗饲、容易饲养、肉质香嫩等特点，但其体重较轻、生长速度缓慢[1,2]。在现代养殖业的冲击下，引进的外来鸡品种越来越多，甚至发生了与倒毛鸡的杂交，导致倒毛鸡品种资源不纯。为了促进倒毛鸡养殖业的发展，加强倒毛鸡的提纯和保种扩繁工作，显得十分迫切。

一、自然地理

永顺县地处云贵高原的东侧，鄂西山地和江南丘陵过渡地带的武陵山脉的西北。地势由西北向西南倾斜，永顺县常态地貌（侵蚀流水地貌）和岩溶地貌同时发育，河流侵蚀切割强烈，起伏大，呈山地、山原、丘陵、岗地及向斜谷地等多种类型。境内海拔最高 1 437.9 m，最低 119.4 m。气候属亚热带暖湿季风气候，四季分明，雨量充沛。年均气温 16℃左右，年平均降雨量 1 360 mm，平均日照 1 306 h，无霜期 286 d。属中亚热带山地湿润气候，四季分明，热量较足，雨量充沛，水热同步，温暖湿润；夏无酷暑，冬少严寒，垂直差异悬殊，立体气候特征明显，小气候效应显著[3]。

全县国土总面积 3 810 km^2，耕地面积 3.41 万 hm^2。辖 30 个乡镇，327 个村（居）委会。永顺县是一个少数民族聚居县，境内聚居着土家、汉、苗等 21 个民族，以土家族人口最多。2005 年末总人口 49.4 万人，其中少数民族人口 42.1 万人，占总人口的 85.2%。其中土家族占全县人口的 75.45%，汉族占全县总人口的 14.56%，苗族占全县总人口的 9.47%。境内各民族和谐共处，团结互助，平时语言、服饰等与汉族很难区分，但仍保留

---

1 李国强. 翻毛鸡种质性能的选育研究及其开发利用. 中国畜禽种业，2008（4）：57-59.

2 严佩卿，杨崇斌，田清兵. 永顺县"倒毛鸡"种源保护及对策. 中国畜禽种业，2010（4）：4.

3 引自 http://www.ysx.gov.cn（2013-10-31）.

着自己的民族特色，大多在喜庆节日等活动中显现出来。土家族在语言服饰、文学艺术、风俗习惯、宗教信仰等方面有着自己鲜明的民族特征。

二、资源特征

（一）外形特征

倒毛鸡又叫"翻毛鸡"，其外形特点如下：① 头部清秀，两目明亮有神；冠厚红直立，色泽鲜红，细致丰满，滋润；肉垂大而鲜红，喙短稍弯。② 羽毛丰满而向上翻卷，尾羽高翘，公鸡镰羽呈黑色。③ 胫强健，有黄脚、青脚、黑脚三种。④ 整体呈菊花状，胸深且向前突出，体型小，且活泼敏捷。

（二）生产性能

成年公鸡体重 1.7 kg，成年母鸡体重 1.51 kg。母鸡初产日龄为 181 d 左右，出产蛋重约 42 g，年产蛋 155 枚。母鸡每窝产蛋 12～14 枚，个别母鸡可达 16～18 枚。蛋壳多为浅褐色。倒毛鸡一般 6 个月性成熟，每年 3—7 月是产蛋旺季。

（三）生活力

耐粗饲，抗病能力强，周围鸡的传染病一旦暴发，其他鸡很容易感染疾病，致使大量或全部死亡，倒毛鸡则不会感染。村民反映倒毛鸡很少发病。

图 12-1　湘西倒毛鸡（武建勇摄影）

（四）作用与功能

据传，永顺倒毛鸡历史上专供湘西历代土司王。据《本草纲目》药用典籍记载，它主治反胃，风湿杂症，对妇科病也有很好疗效。倒毛鸡肉质好，水分低，味香鲜美。少数民族群众养殖倒毛鸡，给老人、病人、产后妇女进补。

三、品种起源传说

寿佛在开元寺出家修行，非常刻苦，不管是五伏六月，还是寒冬腊月，都天天盘坐在草蒲上，闭眼修神，修道念经。3 年过后，脱胎换骨，能呼风唤雨，腾云驾雾，神机妙算，远近闻名。

有一年，寿佛出外远行。临行前，他回家向父母辞别。父母见他成天苦熬，瘦的骨头叉叉，心痛得流眼泪，又听说他要云游四方，更是放心不下，老两口苦苦劝了老半天。寿佛决心已下，老两口没办法，只好杀了一只公鸡，一来给寿佛补身，二来为他饯行，公鸡煮好端到桌上，寿佛左右为难。吃吧，违犯不杀生；不吃吧，父母情深，又不好推辞，左思右想，迟迟不敢下筷。母亲见了，催促说：味道很好，快吃了吧！只见寿佛默了默神，突然一笑，马上伸出筷子，夹起鸡肉飞快送进嘴里，把一只鸡全部咽了下去。然后，他带上鸡毛，告别父母，云游去了。

在过河的时候，寿佛念了几句咒语，把鸡肉从肚子里一块一块吐出来，然后头归头，脚归脚，身子归身子，肠子肝花，一点一点地凑成原来的鸡样，再插上鸡毛。对着鸡嘴吹了几口气，这只鸡便活泼乱跳地活了，只是寿佛把鸡在插鸡毛时，把鸡毛插反了方向，成了倒毛鸡。

四、养殖现状

（一）政府在倒毛鸡养殖中的作用

永顺县畜牧局湖坪村投资 160 万元左右，筹建了倒毛鸡原种扩繁场。从老百姓处收购了约 200 只倒毛鸡进行扩群，目前种群规模已达 1 800 只左右。同时他们引入了武陵生态养殖有限责任公司，试图以永顺县倒毛鸡良种扩繁场为基地，根据政府引导、政策扶持和市场运作的原则，以县畜牧水产局科研人员作为技术支持后盾，全面推行"三提供一回收"（提供鸡苗、防疫、技术服务、保护价回收产品）的全程优化服务模式，公司与养殖户签订合同，并建立现代网络信息服务平台和"一站式"的结算台账，以此带动全县农户以及周边市区农户规模化养殖倒毛鸡。

图 12-2　永顺县倒毛鸡原种扩繁场（武建勇摄影）

（二）倒毛鸡养殖示范发展模式探讨

倒毛鸡的市场价格是普通鸡的 1.5 倍，每只倒毛鸡的售价甚至已达 100 元。因此，出现了许多倒毛鸡养殖大户。永顺县因势利导，以永顺县倒毛鸡良种扩繁场给农户提供雏鸡，当地饲料经销商和武陵生态养殖有限责任公司经过市场组织和市场运作，通过市场养殖户的技术培训和技术支持，建立和发展永顺倒毛鸡养殖饲养示范村。在示范村中推广和普及标准化饲养模式，以达到降低农户养鸡生产成本，提高生产效益，生产符合永顺县倒毛鸡"安全、优质、营养"的鸡肉产品。

公司为基地户提供亲本，回收农户饲养的子代商品鸡。签订示范户合同和商品鸡回收合同，以合同形式带动该模式的建立和推广，价格随行就市，根据回收标准进行定价。但这种模式也存在一定的风险。最大的问题是"合同"的兑现和订单的履约，在实际运作中较困难，特别是在价格波动较大的时候，当市场行情好时，许多倒毛鸡养殖户受价格利益的驱使，将倒毛鸡自行出售；当市场行情差时，倒毛商品鸡出售困难时，又会将鸡全部交到公司，给公司带来很大的被动。另外，参与生产的养鸡户生产规模小，财务能力弱，承担市场风险和养殖风险认识不足，特别是有疫情发生时，心理承受能力不强。另外的问题是农民都有强烈的愿望，通过养殖倒毛鸡致富，但有很大一部分农户发生资金短缺的现象，致使养殖生产不能正常进行。

（三）农户对倒毛鸡遗传资源权益的认识

95%的少数民族群众认为别人购买倒毛鸡很正常，没有意识到他们自己是倒毛鸡培育和保种的承载着和实施者。武陵生态养殖有限责任公司则极尽可能收购市集和农户家中养殖的倒毛鸡，试图控制倒毛鸡的种源。公司负责人毫不讳言倒毛鸡是公司的核心技术和拳头产品，不允许一只种鸡流到外地。

少数民族群众本是倒毛鸡原种的培育者和保种者，反而被市场排挤到了外面。因此，如何提高少数民族群众对地方畜禽品种遗传资源的权利意识，国家应尽早出台相关法律法规。

图 12-3　雏鸡抚育（武建勇摄影）

执笔人：李俊年

吉首大学生物资源与环境科学学院

案例研究十三

平坝灰鹅惠益共享

一、平坝概况

平坝县位于贵州省中部，属安顺市辖县。东距省会贵阳市 48 km，西距安顺市区 38 km，是安顺的"东大门"，因"地多平旷"而得名。地扼要冲，为滇黔必经之地，贵昆铁路、株六铁路复线、滇黔路、贵黄高速公路横贯全境，处于贵州省"井"字形交通骨干网络的核心区域。全县辖 6 镇 4 乡，总面积 999 km²，总人口 34 万。其中苗、布依、回等 20 个少数民族占总人口的 27%。全县有 193 个村、5 个居民委员会、1 486 个村民小组[1]。

县境内有 7 条主要河流，流域面积 755 km²，径流总量 50.34 亿 m³，年平均气温 14.7℃，降雨量 1 298 mm，无霜期 273 d，地貌形态为溶蚀作用为主的喀斯特地貌特征。有五个万亩良田大坝，素有"黔中粮仓"之誉称。

平坝是贵州最早开发的区域之一，新石器时代已有人类生息繁衍。战国时期属大夜郎国，蜀汉时称东溪，元代称卢唐三寨。1390 年设平坝卫，依山筑城。《黔记》载："负崇岗，临沃壤，地当要冲，城压平原，山拥村墟，水环郊垌，四野田畴弥望"。清康熙二十六年（1687 年）撤卫设安平县，民国 3 年（1914 年）改安平县为平坝县，县城在安平城（1956 年改称城关镇）。

平坝是"中国屯堡文化之乡"。明初，朱元璋派军南征，平定云南叛乱后，命 30 万大军就地屯田驻扎，还从中原，湖广和两江地区把一些工匠、平民和犯官等强行迁至今贵州安顺一带居住。平坝即为屯民聚居的核心区域，屯堡村寨遍布全县 6 个乡镇，至今仍保留有明代古城堡 30 多座，明代风格民居村寨 200 余个。

---

1 引自 http://www.pingba.gov.cn（2013-10-28）。

二、平坝灰鹅培育史与分布

（一）培育历史

屯堡文化对平坝的影响极为深远。屯民从中原、江南带来大量物种和生产工具，又在亦兵亦民的过程中相互融合，并与当地的自然环境和文化相适应，形成了独特的地域文化。平坝灰鹅与这一历史进程紧密相关。

明初洪武年间平坝卫凤阳籍屯军或其亲属传入，经 600 余年的风土驯化和选育而成平坝地方鹅种。据查证，平坝灰鹅与安徽凤阳鹅外貌特征相近，额顶均有一宽窄不等的白色毛圈。在民间风俗习惯上也颇有相似之处，如古代安徽人为儿订婚，常用一对鹅代替雁作聘礼，平坝境内的布依族至今仍称鹅为雁，这与《平坝县志》记载的"洪武二十三年（公元 1374 年）……（诏）分五所列五十屯（五千四百户），屯军遂多为凤阳籍"有密切的渊源并相互吻合。清代咸丰辛亥年（公元 1851 年）的《安顺府志》、清道光年间的《安平县志》以及民国时期的《平坝县志》均有养鹅记载。

（二）分布

平坝灰鹅主产贵州省平坝县，主要分布在平坝县的城关、白云、羊昌、夏云、高峰、马场等乡（镇），毗邻的清镇、花溪、长顺、西秀、普定、织金、关岭、镇宁、遵义、施秉等十余个市县均有分布。

三、资源特征

（一）形态特征

平坝灰鹅因羽毛呈灰色而得名，属肉用型中型鹅种。其体型紧凑，额顶有一宽窄不等的白色毛圈，颈长呈弓形，喙和额瘤黑色，部分有咽袋，眼睑淡黄，颈背毛色灰褐，腹部两端灰白，中段银灰，背、尾羽和主副翼羽灰色，边缘色浅，形似镶边，胫、蹼多为橘红色，少许黑色。公鹅喙长、宽，颈粗壮、胸宽体长，胫粗壮。母鹅体较短，而头清秀，腹褶明显。雏鹅背部灰色，腹部黄色，喙为黑色，胫、蹼多为黄色，少许黑色。

（二）体尺和体重

成年鹅体尺和体重见表 13-1。

图 13-1　平坝灰鹅雏鹅（李丽摄影）

表 13-1　成年鹅体重和体尺　　　　　　　　　　单位：cm

性别	体重/g	体斜长	胸宽	胸深	胸角/度	龙骨长	骨盆宽	胫长	胫围	半潜水长	颈长
公鹅	5 805± 607.7	33.4± 1.6	13.1± 1.1	11.0± 1.8	74.9± 2.3	19.0± 0.9	14.1± 1.7	11.3± 0.6	6.5± 0.4	85.9± 3.1	32.7± 1.5
母鹅	4 798± 285.9	30.6± 1.2	12.1± 1.0	9.6±0.9	72.2± 2.8	18.3± 0.7	13.0± 1.0	10.5± 1.2	6.2± 0.4	75.9± 2.4	30.8± 1.5

注：2009 年 5 月，在平坝县平坝灰鹅原种场测定，测定日龄 540 日龄，公、母鹅各 20 羽。

在舍饲育肥条件下，测定了雏鹅、公鹅、母鹅各 15 只 1～13 周龄的体重（表 13-2）。

表 13-2　平坝灰鹅生长期各阶段体重　　　　　　单位：g

性别	1 周	2 周	3 周	4 周	5 周	6 周	7 周	8 周	9 周	10 周	11 周	12 周	13 周
雏鹅	125.9 ±22.3	268.5 ±68.2	555.7 ±93.2	1 002.3 ±200.6	1 458.4 ±92.4	1 776.1 ±97.7	2 246.4 ±153.2						
公鹅								2 765.8 ±63.5	3 339.5 ±87.2	3 899.7 ±179.0	4 604.4 ±110.3	4 794.7 ±106.8	5 113.4 ±222.0
母鹅								2 628.7 ±84.5	3 154.3 ±103.4	3 629.5 ±178.9	4 186.0 ±134.5	4 572.0 ±180.2	4 965.1 ±156.9

注：2006 年 11 月在平坝灰鹅原种场进行饲养抽样测定 30 羽。

图 13-2　平坝灰鹅 540 日龄种公鹅（李丽摄影）

（三）蛋品质量

平坝灰鹅蛋品质测定见表 13-3。

表 13-3　平坝灰鹅蛋品质测定

蛋重/ g	纵径/ mm	横径/ mm	蛋形 指数	蛋壳厚度/ mm	蛋壳重/ g	蛋黄重/ g	蛋黄比例/ %	蛋壳 颜色
168.6±21.0	85.1±5.2	56.8±3.3	1.5±0.1	0.57±0.03	20.6±1.5	57.5±4.3	0.34±0.03	白色

注：2007 年 3 月，由贵州大学测定，样本数为 30 枚，日龄为 540 日龄。

（四）繁殖性能

平坝灰鹅开产日龄 240～270 d，繁殖季节在当年 9 月至次年 4 月。在放养条件下，初年年产蛋数 20～30 枚，每蛋重 156～178 g。公母比为 1∶4(5)，规模养殖种蛋受精率 75%～85%，小群散养种蛋受精率 90%～95%，70%～80% 的母鹅有就巢性。

（五）品种评估

平坝灰鹅属肉用中型鹅，具有遗传性能稳定、耐粗饲、觅食力强、生长快、育肥性能高，以草食为主，饲养成本低、肉质细嫩等独特品质。平坝灰鹅烹调肉质鲜嫩，油而不腻，尤其是卤制食品，味道鲜美。1986 年被列入《贵州省地方畜禽品种志》名录。1993 年被《贵州省畜禽品种志》收录。2006 年获贵州省农业厅无公害农产品产地认定，2008 年获农业部无公害农产品认证。2008 年 11 月获得国家工商总局"平坝灰鹅"产地商标注册。2009年被国家工商总局列为国家地理标志商标。同年通过国家家禽品种资源委员会评审，列入国家禽品种遗传资源保护名录。平坝灰鹅是贵州省发展草地畜牧业和无公害食品的优良鹅种。

图 13-3　平坝灰鹅 540 日龄种母鹅（李丽摄影）

四、开发与管理现状

（一）开发现状

20 世纪 90 年代之前，平坝灰鹅主要由农户散养。平坝县羊昌乡昌河村村民陈发金回忆，村寨一直有养鹅的传统。每家养两三只母鹅，几只小鹅。除了在逢年过节或款待亲友时食用外，主要供孕产妇食用，以及用于治疗风湿、头晕等疾病。同时，鹅也能给饲养家庭带来一些经济收入。

1982 年据平坝县调查统计，仅平坝县境内平坝灰鹅年饲养量达 3 万羽，当时调查的数据曾在当年《中国畜牧杂志》第三期刊载。2000 年前后，平坝灰鹅开始较大规模的商品化养殖。随着市场需求的增长，以及平坝灰鹅的知名度提升，养殖量逐年上升。2006 年畜牧资源调查，中心主产区平坝灰鹅存栏总数达 15.68 万羽，其中有 4.5 万羽种鹅。2007 年统计，平坝灰鹅存栏 12 万羽，年饲养量达 45 万羽。2008 年年底调查，全县饲养平坝灰鹅 55 万羽，出栏销售 21.3 万羽，饲养农户 11 000 户。2010 年 1 月至 10 月已出栏销售 20.8 万羽，除供应本地市场外，主要销往广东、广西、海南、贵阳等地。目前，平坝灰鹅销路很好，供不应求。国内市场上如广东年上市 3 000 万～5 000 万羽仍供不应求，而国际市场上，鹅胸肌每吨 3 500 美元，鹅掌每吨 4 万美元，鹅肥肝每吨 35 万～45 万美元，鹅羽绒每吨 75 万～80 万美元。

2004 年农业部发布农财发[2004]42 号文件，投入 30 万元资金由平坝县畜牧局建设平坝灰鹅品种资源保护场。平坝县人民政府制定了平坝灰鹅发展规划，安排平坝灰鹅专项发展预算资金并划定保种区，使平坝灰鹅的保护和养殖得到了提高和发展。

养殖灰鹅给当地带来较好的经济和社会效益。2009 年，平坝县畜牧兽医局进行的调查显示，农民饲养一羽种母鹅，年成本 260 元，每羽母鹅年繁殖鹅苗 20 羽，每羽鹅苗市场售价 35 元，产值为 700 元，利润为 440 元，一个劳动力年养 250 羽种鹅（其中有 200 羽母鹅、50 羽公鹅），年可创利 8.8 万元，除去 1 万元工资，50 羽公鹅饲养费 13 000 元，其他费用及风险费 15 000 元，年创纯利 5 万元。

如饲养商品鹅，每羽饲养 90～120 d，平均体重在 5 kg 以上，按现行市价每千克 24～28 元销售，平均产值 130 元。除去购鹅苗费 35 元，精料费 25 元，青料及其他费用 15 元，饲养一羽商品鹅可创利 55 元，一个劳动力年可饲养三批，每批 300 羽，合计 900 羽，年创产值近 117 000 元，年创利 5 万元，除去 1 万元工资，5 000 元风险费，年可创纯利 35 000 元。

平坝县羊昌乡昌河村，养鹅大户陈发金从 1998 年开始饲养平坝灰鹅，从当时 63 羽发展到现在的存栏灰鹅 700 多羽，其中种鹅 200 多羽，并带动了该村 40 多户农户养殖平坝灰鹅。现在昌河村存栏灰鹅 3 000 多羽，其中种鹅 800 多只。陈发金既卖肉鹅也卖鹅苗，按今年的平均鹅价每千克 26 元左右，一只灰鹅 120 d 能长到 6～7 kg 出栏，仅 2010 年 1—10 月就已创收近 10 万元。

（二）产业政策

自 2003 年以来，平坝县先后投入 641 万元用于灰鹅原种场、种鹅扩繁场建设及补贴农户引种灰鹅养殖，在灰鹅中心产区建成灰鹅原种场 1 个、种鹅扩繁场 8 个，2 个保种区及 1 个年出栏 60 万羽商品鹅的养殖基地。对引种灰鹅的农户每只发放 10 元补贴。

2009 年，平坝县政府要求畜牧兽医局加强对农户的灰鹅养殖技术服务，同时鼓励农民发展灰鹅养殖，只要申报进行灰鹅养殖，可发给一定数量的牧草种。有关数据显示，仅 2008 年该县发放一年生黑麦草、多年生黑麦草等牧草共计约 3 550 kg，草地建设牧草种植完成 1 246.93 hm^2。

2010 年，平坝县委、县政府通过《关于加快平坝灰鹅产业发展的实施意见》，要求做好"十二五"期间"平坝灰鹅产业化建设"规划及重大项目的申报工作，积极争取中央财政资金的支持。每年安排 30 万元财政资金和 20 万元畜牧发展资金共 50 万元，作为灰鹅发展专项资金，按"以奖代补"形式重点支持鹅产业发展，对灰鹅保种、疫苗购置、饲草饲料等环节给予一定支持。

对规模养鹅 200 只以上的种鹅场（户），给予贴息贷款补助，全县计划补助 63 户，每户贷款指标 4 万元，补助贴息资金 4 000 元，共计贴息 25 万元；对保种平坝灰鹅 200～500 羽的规模场（户），每年奖励 10 户，每户奖 0.6 万元；对保种在 100～199 羽的，每年奖励 20 户，每户奖 0.4 万元；对保种在 50～99 羽的，每年奖励 30 户，每户奖 0.2 万元；对饲养平坝灰鹅的农户，各阶段、各种疫苗全免费提供给农户（副黏病毒病专项疫苗购置费 5 万元）；凡股份制合作企业、肉产品加工企业，只要有还贷能力、信誉好的，金融部门都要加大资金投放力度，帮助扩大规模；对饲养平坝灰鹅在 50 羽以上的，所需种植的草种实行免费提供。

截至 2010 年 10 月底，平坝县平坝灰鹅规模养殖 200 羽以上的养殖场（户）共 49 户，饲养平坝灰鹅 32 763 只。在 2008 年《贵州省平坝灰鹅产品基地建设项目》获批准建设以来，平坝县已发展 50 只以上灰鹅养殖户 587 户，项目区补贴性推广人工种草 800 亩，投入草种款 1.6 万元，购入依爱牌 3700 型孵鹅专用机 2 台，改造鹅舍 4 000 m²，共 104 户。2012 年，农业部投资规模 196.08 万元的《贵州省平坝灰鹅产品基地建设项目》已基本建设完成，购置 800～1 500 枚鹅蛋孵化设备 8 台，其他各类仪器设备已逐步得到完善。计划规划建设 3 个保种区，扩建年出栏 100 万羽养殖基地，120 万羽深加工厂，年加工 4 800 t 鹅肉。预计到 2015 年，全县灰鹅养殖户将达到 20 900 户，存栏灰鹅 100 万只。

平坝县还提出，要按照"渠道不乱、用途不变、统筹安排、各记其功"的原则，编制农业综合开发项目、农村基本建设项目、农业产业化项目等，大力支持灰鹅产业发展。

平坝县"十二五"规划中，在畜牧业发展上重点突出了平坝灰鹅产业的发展和规划，每年预算不少于 50 万元的专项发展资金支持该项产业，力争到 2015 年，实现平坝灰鹅产业总产值达到 4 000 万元目标。

在访谈中，不同部门的人士也提到，上述很多支持政策没有得到落实或执行。比如政府规划里安排有用于发展平坝灰鹅的财政专项预算资金，但实则一文不拨。在申报地理标志证明商标过程中，主要是政府行为，虽然平坝县畜禽品种改良站是商标的持有单位，但对商标的使用运作还没有制定一套可行的能有效促进"平坝灰鹅"品质、价值及其发展壮大的可操作规程。这些问题都还需要各级政府部门高度重视并落到实处。

在"平坝灰鹅"品种发展与保种过程中，还遇到了不少技术难题，如产蛋率低下、孵化率提不高、繁殖能力不高等问题，在通过业务技术部门的指导生产实践中，孵化率已基本得到解决，但涉及其他方面问题需要得到各级政府和科研院校及专家的大力支持进行攻关。

（三）地理标志

2008 年，在平坝县政府推动和支持下，畜禽品种改良站牵头组织申报"平坝灰鹅"地理标志证明商标，2009 年获得国家工商管理总局批准。

根据该县制定的《平坝灰鹅证明商标使用和管理规划》，县畜禽品种改良站是"平坝灰鹅"证明商标的管理机构，负责"平坝灰鹅"证明商标使用管理规则的制定和实施，负责对证明商标的产品进行全方位的跟踪管理，做好产品质量的监督检测工作，并协助工商行政管理部门调查，处理侵权假冒案件。

根据该项规划，获得授权的生产经营者享有以下权利：在其产品上或包装上使用该商标；使用"平坝灰鹅"证明商标进行产品广告宣传，优先参加县畜禽品种改良站立办或协作技术培训，贸易洽谈、信息交流等活动；对证明商标管理费使用进行监督。承担的义务包括：维护"平坝灰鹅（蛋）"特有的品质、质量和市场信誉，保证产品质量稳定，接受县畜禽品种改良站对产品品质不定期检测和商标使用的监督，支持质量、监督人员的工作；"平坝灰鹅（蛋）"证明商标的使用者，应有专人负责证明商标的管理、使用工作，确保平坝灰鹅证明商标不失控、不流失、不得向他人转让、出展售、馈赠"平坝灰鹅"证明商标标识，不得许可他人使用"平坝灰鹅"证明商标。

此外，凡在"平坝灰鹅"产品上或包装上使用"平坝灰鹅"证明商标标识或利用"平坝灰鹅"证明商标进行生产、经营和餐饮等广告宣传的均要收取商标使用管理费，其收费标准在商标使用许可合同上进行约定；凡申请使用"平坝灰鹅"证明商标的，必须缴纳商标使用保证金1 000～5 000元，作为使用者在生产、经营平坝灰鹅产品时的信誉保证。如使用者不履行"平坝灰鹅"证明商标使用管理规则的义务，违反管理规则规定，有损平坝灰鹅声誉，县畜禽品种改良站将扣除其保证金，其保证金不足部分由使用人补足；否则，县畜禽品种改良站将取消其证明商标使用权。如使用者停止使用履行了"平坝灰鹅"证明商标使用管理规则的义务，没有违反管理规则规定和损害"平坝灰鹅"声誉的，县畜禽品种改良站将足额退还其保证金本金。

平坝灰鹅成功申报地理标志证明商标后，价格从原来的每千克15元飙升到每千克29元，产品供不应求。以广东市场为例，注册商标前，平坝灰鹅在那里基本没有市场，商标注册后每年投入市场5 000只，仍供不应求。2010年，平坝县灰鹅规模养殖200只以上的养殖场已达187家，饲养平坝灰鹅3.2万只，年销售额由原来的20万元增至5 600万元，农民收入也大幅度提高。

平坝灰鹅地理标志证明商标却一直没有向任何生产经营者授权。农户主要以鹅养殖为主，加工企业则主要是餐馆食坊，受养殖、加工规模小的局限，他们缺乏申请使用证明商标的积极性。尽管农业和工商部门都在地理标志证明商标的使用和推广上想了很多办法，但收效甚微。比如，工商部门曾试图推动一些养殖大户成立合作社，但养殖大户认为自己无法控制会员的品种并进行质量管理。

平坝灰鹅地理标志证明商标的管理机构由于本身并不参与经营，对市场运作和品牌管理等方面了解不深，致使在品牌经营和品牌潜力挖掘等方面引导力度不够，制约了平坝灰鹅产业发挥更大的效益，平坝灰鹅产业仍停留在以出售种鹅、肉鹅及鹅苗等初级产品为主的阶段。

（四）杂交事件

20 世纪 80 年代，出于提高平坝灰鹅产蛋量及商品率，贵州畜牧部门引进广东狮头鹅与平坝灰鹅杂交，选育出一个新品种——青灰鹅。青灰鹅外形与平坝灰鹅接近，但个头较大，生长快，毛色变淡。同时，平坝灰鹅的一些原有特征，比如头部的白色小圈消失了。青灰鹅的产蛋量较平坝灰鹅低，由年产蛋 40 枚左右降低至 30 枚左右。

杂交事件对平坝灰鹅的种群形成较大冲击。由于青灰鹅个大肉多，生长快，当地农户纷纷引种养殖，导致平坝灰鹅种群明显萎缩。2009 年，国家遗传资源品种委员会专家到平坝开展品种鉴定，当地有关部门才意识到保存原生品种的重要性。目前，已在平坝羊昌、高峰等地建立保种场，选择有经验的农户进行扩繁，但种群量不大，总共不到两三千只。

杂交事件还使目前平坝灰鹅地理标志证明商标的使用和管理面临尴尬。平坝灰鹅地理标志证明商标申报的是原生品种，而非青灰鹅。但目前市场上流通的"平坝灰鹅"约有一半以上是青灰鹅。这给证明商标的授权和执法带来较大挑战。

（五）社区管理及相关传统知识

平坝灰鹅的品种选育和保存，当地社区做出极大贡献并且积累了丰富的传统知识。

平坝人喜养灰鹅，与当地风土习俗和民族饮食习惯分不开的。历史上，当地群众逢年过节才能宰鹅用于祭祀和食用，而当地习俗以用白色鹅宰杀作为祭品为"不吉"、预示不吉祥，故而皆喜养灰鹅。除汉族屯民外，平坝的屯民中，有大批伊斯兰教信徒。由于信仰和饮食习惯的原因，鹅是他们的主要肉食品之一。

此外，当地群众在长期养殖过程中，积累了相当丰富的有关鹅的知识：孕妇须食用鹅蛋祛风除湿，产妇食用鹅肉补身养体，鹅的血、胆、气管皆可入药，鹅羽、绒多用于制作垫褥、枕头、背心，尾羽、主副羽常用制作羽扇、羽毛盘等。因此，家家户户视养鹅为生活不可缺少的部分，喜养灰鹅，喜食灰鹅，使平坝灰鹅得到了世代传承与繁衍。

平坝灰鹅的养殖，随着屯民与当地原住民族的交往，也逐渐渗入苗族、布依族等社区。由于这些社区更多地处偏远，交通不便，灰鹅养殖以自用为主，反而在青灰鹅的冲击中，较好地保存了纯正的平坝灰鹅品种。

平坝县羊昌乡昌河村是目前平坝灰鹅保存较为集中的一个村。居民将近 900 多户，3 000 多人；汉族，布依族，苗族，各约占 1/3。拥有 3 000 多亩水田，2 000 多亩草山草坡；农作以水稻、玉米及各种蔬菜为主，收入来源除种养殖外，近年依靠外出务工。其中，大枝山组是养殖平坝灰鹅最多的社区，居民 95% 以上是苗族。

据大枝山组的村民追溯，当地养殖平坝灰鹅的历史较为久远。"具体早到什么时候，没有人记得了，至少新中国成立前已经有。我奶奶说她们那一代就在养。"现年 50 岁的陈某说："羊昌这块，河流众多，水稻多，喂鹅能减少投资，得到较好回报。"

在大枝山组，家家户户都要养三五只灰鹅，母鹅和公鹅的比例大约是 100∶20。养大后一部分用于出售，其余留种。当地苗族风俗，孩子出生时必须杀鹅，鹅肉给产妇吃，鹅油给老人吃。怀孕妇女要吃孵鹅蛋，当地人认为可以驱邪去热。此外，逢年过节要吃鹅，鹅蛋配药草能治风湿。

当地的选种，要从鹅小时就密切观察，一般来说要看头上有白圈，眼要鼓，长势好，嘴壳短，公鹅脖子要长，母鹅腰身短，叫声要响亮。这样的鹅就要留来做种。产蛋后还要再选一次，太大的不能要，因为有可能是双黄蛋，太小的也不能要，孵出来的鹅苗不壮；在孵化至 28～30 d，还要再选一次，将孵蛋放入 40℃ 热水，如蛋在水中扭动，则取出继续孵化，如蛋不动，则表明是"死胎"。捡出的"死胎蛋"立即剥掉蛋壳，炒食，可治头晕。

水稻种植后，鹅要关在家里，每天上、下午各放一次，放牧地是草坡草山和池塘；三个半月后中午要加投一次饲料，饲料是当地出产的包谷和米糠；收割后就放养，任鹅群到水池、稻田自行觅食。

陈某最早养殖平坝灰鹅时，从选种到养殖，都是按村里的传统做法。2003 年，陈某的养殖场已达到五六百只的规模，突然发生了疫病，损失惨重。疫病发生与规模化养殖有关，因为平坝灰鹅在其他散养农户中，从来没有疫病记录。之后陈某开始按程序防疫，同时也向村里人请教，摸索草药防疫。

在当地，流传了大约 7～8 个草药配方，能够有效防治平坝灰鹅疫病。如果鹅出现发热，不吃食，可用当地出产的金银花、蒜头和水芹菜一起煮水喂食，试用后效果很好。使用程序防疫加上当地的药方，种群防治和个体防治相结合，他的鹅群规模扩大到 1 200 只，再也没有发生过疫病。

五、惠益分享现状

平坝灰鹅作为一个与地方历史文化密切相关的遗传资源，在 20 世纪 80 年代进入国家视野。一方面，政府对品种及资源状况进行调查，保存了珍贵的资料，也提升了当地人对品种价值的认知；另一方面，出于对产量的追求，引进广东狮头鹅与之杂交，在提升当地人收入的同时，也对平坝灰鹅原生品种造成冲击。

2000 年以后，当地政府将平坝灰鹅作为一个产业进行培育，采取了一系列支持措施，包括：建立保种场；提供养殖技术培训和服务；组织养殖技术攻关；发放牧草；发放补贴鼓励农户养殖；提供贴息贷款支持规模化养殖；组织申报地理标志证明商标；组织对平坝灰鹅品牌的宣传和推广。组织和支持生产经营者参加展会，开拓市场。

这些措施对平坝灰鹅的品种保存和开发利用均取得一定成效。目前，平坝灰鹅养殖已经成为平坝县屯堡乡镇重要的支柱产业，成为农民增收的主要手段。据对马场、夏云和城关镇的调查结果显示，75%以上的农民大批量养殖灰鹅，部分农民家庭平坝灰鹅的养殖收入已经占据家庭收入的 1/4。这表明，在平坝灰鹅的早期开发中，原产地农民和社区是主要的受益者之一。

值得注意的是，很多农户、养殖户、采购商、加工企业以及消费者，并不了解平坝灰鹅与杂交品种青灰鹅存在区别，而是笼统称之为"平坝灰鹅"。一方面，由于加工商及消费者对体型较大、肉较多的青灰鹅有偏好，"平坝灰鹅"的知名度和市场需求越大，生产者养殖青灰鹅的动力越强，将对真正的平坝灰鹅的品种保存和扩繁造成冲击；另一方面，由于平坝灰鹅地理标志证明商标申请保护的是原生的平坝灰鹅，而事实上现有的养殖和加工环节流通的大量是青灰鹅，出现无法授权和执法的困难，使得证明商标推动地方优良品种保存和提升其市场竞争力，保护原生社区利益的初衷难以实现。其中，部分生产者、养殖者和加工企业，清楚两个品种存在差别，但出于获利的动机，仍然心照不宣，以"平坝灰鹅"的名义销售青灰鹅。作为品牌管理者的当地政府及其部门，从品牌宣传和政绩的角度，很少提及两个品种的差别，而是将青灰鹅作为"平坝灰鹅"一并纳入品种保存及产业发展的统计数据。

随着平坝灰鹅产业逐渐培育壮大，参与惠益分享的利益主体将更加多元，而从遗传资源获取和惠益分享的角度，当地并未建立相应的规则，平坝灰鹅地理标志证明商标在实施细则中有所涉及，但由于该商标无授权也无维权，并没有事实上的影响力。

在平坝灰鹅地理标志证明商标的实施细则中，明确的管理方是品改站，收取的商标使用费用途如下："平坝灰鹅"证明商标使用管理费在财政、审计和主管部门的监督下，专款专用，主要用于印制证明商标标识、检测产品，受理证明商标投诉、收集案件证据材料和宣传证明商标等工作，以保障"平坝灰鹅"证明商标产品的信誉，维护消费者和使用者的合法权益。这表明，证明商标的收费与遗传资源的获取与惠益分享无关，没有试图界定遗传资源的所有权、使用权，也没有建立权利转让惠益分享的规范，而只是进行商标本身的运作与管理。

六、讨论与结论

平坝灰鹅作为地方优良品种，近年来受到市场的欢迎和政府的重视，从农户散养自用进入到产业开发进程中。产业开发一方面提升了当地政府和社区对遗传资源价值的认知，促进了品种保存，也使当地农户通过养殖提高收入，改善生计，取得较好的经济和社会效益；另一方面，由于产业开发过程中重视商品化和产值，缺乏遗传资源的管理经验和发展远见，对平坝灰鹅的品种保存带来威胁，事实上也存在遗传资源流失的隐患。

（1）遗传资源的选育与保存，与当地社区的历史文化及自然环境紧密相关，当地人在品种保存、管理和培育中作出了不可忽视的贡献，也积累了丰富的地方性知识，并运用于平坝灰鹅的商品化养殖中。

（2）通过平坝灰鹅地理标志证明商标的申报，界定了遗传资源的品性、来源和分布，为建立遗传资源获取和惠益分享机制奠定了基础，也提升了当地社区对品种价值的认知，初步建立了品牌，提高了市场认可度及价格，促进了品种保存。

（3）地方政府在品种的保存和开发利用方面做了一些努力，比如建立保种场，发放种鹅补贴和牧草，为农民提供技术服务，组织技术攻关，申报地理标志证明商标，品牌宣传等。

（4）遗传资源的所有权、使用权归属没有清晰界定，也没有建立转让和惠益分享机制。当地社区及农户作为养殖者，主要收益来自品牌宣传推动下的市场价格提升，以及当地政府提供的技术服务和保种补贴，而不是作为遗传资源所有者参与惠益分享；当地社区及农户之外的开发者，可以随意获取遗传资源，没有履行知情同意原则，也没有惠益分享的谈判和实践。

（5）政府指定县品改站为"平坝灰鹅"地理标志证明商标的申报和执证单位，同时对青灰鹅冒名"平坝灰鹅"持默许甚至鼓励的态度，"平坝灰鹅"地理标志证明商标形同虚设，难以实现对品种的有效管理。

（6）无论是政府还是社区，对平坝灰鹅作为遗传资源的价值已有初步认知，也具备一定的品种保护意识，但仅限于保种，对于如何在遗传资源的市场开发过程中建立相应机制或规范，防止附着在商品中的遗传资源被窃取和流失，同时维护地方和社区的合理利益，尚缺乏认知。

（7）出于对商品化的追求，引进外来品种杂交，同时没有采取对原生品种相应的管理机制，导致"平坝灰鹅"种群受到严重冲击。

综上所述，笔者认为，当务之急是对当地政府及社区进行遗传资源价值及相关知识的普及和宣传。只有认识到遗传资源除了可以转化为商品，还有附着在商品中的隐藏价值，政府和社区才能真正建立对品种保护的目标和发展远见。

其次，政府及其部门可以作为一个地方遗传资源的管理代理，但应就遗传资源的归属作清晰界定，并在获取和开发过程中，体现对社区的尊重和利益回馈。在国家尚未就遗传资源获取和惠益分享制定法律规范的情况下，当地政府可考虑充分利用已成功申报的平坝灰鹅地理标志证明商标，建立品种有偿使用和申报登记制度，收取的费用主要用途中，应有致力于品种保存和惠及社区的条款，而不仅用于商标本身的运作。

最后，应对当地社区在遗传资源选育和应用方面的传统知识进行系统化整理和管理。以平坝灰鹅为例，部分养殖户，能够学习整合社区关于平坝灰鹅选种养殖的知识，并且成功运用于规模化养殖。这表明，这些知识对于品种的保存和发展具有不可忽视的价值，应该加以重视，进行系统化的调研、识别、整理和传播；另一方面，当地社区还在平坝灰鹅的利用方面积累了独特知识，比如对孵蛋、死胎蛋的利用，也应该对其进行识别和研究，作进一步的开发利用。在系统化整理和推广运用的同时，还应该建立传统知识产权的意识和相应的管理机制，对知识传承者有所回馈，并有效防止这些知识的流失。

执笔人：李丽

贵州日报社

案例研究十四

保靖黄金茶惠益共享

　　湘西境内山高林密,岭谷相间,云雾缭绕,气候温和,雨量充沛,且昼夜温差大,漫散射光多。光、热、水配合良好,具有丰富的生物多样性,十分适合诸如茶树类的灌木类生长。湘西土家族苗族有着悠久的种茶、饮茶历史,饮茶成俗。茶作为寄托或表达思想感情甚至哲理观念的载体世代相袭。茶俗既是土家族苗族同胞的一种生活方式,也是生活理念的体现。在土家族苗族人日常的衣食住行、婚丧嫁娶、生老病死、节庆娱乐等社会交往中,处处离不开茶。土家族苗族群众选育了大量茶树品种,如保靖黄金茶等。保靖黄金茶原产于湘西武陵山区的保靖县黄金村,具有萌芽早、产量高、品质优、抗逆性强等特点。尤其是氨基酸含量高,是一般绿茶的两倍以上。水浸出物近 50%,酚氨比低,制绿茶具有"香、绿、爽、浓"的优异品质特征,是古老、珍稀、特异的地方茶树品种资源,也是我国珍贵的茶树种质资源之一[1, 2]。

　　保靖是黄金茶的重点产区,古有"汉不入境,蛮不出洞"之说。清政府修建南方长城,将苗族隔在长城外,禁止苗汉的贸易和文化交流。黄金寨距离县城约 200 km,山高水深,种茶、制茶、卖茶人多为苗族人,语言交流不畅(迄今许多苗族老人仍不会讲汉话)。再次,由于黄金茶异树雄性花粉的"柱头"太短,常被花药掩盖,不能受孕,种子极少,且鼠害严重,有性繁殖能力弱,产量极低。该县曾分别从安华和福建引进 20 hm^2 安化群体和 20 hm^2 福鼎大白茶,试图增加茶叶种植面积。保靖县农业技术人员经过长期的观察和摸索,利用保靖黄金茶枝梢生长量大,扦插易生根,幼苗生长快,适合于无性繁殖特征,于 1994 年以扦插育苗获得成功,使保靖黄金茶的发展突破了瓶颈。目前黄金村 90% 的茶农掌握了扦插繁殖技术。引入的安华茶和福建福鼎大白茶逐渐被村民自发淘汰,改种无性系黄金茶,从而保住了这一珍贵的品种。

一、研究地区概况

　　保靖县位于云贵高原东侧,武陵山脉中段,湖南省西部,湘西州中部,西与重庆市秀

1 王润龙,张湘生,杨晓春,等. 保靖黄金茶品种研究报告. 贵州茶叶,2010,15(4):23-24.

2 刘淑娟,钟兴刚,李彦,等. 保靖黄金茶冲泡方法研究. 茶叶通讯,2012,39(1):24-28.

山县接壤。全县总人口 29 万余人，总面积为 1 760.7 km²。地理坐标为东经 109°12'～109°50'，北纬 28°24'～28°55'。东西长 62 km，南北宽 57.4 km。地貌呈西北和东南高，中间低的马鞍形地形。最高海拔白云山白云寺遗址 1 320.5 m，最低海拔迁陵镇水滩点 200.5 m，平均海拔 472 m。属亚热带季风湿润气候，最高气温 37℃多，最低气温 –2℃，平均气温 16～17℃。日平均气温 ≥30℃ 的高温天气仅见于少数地势上较低的山间盆地，整体上显示出冬暖夏凉的特点。年均降水量超过 1 100 mm，春夏降水较为集中，但秋季降水也占 20% 左右，故夏秋干旱较轻。全年降水量、光照和太阳辐射总量的 70% 集中于日平均气温 ≥10℃ 的林草和农作物旺盛生长期内[3]。

二、资源特征

（一）形态学特征

黄金茶属半乔木，树姿半披张，在自然生长条件下，最大株高达 3.62 m，干粗 0.3 m，树幅 5.5～6.63 m，大骨干枝 13 个。现存最大的植株根颈部围径约 0.28 m，大骨干枝 4 个。一般第一分枝高度在 33～65 cm（最高的单株超过 1 m），分枝角度 45～60°；成熟枝条节间长 3.1～6.9 cm；叶片中等偏大，叶形多为长椭圆形，少数披针形，一般成熟叶片长 8.4～14.0 cm，宽 3.2～5.3 cm（最大叶片长 14 cm，宽 5.3 cm），叶脉多为 6 对，叶尖为锐尖，叶缘锯齿 28～31 对，叶面有光泽，隆起，叶厚为 0.21～0.35 mm；芽叶多为黄绿色，有茸毛，叶质柔软，发芽密；茶花白色，着生于叶芽两侧，花少，直径为 3.8～4.5 cm；果实多为三角形、圆形、椭圆形；茶籽暗褐色，直径 1.1～1.4 cm，每千克 952 粒，种子少，平均每亩不到 500 g；实生苗为直根系，根系发达，扦插苗为须根系，多而发达。

图 14-1　保靖黄金茶园（李俊年摄影）

3　引自 http://www.bjzf.gov.cn（2013-10-31）.

（二）遗传特征

黄金茶是经长期自然选择形成的有性群体种，不同株系之间的表型差异较大，黄金茶群体不同株系之间的表现型性状差异也较大，例如：新芽萌发时有的株系翠绿，有的黄绿，还有的金黄甚至紫红；有的芽头细长，有的粗壮；有的白毫显露，有的少毛或无毛。在茶芽萌发期上，有早生、中生和晚生之别。

造成这种复杂的遗传背景和亲缘关系的原因可能是多方面的。

第一，茶树是多年生异花授粉植物，遗传组成高度杂合，个体间形态和遗传组成上的变异在自然界普遍存在。黄金茶是古老的地方群体种质资源，具有较长的遗传进化和自然选择过程，群体内必然产生一定的遗传变异，形成了该群体一定的遗传多样性和复杂的亲缘关系。

第二，黄金茶群体主要分布在湘西武陵山区一带，那里地形地势复杂，生态环境独特，受长期地理隔绝和小气候环境的影响，使黄金茶群体与外界缺乏基因交流，所以它们与该茶区的其他栽培品种亲缘关系也较远。

第三，黄金茶是地方群体种，在当地长期栽培，因该群体的种子繁殖力较弱，基本上采用无性系扦插繁殖的方法，选择一些优良株系发展茶园，由于受人为改良因素的影响，使黄金茶群体的遗传背景又趋向单一化，导致大部分株系的亲缘关系较近，只有少部分株系仍保留着较远的亲缘关系[4,5]。

在长期的自然演变过程中，由于受气候条件、生态环境自然杂交以及栽培措施等各种因素的影响，其基因组 DNA 产生遗传变异，从而构成了比较丰富的黄金茶种质资源基因库。

（三）营养特征

1. 游离氨基酸总量高

氨基酸和茶多酚是影响茶叶的两个重要组成部分。茶多酚与氨基酸的比值（酚/氨）反映了绿茶的品质，只有两者含量高，而酚/氨较低时味感就会浓鲜爽，此与黄金茶感官审评浓、鲜、爽的结果一致。

通过两次检测分析发现，与同等嫩度原料的对照比较，保靖黄金茶的品质成分比较丰富（表 14-1），特别是游离氨基酸总量，达到6%以上（第一次为 7.5%，第二次为 6.2%），比对照（福鼎大白茶）高一倍以上。调查还发现保靖黄金茶的游离氨基酸总量远远高于我国部分名优绿茶，另外它还具有较低的酚/氨比（表 14-2）[6]。

4 张湘生. 地方珍稀茶树良种——黄金茶的利用现状与前景. 茶叶通讯, 2006, 33（2）: 4-6.

5 杨阳, 刘振, 赵洋, 等. 利用 EST-SSR 标记研究黄金茶群体遗传多样性及遗传分化. 茶叶科学, 2009, 29（3）: 236-242.

6 黄怀生, 粟本文, 赵熙, 等. 保靖黄金茶香气成分分析. 湖南农业大学学报, 2011, 37（3）: 271-274.

表 14-1 保靖黄金茶与对照主要品质成分

成分	保靖黄金茶/%	对照/%
氨基酸总量	6.2	2.9
水浸出物	41.8	46.9
茶多酚	19.6	18.3
咖啡碱	5.1	3.6
总灰分	5.6	5.5
总黄酮类化合物	1.1	—
粗纤维	6.7	10.9
总果胶	0.6	—
花青素	0.01	—
酚/氨	3.2	6.3

表 14-2 保靖黄金茶与我国部分名优绿茶主要化学成分

成分	茶多酚/%	氨基酸/%	酚/氨	咖啡碱/%	水浸出物/%
保靖黄金茶	19.6	6.2	3.2	5.1	41.8
西湖龙井	20.2	3.7	5.5	4.2	32.5
洞庭碧螺春	22.7	3.3	6.9	3.7	35.5
黄山毛尖	17.4	2.7	6.5	3.6	30.0
信阳毛尖	24.7	3.1	7.9	3.9	40.0
六安瓜片	23.1	2.2	10.6	4.0	37.5
太平猴魁	17.0	4.0	4.3	3.5	27.5
顶谷大方	21.8	3.0	7.3	3.2	32.5
紫笋茶	20.7	3.1	6.6	3.6	32.5
径山茶	24.1	3.2	7.6	3.7	37.5
南京雨花茶	21.9	3.2	6.9	3.5	35.0
古丈毛尖	25.6	2.7	9.6	4.5	40.0
安化松针	25.9	2.8	10.3	4.9	40.0
高峰银峰	24.2	2.8	8.9	4.4	37.5

2. 主要无机元素含量丰富

测试结果表明，保靖黄金茶对人体相对无益的重金属含量比较低，如：Pb 为 0.1 mg/kg、Cu 为 4.7 mg/kg，远低于我国有机茶的标准 2 mg/kg 和 30 mg/kg。其他重金属如 Cr、Cd 也低，分别为 0.2 mg/kg 和 0.1 mg/kg，对人体相对有益的微量元素如 Zn，达到 37.4 mg/kg，接近富锌茶的标准（40 mg/kg），还有对人体有益的元素 Fe、Ca、Mg、Mn 也较高。虽然茶树是聚氟植物，但相对一芽二叶嫩度来说，F 含量为 25.3 mg/kg，相对较低（表 14-3）。

表 14-3　黄金茶主要无机元素含量　　　　　　　　单位：mg/kg

元素	含量	元素	含量
Pb	0.11	Zn	37.39
Cu	4.66	Fe	95.67
Cr	0.17	Ca	0.041
Cd	0.09	Mg	0.15
F	25.33	Mn	0.07

3．儿茶素品质指数较高

儿茶素属黄烷醇类化合物，传统称为茶单宁，是茶叶中具有苦涩味的特殊成分。具有抗氧化、抗突变、预防肿瘤、抗艾滋病毒，抗血小板凝聚，抑菌等多种功效。黄金茶儿茶素品质指数高达 1 138，在我国部分绿名茶儿茶素品质指数排名中等，表明它非常适合绿茶的品质（表 14-4）。

表 14-4　我国部分绿名茶儿茶素品质指数

名称	儿茶素品质指数	名称	儿茶素品质指数
西湖龙井	475	紫笋茶	924
洞庭碧螺春	1 674	径山茶	1 380
黄山毛峰	2 207	南京雨花茶	1 897
信阳毛尖	311	古丈毛尖	1 804
六安瓜片	1 643	安化松针	949
太平猴魁	1 042	高桥银峰	1 074
顶谷大方	2 115	黄金茶	1 138

4．不同加工处理方法对保靖黄金茶香气成分的影响

不同的加工处理方法，茶叶香气差异很大。保靖黄金茶生叶经蒸汽杀青后直接用提香机烘干，与保靖黄金茶干茶采用烘炒结合工艺比较，不仅两种产品香型不同，而且在其香气成分上有较大差异。从香气组成成分上看，蒸汽杀青后直接烘干香气成分没有烘炒结合的保靖黄金茶香气成分丰富，表现为干茶中有 30 种香气成分在生叶中未检测到；炒青样比蒸青直接干燥样香气成分更丰富，其中炒青样中 3-甲氧基-1,2-丙二醇，三甲基辛二烯醇，二甲基辛三烯醇，α-杜松醇含量较高。

三、种植现状与问题

（一）外来茶树入侵与保靖黄金茶扩繁

保靖黄金茶很少开花，种子极少，且极易被老鼠危害，故种子繁殖力弱。1975 年以前，

保靖黄金茶在黄金村内呈零星分布，属于丛植茶园，面积约 33.3 hm²，实际每年茶叶产量不到 50 kg。因黄金茶茶树繁殖速度极低，茶树种植面积太少，致使黄金茶产量很低，市场供应量小，知者甚少。1975 年黄金村自安化引进茶种子 7 000 kg，种植面积 20 hm²。1994 年底，黄金村又从福建省引进福鼎大白茶种子 5 000 kg，种植面积 20 hm²。据 1995 年统计，全村有茶园面积 44 hm²，采摘面积 24 hm²，其中黄金茶 4 hm²。茶叶总产值 30 万元，而黄金茶的产值达 25 万元。黄金茶采摘面积占总面积的不到 17%，产值却占了茶叶总产值的83%。因此，开发利用黄金茶就成为当地茶农致富的必然选择。但是，以茶树种子繁殖一直是限制黄金茶发展的瓶颈。

保靖县农艺师张湘生通过长期的观察，发现保靖黄金茶承接异树雄性花粉的"柱头"太短，常被花药掩盖，不能受孕。经过长期的观察和摸索，她利用保靖黄金茶枝梢生长量大，扦插易生根，幼苗生长快，适合于无性繁殖，于 1994 年以扦插育苗获得成功，使保靖黄金茶的发展突破了瓶颈。保靖县组织技术员对黄金村农民持续多年进行扦插育苗技术的培训和示范推广，黄金村 90%的茶农掌握了扦插繁殖技术。扦插成活率由 80%提高到90%以上，每亩出苗已可达 8 万株，使黄金茶面积迅速扩大。至 2009 年，保靖黄金茶园面积已由原来的 4 hm² 增加到 746.67 hm²，平均每年新增 49.51 hm²。原来从外地引进的 20 hm²安化群体和 20 hm² 福鼎大白茶现均被村民自发淘汰，改种无性系黄金茶。

（二）保靖黄金茶的发展历程

黄金茶早在清朝嘉庆年间就是钦定贡品，因"一两黄金换一两茶"的历史传说而得名。黄金茶曾作为钦点贡品，从嘉庆年间到 21 世纪初，当地人曾不懈地利用茶树种子进行繁育，因为茶树结籽极少，播种后，发芽成苗的凤毛麟角。

1977 年当地有关部门从安化县引进安化群体品种茶栽植 20 hm² 茶园投产后，茶产品才有了一定的商品量，当时茶叶属于统购统销，黄金茶才跟着安化茶一起真正成为商品茶。由于黄金茶的品质优异，供销部门将此茶按标准茶样上调一级二等的价格统一收购，此时当地农民才认识到黄金茶比引进的安化茶好。但黄金茶很少开花，种子极少，且极易被老鼠咬食，故种子繁殖力弱，而无性繁殖实验又多次失败而发展缓慢。

1991 年起在县委、县政府的高度重视和县开发办等有关部门的支持下，由县农业局组织专门的人力物力，以研究黄金茶的扦插技术为突破口，农技人员连续三年实地蹲点进行黄金茶扦插育苗试验。

到 1993 年扦插苗成活率达 80%以上。它不但为黄金茶的开发提供了大量的苗木，而且为它的无性繁殖提供了实践经验，从而使黄金茶的大规模发展成为现实，为黄金茶资源利用拓展了新的天地。

1994 年后产地扦插育苗技术开始推广，两年后黄金村 90%的茶农掌握了扦插繁殖技术，扦插成活率逐年提高，每亩出圃已达到 8 万株，扦插育苗技术得到了普及和推广。黄金茶无性繁殖的成功为黄金茶开发提供了大量的茶苗,使茶园面积迅速扩大[7, 8]。通过连续多年的努力,近几年平均每年新增 40 hm²,现已由原来的 3.3 hm² 增加到 350 hm²。原来从外地引进的安化群体种和福鼎大白茶均被村民自发淘汰,黄金村及周边现已基本上为无性系黄金茶[9]。

2002 年,保靖县公路局投资修通了村级公路,2003 年黄金村建立机制茶厂,引进了先进设备。为加快黄金茶产业建设步伐,保靖县采取资源换技术、资源换资金的方式。2007 年与省茶叶研究所签下合作开发黄金茶协议。2007 起,每年投入 100 万元,与省茶科所联合实施品牌建设,黄金茶品牌建设在短期内取得突破性进展。

2008 年以来,黄金茶先后荣获中国绿茶金奖、全国优良绿茶资源奖、国家绿色食品标志认证、全国百强产茶县、国家农产品地理标志登记、国家地理标志证明商标、中国最具价值潜力金芽奖等荣誉称号。品牌战略使黄金茶身价倍增,省内外黄金茶品牌专卖店达 30 余家,每年茶叶采摘季节,全国各地茶商一批批地赶来抢购,过去年产不足 10 t,茶农平均销价 70 元/kg,愁销路。现在年产百余吨,平均销价 800 元/kg,尚未采摘就已预售一空,黄金茶品牌给茶农带来了实实在在的实惠[10]。

2009 年将黄金茶开发作为富民富县的主导产业重点扶持,出台了黄金茶发展 4 年规划,每年捆绑投入 500 万元推进茶叶产业化建设,每年新扩黄金茶园 333.33 hm²,农户按照技术规范新建黄金茶园,验收合格后每亩补助种苗和肥料费用 1 000 元。以葫芦、夯沙、水田河 3 个乡镇示范基地建设,拟将黄金、排吉、傍海、夯吉、夯沙 5 个村建设成黄金茶示范带。每年捆绑投入 1 500 万元扶持连片开发,每年新扩黄金茶 1 000 hm²,力争"十二五"末,种植面积达 10 万亩,产值达 9 亿元,农民人均纯收入突破 5 000 元。

2010 年又与该县茶叶营销龙头企业湘丰集团合作,共同组建了湖南省保靖黄金茶有限公司,依托省茶叶研究所、湘丰集团的技术优势、信息优势、品牌优势和遍布全国的市场网络优势,探索"政府+科研院所+公司+基地+农户"的农业产业化新模式,着力做大做强黄金茶产业。省茶科所每年选派一名挂职副县长驻地指导黄金茶研发,投资 360 万元。

(三)黄金村黄金茶遗传资源现状

通过全面深入调查鉴定发现,茶树王所在的黄金寨古茶园历经数百年历史变迁,在龙颈坳、格者麦、德让拱、库鲁、夯纳乌、团田、冷寨河等尚有七大古茶园及两个古苗寨,古茶园中古茶树主干围径在 30 cm 以上的古茶树有 2 057 株,其中明代古茶树 718 株,清代 1 339 株,面积约 14.86 hm²。黄金茶树王,是目前黄金寨古茶园中保存最好、树龄最长的茶树,属于德让拱茶园这棵"茶树王"有一人多高,顶部树叶翠绿茵茵,顶部以下全为

7 彭书凤,管璇,粟登元. 保靖黄金茶 2 号品种选育成功. 湖南农业,2012,20(8):10.

8 王润龙,李健权,刘文武,等. 保靖黄金茶稻田无心土扦插繁育技术. 茶叶通讯,2008,35(4):50-53.

9 张亚莲,王沅江,常硕其,等. 黄金茶生长及栽培管理技术调查报告. 茶叶通讯,2010,37(1):9-12.

10 何泽中. 黄金茶让他们赚到"黄金". 决策,2012,24(10):89.

树干，没有树叶。当地文物工作者测量，这棵黄金茶树王树围 120 cm，主干围径 95 cm，高 450 cm，树冠幅度 550 cm，经省林业科学院专家鉴定，黄金茶树王树龄高达 402 年，年代可追溯至明代崇祯年间。

图 14-2　一号黄金茶树种（李俊年提供）

目前，黄金寨当地村民还保留着与黄金茶有关的习俗，诸如挡门茶、打茶鼓、祭祀茶树神等。省文物普查办副主任吴顺东表示，目前，黄金寨古茶园已列入湖南省第九批重点文物保护单位名录，并将申报为全国重点文物保护单位。吴顺东认为，黄金寨古茶园是一道极为壮观的文化景观，作为黄金茶原产地的活见证、活档案、活化石，是中国茶文化宝贵的文化遗产，是茶叶科学研究的基因宝库，为研究茶树的起源和进化、茶树的遗传多样性、茶树种植资源研究、茶文化发展史、农业考古、民族学、地方社会学等都具有重要价值和现实意义。保护黄金寨古茶园，是以仍在生存的古老植物、并具有一定经济价值的植物作为文物保护对象，这是一种新型的文化遗产保护理念的拓展与深入，也是湖南的文物保护工作中尚属首次。

湖南省茶叶研究所的黄怀生等通过对保靖黄金茶的香气组分研究，他们发现保靖黄金茶香气精油中含有 $\alpha,\alpha,4$-三甲基苯甲酯、蛇床-6-烯-4-醇、茉酮菊素 II 三种特异成分，在福鼎大白茶精油中没有检测到；同时不同加工方法，黄金茶香气精油成分有较大差异。

四、民俗文化

（一）黄金茶的传说

相传，明朝嘉靖 1539 年农历四月，巡抚湖广贵州都御使陆杰自迁陵取道吉首巡视兵防，途经鲁旗（今葫芦），一行百余人在沟壑密林中染上了瘴气，艰难行至冷寨河苗寨，已无法行走，苗族向姓家老阿婆于是摘采自家门前的百年老茶树叶沏汤给他们服用，饮茶后半个时辰，瘴气立愈。陆杰十分高兴，当场赐谢阿婆黄金一两，还将此茶列为贡品，岁贡皇朝帝君，故有"一两黄金一两茶"的由来，本来一种长在苗家深山之中的无名茶树，便有了"黄金茶"之名，此苗寨后也因此茶而名为"黄金村"。

案例：茶仙子的故事

传说有一天正是蟠桃盛会，所有的神仙都要赴宴。茶叶仙子居住在浙江的龙井，烟草仙子居住在湖北玉溪，久别的姐妹在赴宴的途中相遇，边玩边行。当她们经过保靖县黄金村时，被这里优美的风景深深地吸引，于是在黄金村游玩，茶叶仙子不经意间把身上的两颗种子落入了大山中，找了很久都未巡回，虽然知道自己犯下大错，但盛会不能缺席，她们只有先赴蟠桃盛会。过了很久，当她再来寻找时，种子已经入土长成了两颗茶树，仙子不忍毁坏茶树就偷偷离开了。茶树在这片土地快速生长繁殖。很快就被天神发现，天神处死了仙子，然后用移山法掩埋了茶树后离去。可是茶树又破土而出。而且涨势更旺，衍生除了很多茶叶品种。仙子死后，她的灵魂落在了湘西，保护着这里的茶叶。她优美的身姿你知道能从哪里寻得吗？从茶叶入水后徐徐伸展中寻觅。

很久很久以前，有 7 位茶仙姑从吕洞宾山飘来，每人带着一包茶籽。在经过排吉、螃蟹、黄金寨上空时，发现这一带山清水秀，村烟袅袅，狗吠鸡鸣，男耕女织，一片和谐升平景象。姐妹们不约而同地爱上了这块地方，便把包里的茶籽洒在山前屋后，后来长成了 7 片茶园。有人说，2009 年县文物局和省林业厅专家考察的 7 片古茶园就是当年茶仙姑播种的。我们在苗乡村民家里，看不到土家人"堂屋"司空见惯的"天地君亲师位"神，但有时可看到供奉的"茶仙姑"的神位，因为茶仙姑送来了吉祥，茶可消除灾害，带来财富。传说归传说，但 7 片古茶园却是存在的，经鉴定最老的已有 402 年。

很久以前，茶坪是一个十分贫穷的地方，一个苗家汉子非常勤劳肯干，他的精神感动了路过此地的茶仙姑，因此，茶仙姑在茶坪撒下了大量的茶种，该村以后就兴起了种茶之风。另外在黄金茶古道经过的排吉、夯吉等村，更具苗语解释，排吉就是有一排排茶树的地方，夯吉也就是有茶树的山沟沟。

（二）黄金茶的民族特征

湘西土家族苗族的衣食住行、婚丧嫁娶、生老病死、节庆娱乐等社会交往中，处处离不开茶。孩子出生时，左邻右舍用带有露水的茶芽作贺礼。如果生的是男孩，就送一芽一叶的芽梢；如果生的是女孩，则送一芽二叶的芽梢，寓意"一家有女百家求"。

湘西土家族苗族同胞以茶为聘，象征男女爱情忠贞不渝。"吃茶"是订婚的代名词。未订婚的女子必须恪守"一女不吃二家茶"的规矩。男女婚配要有"三茶"，即媒人上门，沏糖茶，表示甜甜蜜蜜；男青年第一次上门，姑娘送上一杯清茶，以表真情一片；举行结婚仪式的当日，以红枣、花生、桂圆和冰糖泡茶，送亲友品尝，以示早生贵子、生活和美。老人临死前，由村中长者用青蒿叶沾一点茶水洒到嘴角，入殓的棺材里要放茶叶。湘西北一些地方还有在逝者手里或嘴中放置茶叶的习俗。悼念亡故的亲人或祭神祭祖，常用"清茶四果"或"三茶六酒"，借以表达至真至纯的虔诚。茶祭是由巫师主持的对植物神与水神媾生茶水表示崇敬的祭祀活动，内容包括叙述茶史、膜拜茶神、与宾共饮。

目前，保靖县葫芦镇黄金寨的苗族兄弟仍还保留着与黄金茶有关的习俗，如挡门茶、打茶鼓、祭祀茶树神等。目前，黄金寨古茶园已列入湖南省第九批重点文物保护单位名录，并将申报为全国重点文物保护单位。黄金寨古茶园是一道极为壮观的文化景观，作为黄金茶原产地的活见证、活档案、活化石，是中国茶文化宝贵的文化遗产，是茶叶科学研究的基因宝库，为研究茶树的起源和进化、茶树的遗传多样性、茶树种植资源研究、茶文化发展史、农业考古、民族学、社会学等都具有重要价值和现实意义。

五、问题与对策

黄金茶汤色清亮，清香绵长。市场供不应求，价格不断攀升。湘西自治州和保靖县都制定了一系列保靖黄金茶产业发展规划和惠民政策，扩建黄金茶茶园。2011 年到 2015 年，保靖县每年整合资金 1 500 万元，新建黄金茶园 1 000 hm^2 以上。到 2015 年末，实现茶园总面积达 6 666.67 hm^2，产值达 4 亿元。到 2020 年，产业产值过 9 亿元。黄金村农民出售枝条：12 元/kg×1 500 kg/亩＝ 18 000 元/亩；采摘鲜叶出售：鲜叶每亩 5 000 元。每亩收入高达 23 000 元。茶叶合作社进行茶叶扦插：0.3 元/根 ×12 万株/亩 ＝ 36 000 元，成本 15 000 元/亩。全州都自黄金村引种黄金茶苗或枝条。农民在短期内能取得很好的经济效益，但随之而来的则是黄金茶的无序生产和激烈的市场竞争，许多村民已意识到其中的弊端。

（一）茶叶栽培环境恶化

由于新开发的茶叶地从坡地转移到平地（水田），海拔相对较低，暴发病虫害更趋频繁，茶农们使用农药较多。加之平地水田多年来一直种植水稻，持续使用农药，土壤内残有大量农药，易使茶叶残留农药。阳光照射稻田栽种的茶树的时间显著高于在坡地栽种的茶树，势必影响茶树叶片内相关酚类化合物的含量。

（二）生物多样性下降

武陵山区原住居民收入低，生活贫穷，迫使其持续大量砍伐树木和灌木，用其做饭、冬季取暖，烧制木炭出售，且在喂猪时，致使生物多样性逐年下降，食虫性鸟类、两栖类种群下降，农村农药使用量不断攀升。因此，对于生产有机绿色茶叶，打开国际高端市场是一极大的挑战。

（三）生产模式发生改变

随着大量年轻劳动力外出打工，农民养殖家畜数量下降，加之农民工工资飞涨，试用农家肥的农户很少，大多施用化肥。大量施用化肥不仅改变土壤结构，而且会降低茶叶的品质[11]。因此，研发环保高效的茶叶专用肥就显得日益迫切。

（四）茶叶加工不规范

目前黄金茶的加工主要以人工+机械的形式制茶，基本不再用过去的茶叶制作方式，主要是人工炒茶费时费工，加工量低，人工炒茶杀青不能准确掌握火候。

加工工艺没有标准化，迄今，保靖县没有举办过茶叶加工培训班，加之老乡的加工设备落后原始，致使茶叶由于加工工艺和设备原因，降低了茶叶质量。

（五）无序扩繁

当地老乡认为保靖县应大力发展黄金茶，但不应将黄金茶的种植推广到整个湘西州。提出发展黄金茶应该有前瞻性，未来市场将面临激烈的竞争，导致大量的黄金茶上市，影响价格，无效益。

（六）黄金茶树的保护有待加强

黄金村目前有 2 000 多棵茶树，2011 年保靖县花费 40 多万元只是对其中一棵古茶树进行围栏和道路修缮（似乎有形象工程的样子），以便领导、游客和购买茶叶客户参观，但对其他古茶树则没有具体的保护措施。由于近年来环境破坏日益严峻，生物多样性急剧减少，农作物病虫害日趋严重，森林和灌木被砍伐。每逢暴雨，山洪暴发，古茶树被洪水冲走。加之病虫害频发，许多古茶树遭受病虫害的侵袭，致使其处于灭绝的边缘。

（七）公司、茶叶合作社、农民的分工不明确

目前，保靖县有茶叶公司 7～10 家，合作社十几个。然而，所有公司和合作社均是开

---

11 彭福元，刘继尧. 湖南传统名优茶产地土壤特性的调查研究：II. 土壤营养状况. 茶叶通讯，1999，14（1）：3-7.

发扩增茶树基地，收购新鲜茶叶进行加工、销售。公司和茶叶合作社具有一定的经济实力和社会关系，政府扶持的项目资金全部流入公司或专业合作社。而农民从政府获得的资金支持力度很低[12, 13]。茶叶生产应进行分工和协作。茶叶合作社应起到承上启下的作用，多争取政府扶助项目，通过合作社再分流给农户。公司没有利用其良好的生产设备和销售途径，提高茶叶的品质和销售网络的建立；大多数合作社的成立并不是以上联政府，争取政府支持，对外积极拓展市场，对下则是组织农户积极进行技术推广和规模化生产，相反仍是套取当地政府发展茶叶的优惠政策，将政府给予农民的发展资金聚拢到少数有深厚社会背景的个人，相反主要从事茶叶生产的农民受益很少。农民由于缺乏资金，茶叶加工设备原始简单，不能很好控制茶叶处理温度，品种非常好的新鲜茶叶加工成低品质的茶叶。因此，公司、合作社及茶农在产业生产、加工和销售中应进行适当分工，公司应以创市场品牌，营销茶叶，将利润按比例分给老百姓为主导。合作社积极争取项目、组织农民进行规范的茶叶生产采摘，农民负责将茶树培管好，采摘茶叶，老百姓不要进行茶叶加工。

（八）采茶工季节性不足

每逢春季采茶季节，有 400～500 个外村老百姓来到黄金村打工，每天做工约 12 h，工资约 60 元，即每小时 5 元人民币（含吃住）。外来采茶农工主要是妇女，当然其工资还根据采茶的熟练程度而定，如果是熟练的采茶女工，每天收入应该在 200 元左右。一般的采茶女工每天可收入 120 元左右。由于湘西属于典型的喀斯特地区，每年春季持续阴雨，需要再短短几天时间内将刚刚萌发的茶叶采摘，否则茶叶长老，茶叶品质马上下降。但湘西是农民工输出的主要地区，能雇佣到季节性采茶工就决定了茶叶是否可全部采摘完。因此，采茶将会成为未来影响茶叶生产和收入的一大瓶颈。

执笔人：李俊年

吉首大学生物资源与环境科学学院

12 杨晓春，张明照. 保靖黄金茶产业现状及发展建议. 茶叶通讯，2011，38（2）：33-35.

13 谭娜. 黄金茶茶业产业化进程中的问题初探. 中国集体经济，2011，23（13）：41-42.

附录　"保靖黄金茶"研究与产业化开发合作协议书

甲方：保靖县人民政府

乙方：湖南省茶叶研究所

根据湖南省人民政府[2006]34 号"质量兴茶，科技兴茶"的指导方针和湘西州委、州政府提出的"利用 10 年时间，开发百万亩中高海拔山地资源，解决百万人口脱贫致富"的发展战略及湖南省茶叶研究所科技兴茶"五个一"工程的统筹规划，按照《保靖县经济和社会发展"十一五"规划》，为研究和开发利用"保靖黄金茶"特异品种资源，富民强县，甲、乙双方就"保靖黄金茶"资源研究和产业化开发在 2005 年 6 月 23 日湖南省保靖县农业局与湖南省茶叶研究所签订的《"保靖黄金茶"研究开发合同书》的基础上开展多层次合作，经反复协商，达成如下协议。

一、合作目的

湘西保靖黄金茶是我省珍稀茶树资源，氨基酸含量高，保靖县从 1993 开始研究和开发，目前茶叶面积已发展到约 6 000 亩，实际有效采摘约 1 000 亩。湖南省茶叶研究所对保靖县黄金村黄金茶的研究从 2003 年开始，2005 年报湖南省农科院立项，对黄金茶产地的生态环境，品种资源及生物特征做了初步调查，并从 2005 年 6 月 23 日与保靖县农业局合作后，选育了 HJ0301，HJ0302 两个新品系，并于 2005 年布置省级区试，同时合作通过了"保靖黄金茶"品种省级登记，开始繁育黄金茶良种茶苗，为进一步推进黄金茶的研究与产业化开发奠定了基础。

为了进一步实现黄金茶项目的全面合作，解决保靖黄金茶研究和产业开发的技术问题、合作打造保靖黄金茶的产业品牌，达到省茶叶研究所、保靖县人民政府出大成果并实现显著社会效益，同时形成保靖县黄金茶出知名品牌的目的，力争到"十一五"末，使保靖黄金茶高效茶园面积达到 2 万亩，产值达到 1 亿元以上，为县财政创造利税 800 万元以上，茶农种植黄金茶的亩产值达到 7 000 元以上，解决 5 万个农民工就业的总目标，提升合作层次，建立县所合作。

二、甲方责任

1. 负责每年 500 万～1 500 万株茶苗定植的组织宣传发动工作，并按 0.2 元/株标准督促县内黄金茶种植户受益后及时偿还乙方赊销提供的育苗成本费；

2. 由甲方出资，申请办理并管理好"中华人民共和国原产地证明商标""地理标识"，并将其打造为由甲方掌控的黄金茶母品牌商标；

3．完善保靖黄金茶产业化研究开发管理服务体系：成立"保靖黄金茶产业化开发领导小组"，并选配一名县领导担任领导小组组长；在县农业局设立二级事业机构——保靖县茶叶局（待审批），在县政府的领导下专门负责茶叶产业化的相关工作；成立保靖县茶叶协会，构筑成"保靖黄金茶产业化开发领导小组→保靖县茶叶局→保靖县茶叶协会"的完整产业管理服务体系。

4．负责制订《保靖黄金茶十年发展规划》并组织实施《保靖黄金茶产业化开发"五年实施方案"》；

5．"捆绑"其他相关涉农资金支持"保靖黄金茶"项目建设；

6．在研究方面由甲方承担保靖县内评比试验实施、承担现场评议的组织、承担保靖黄金茶产业化开发的协调、承担本省区试点、县内品比试验所需黄金茶苗木（所需资金的解决办法见本协议书第四款第8条）。

三、乙方责任

1．乙方负责争取项目资金或垫资每年繁育 50～150 亩良种茶苗，保障为甲方每年提供 500 万～1 500 万株茶苗并按成本价（0.2 元/株）赊销，在保靖县境内发展"保靖黄金茶"生产基地，种植户 3 年受益后从当年鲜叶销售收入中逐步偿还；

2．在葫芦镇和夯沙乡进行各 20 亩的"科技示范万元田"（即每亩茶叶收入过万元）建设；

3．在研究方面由乙方负责新品种选育（含区试、品比）设计并组织新品种选育的区域试验等工作、负责课题的常规检测和样茶评审、负责技术培训和指导、指导课题研究和各项技术资料的整理分析及总结、负责保靖黄金茶种质资源库等（含资源圃建立与 DNA 分析）的技术指导、编写项目计划、课题实施方案（所需资金的解决办法见本协议书第四款第8条）；

4．在葫芦镇、夯沙乡按"整村推进"实施全方位的茶叶科技与管理咨询及实用技术免费培训，实现茶叶标准化、高效化、清洁化生产，提高茶叶产业化水平；

5．乙方对农民实施无偿的科技服务；

6．乙方对企业的服务部分，根据工作量的大小和取得的效益，乙方与相关企业协商，收取适当的成本费用；

7．为甲方黄金茶产业化开发出谋划策、提供全方位的人才支撑并指导实施；

8．为了全力配合甲方并及时协调落实该协议，乙方派出两名专职人员领队组建"湖南省茶叶研究所常驻保靖县（保靖黄金茶研究和产业化开发）工作组"，其中一人挂职保靖县科技副县长（建议按照干部管理权限和程序报批）并担任保靖黄金茶产业化开发领导小组副组长，另一人担任省派驻保靖县科技特派员（建议按照干部管理权限和程序报批）；

9．在甲乙双方认为必要并协商一致时，由乙方出资，组织甲方代表到保靖县境外学习茶叶产业化开发的成功经验；

10. 协助甲方筹备整理相关资料、申请报批、管理"中华人民共和国原产地证明商标"，将其打造为由甲方掌控的黄金茶母品牌商标；

11. 协助制订《保靖黄金茶十年发展规划》并指导实施《保靖黄金茶产业化开发"五年实施方案"》。

四、其他具体事项

1. 合作成立"保靖黄金茶产业化开发领导小组"整合资源、形成合力，尽快把产业做大做强、富民强县；

2. 合作开展保靖黄金茶早、中、晚系列品种和特异性优质品种的选育及系列品种（品系）产业开发；

3. 研究、开发、技术成果，双方共同所有；主要完成单位及人员由甲、乙双方交替排序，共同署名发表论文、报告等；

4. 对共同申报的项目，甲、乙双方选派必要的人员组成实施组，保证甲、乙两方所商定的事项按时、按质、按量完成任务；

5. 甲、乙双方联合申报的项目资金在保靖县境内专款专用，申报的第一主体单位为项目资金的使用单位，另一方为监督使用单位；

6. 申报项目不占用上级"切块"到县指标的实际到位数额；

7. 除法定的品种认定所需品比区域试验所需苗木外，乙方不得利用保靖黄金茶系列新品系在保靖县境外扩繁苗木；若品比区试点扩散资源，则以乙方为主由甲乙双方共同追究相关区试点的责任；

8. 甲、乙双方通过联合申报项目，在葫芦镇建设茶叶高科技示范园 200 亩，并在环"白云山"、"吕洞山"的不同生态区域各办 5 个区试点、每个区试点不少于 20 亩；甲、乙双方通过联合申报项目，用对口项目资金解决 2005 年 6 月 23 日签订的《"保靖黄金茶"研究开发合同书》中的相关费用；甲、乙双方通过联合申报项目，用对口项目资金解决本协议书中保靖黄金茶研究和产业开发中的相关费用；

9. 每年的具体实施方案由双方协商另行制定并作为本协议书的附件；

10. 未尽事宜，双方另行商定。

五、违约责任

因甲、乙双方单方违约，由违约方向守约方补偿所造成的直接经济损失，具体由双方协商解决或依法解决。

六、合作期限

合作期限为 10 年、并以每五年为一个阶段，合作时间从 2007 年 12 月 1 日至 2017 年 11 月 30 日止。

本协议一式六份，其中县人民政府 2 份、职能部门 1 份、省农科院 1 份、省茶叶研究所 2 份，自双方签字或盖章后生效，同时 2005 年 6 月 23 日《"保靖黄金茶"研究开发合同书》自行终止。

甲方：保靖县人民政府　　　　　　　　　乙方：湖南省茶叶研究所

法定代表人：　　　　　　　　　　　　　法定代表人：

（或授权代表）：　　　　　　　　　　　（或授权代表）：

　　　　　　　　　　　　　　　　　　　　×××× 年 ×× 月 ×× 日

案例研究十五

古丈毛尖惠益共享

古丈毛尖为历史悠久的名茶，自唐代就曾入贡，清代又列为贡品。当地居民广为种植，且具有普遍饮用的习惯。2007 年，古丈毛尖成功申报为国家地理标志保护产品，作为全国22 个基础实验站之一，"国家现代茶叶产业技术体系湘西综合试验站"落户古丈县。古丈茶叶产业已成为当地最重要的主导产业和民生产业。自 2000 年始，古丈县不断从福建、长沙等地引进早熟茶树品种，而对古丈毛尖的保护和选育则不予重视，致使这一珍贵的遗传资源处于流失的边缘。研究人员调查了古丈毛尖的生产现状，茶树遗传资源分布，化学成分含量，古丈茶文化以及相关传统知识，提出了保护古丈毛尖遗传资源的措施。

一、研究区域概况

古丈县属中亚热带山地型季风湿润气候，年平均气温 16℃左右，年降水量 1 300～1 500 mm。温和湿润，热量充足，雨水集中，四季分明，夏无酷暑，冬少严寒。气候的地域分布不匀，小地形气候复杂，垂直变化大，山地逆温效应明显，具有山地森林小气候的特点。土壤质地多为壤土或砂壤土。其中含氮量大于 1%的面积占 83%。全磷含量为 0.05～0.2%，全钾含量平均为 2.2%，硒含量极为丰富，明显高于其他地区[1]。

二、古丈茶文化

土家族"茶父"的传说。在土家族流传的《梯玛神歌》中，相传土家先祖阿妮久婚不孕，一个深夜，阿妮梦见一仙姑，将一包茶粉放在床头，说是喜药。阿妮醒来将茶粉冲水一饮而尽，怀胎三年，一次生下八兄弟。母亲无法养活他们，将他们丢在荒郊野岭。八兄弟得老虎喂奶长大成人回到母亲身边。后来兄弟受封建立八大峒，成为威震四方的八部大王。八部大王有母无父，于是对茶情有独钟，一直称茶为父，供茶为神，生息繁衍湘西土家族。现今每年春节期间，土家人有过"毛古斯"（俗称"毛人节"），跳"摆手堂"（即"毛

---

1 引自 http://www.gzx.gov.cn（2013-10-31）.

古斯"舞）的习俗，以祭祀茶父祖先和八部大王。

"炒茶的是徒弟，烧火的是师傅"的由来。火功，是古丈制茶的"第一功"。很久以前，观音大士带着金童玉女拜会王母娘娘。一日来到古丈县境内，被迷人的景色吸引，于是降下云头，立于最高峻处（高望山）四面观望。晨风吹来清新山气，直沁心腑，神清志振。观音错以为是金童玉女打开了甘露瓶。于是找一避风处（观音山）打坐，要看个究竟。入夜，月光皎洁，山色空蒙，蛙声点点，灯光闪亮。观音命金童玉女取来茶树种植于山上，施以甘露。每年春天，由金童挎篮，玉女采茶；玉女烧火，金童制茶。制出的茶叶色鲜味美，观音夸金童手艺好。玉女不服，一跺脚差点打碎玉净瓶。观音自知失言，有失公允，赶忙纠正道："炒茶的是徒弟，烧火的是师傅。"观音的这句话，便成了古丈茶叶制作技术的奥妙。

《左传》记载，战国时期，巴军顺酉水而下，进攻楚黔中郡，途经古丈县境。在楚军强大攻势下，"巴人后遁而归"，取道茶洞陆路回川东。在频繁的战事中，巴人的种茶、制茶技术和饮茶风俗传入古丈。1984年，湖南省、湘西州考古队在古丈县河西白鹤湾发掘上百座战国楚墓，出土千余件珍贵的历史文物，其中有茶壶、茶杯、茶灶锅（冥器）、茶井（冥器）等茶器具陪葬品。现今，古丈县的土家族苗族村寨，山岭是茶树，山脚是茶树，屋前屋后也是茶树，到处溢满了茶树的清香。在古丈境内，饮茶习俗丰富多彩，土家族四道茶、土司擂茶、土家油汤茶，苗族的八宝油茶汤、苗族米虫茶，都是茶与民族文化相融合的产物[2, 3]。

古丈是茶歌的海洋，处处有茶歌，人人会唱。古丈青年男女在采茶、炒茶、卖茶中，常以山歌传情，以山歌定情，最后结为夫妻，因此，就有"口唱山歌茶做媒"的说法。山歌又是人们在日常生产、生活中有感而发的，内容几乎涵盖了日常生产生活的各个层面，因此山歌和茶是紧紧连在一起的。有一首山歌这样唱道：酉水码头是妹家，哥若闲时来吃茶；绿树翠竹篱笆院，门前一颗栀子花。此歌描绘了乡村男女以茶为媒，茶乡姑娘用醇香的茶叶招呼恋人的动人场面，可谓淋漓尽致，绘声绘色[4]。

男女青年结婚常以茶为礼。茶叶是吉祥物，"茶不移本，植必生籽"。古丈人认为，茶树只能以种子萌芽成株，不能移植，如移必死，所以婚聘以茶为礼，"取其专一、坚定也"；而茶籽繁多，所以婚聘以茶为礼，"取其多子多福"。自古以来，古丈民间从订婚到结婚，形成了一套礼俗，谓之"三茶六礼"。所谓"三茶"，即订婚时的"下茶"，结婚时的"定茶"，同房时的"合茶"。所谓"六礼"，即婚姻据以成立的纳采、问名、纳吉、纳征、请期、亲迎六种仪式。而"六礼"仪式中，都少不了茶，没有茶也就没有礼，"茶礼"就是这么来的[5]。

---

2 朱海燕. 湖南茶俗探源. 长沙：湖南农业大学，2005：1-42.

3 向启军. 品读古丈之三：悠悠茶韵，醇醇风情. 民族论坛，2002（3）：46.

4 王建国，王淦. 试论湘茶文化的形成与影响. 农业考古，1993（2）：12-14.

5 傅建华. 湘西古丈茶事茶俗撷萃. 农业考古，2002（4）：84-88.

在举行婚礼时，还要行"三道茶"的仪式：第一道茶为白果茶，取百年好和白头偕老之意；第二道茶为莲子或枣子茶，取其早生贵子之意；第三道茶才是真正的茶，取其至性不移之意。吃三道茶时，接第一道茶要双手捧住，并深深作揖，而后将茶向唇边轻轻一触，即由家人收去，第二道茶依旧如此，至第三道茶时，方可接杯作揖后饮之。古丈五彩缤纷的茶俗，从古到今，始终伴随着人们的日常生活，丰富着人们的生活情趣[6]。

三、主要营养成分

古丈县有四个古丈毛尖主产场，不同茶场出产的茶中，铅的含量范围为 0.52～0.63 mg/kg，汞的含量范围为 0.003～0.004 mg/kg，铜的含量范围为 16.89～19.31 mg/kg，这三种元素的含量均大大低于国家茶叶卫生标准（表 15-1）。综观古丈毛尖茶的测定结果，Cd、Cr、As 和 F 的含量水平都很低，且茶叶为泡饮消费，限制性微量元素的溶出量也很低[7]。

表 15-1　古丈毛尖茶微量元素　　　　　　　　　　　　　单位：mg/kg

样品来源	Pb	Hg	Cu	Cd	Cr	As	F
龙天坪茶场	0.56	0.004	19.31	0.06	0.68	0.22	58.36
狮子口茶场	0 .63	0.003	16.89	0.05	0.60	0.24	66.42
高峰茶场	0.52	0.004	18.36	0.06	0.76	0.27	72.15
古丈茶厂	0.53	0.005	17.63	0.005	0.68	0.25	66.12
国标	≤2.0	≤0.5	≤60.0	0.05～0.06	0.6～0.76	0.22～0.27	58.36～72.15
平均值	0.56	0.004	16.88	0.005	0.67	0.26	67.32

古丈毛尖茶的主要特征为氨基酸含量高，茶多酚含量远高于其他绿茶，具有高山茶的特征[8]。山区茶内含物丰富，在高氨基酸含量的前提下，多酚类也高，滋味好。茶多酚具有抗氧化、预防肿瘤、抗艾滋病病毒，抗血小板凝集，抗菌等多种功效。

表 15-2　古丈毛尖主要化学成分　　　　　　　　　　　　单位：%

茶场	全氮	游离氨基酸	茶多酚	儿茶素	咖啡碱	可溶性糖	水溶性果胶	粗纤维
龙天坪茶场*	6.47	3.98	25.38	14.97	4.12	1.78	2.08	7.76
狮子口茶场*	6.50	3.88	24.36	15.0	4.13	1.77	2.07	7.65
高峰茶场*	6.34	3.97	24.31	16.02	4.03	1.85	2.09	7.48
小背篓茶叶公司*	6.55	3.67	23.14	14.88	4.02	1.64	2.11	7.55

6 黎星辉，黄启为，唐和平，等. 古丈毛尖茶保鲜试验. 贵州茶叶，2001（1）：23-24.

7 黄启为，黎星辉，唐和平，等. 古丈毛尖限制性微量元素含量的分析. 经济林研究，2001，19（4）：25-26.

8 黎星辉，罗军武，唐和平，等. 古丈毛尖茶主要生化成分的研究. 茶叶通讯，2000（4）：7-9.

茶场	全氮	游离氨基酸	茶多酚	儿茶素	咖啡碱	可溶性糖	水溶性果胶	粗纤维
岩头寨茶厂*	6.49	3.89	20.54	15.02	3.98	1.32	2.09	7.64
汝白银毫	6.31	3.69	24.17	16.85	4.37	1.78	2.11	7.93
洞庭春芽	6.48	4.03	20.27	13.81	3.87	1.60	1.89	7.36
南岳云雾	6.46	4.37	24.68	14.57	3.89	1.73	2.08	7.69

*五家茶场的测试样品均为古丈毛尖。

四、传统制作技艺

古丈毛尖是历史最早的茶类。古代人类采集野生茶树芽叶晒干收藏，可以看做是广义上的古丈毛尖加工的开始，距今至少有 3 000 多年。但真正意义上的古丈毛尖加工，是从公元 8 世纪发明蒸青制法开始，到 12 世纪又发明炒青制法，古丈毛尖加工技术已比较成熟，一直沿用至今，并不断完善。

古丈毛尖的加工，简单地可以分为杀青、揉捻和干燥三个步骤[9]，其中关键在于初制的第一道工序，即杀青。

（一）杀青

杀青对古丈毛尖品质起着决定性作用。通过高温，破坏鲜叶中酶的特性，制止多酚类物质氧化，以防止叶子红变；同时蒸发叶内的部分水分，使叶子变软，为揉捻造型创造条件。随着水分的蒸发，鲜叶中具有青草气的低沸点芳香物质挥发消失，从而是茶叶香气得到改善。除特种茶外，该过程均在杀青机中进行。影响杀青质量的因素有杀青温度、投叶量、杀青机种类、时间、杀青方式等。它们是一个整体，互相牵连制约。

（二）揉捻

揉捻是古丈毛尖塑造外形的一道工序。通过利用外力作用，使叶片揉破变轻，卷转成条，体积缩小，且便于冲泡。同时部分茶汁挤溢附着在叶表面，对提高茶汤浓度也有重要作用。揉捻工序有"冷揉"与"热揉"之分。所谓"冷揉"，即杀青叶经过摊凉后揉捻；"热揉"则是杀青叶不经摊凉而趁热进行的揉捻。嫩叶宜冷揉以保持黄绿明亮之汤色与嫩绿的叶底，老叶宜热揉以利于条索紧结，减少碎末。目前，除名茶仍用手工操作外，大宗古丈毛尖的揉捻作业已实现机械化。

（三）干燥

干燥的目的，蒸发水分，并整理外形，充分发挥茶香。干燥方法有烘干、炒干和晒干

9 黎星辉，施兆鹏，黄启为，等. 古丈毛尖茶工艺改进. 中国茶叶加工，2001（1）：28-29.

三种形式。古丈毛尖的干燥工序，一般先经过烘干，然后再进行炒干。因揉捻后的茶叶，含水量仍很高，如果直接炒干，会在炒干机的锅内很快结成团块，茶汁易黏结锅壁。因此，茶叶先进行烘干，使含水量降低至符合锅炒的要求。

五、开发现状与问题

（一）古丈毛尖的遗传资源面临丧失威胁

在推进茶叶产业化进程中，"古丈毛尖"地方优质品种选育、保护发展不够，没有建立地方优质品种母本园。特别是近几年来，古丈县新增茶叶基地98%以上的茶苗都是从福建、长沙运输而来，仅在高望界等较为偏远的山区小寨还保留有一些古茶树。长此以往，"古丈毛尖"受外来品种冲击很大，资源流失和丧失的形势十分严峻。

（二）规模化产业经营模式不规范

古丈县的茶叶生产基地主要有政府统一建设和茶叶生产企业自己出资建设两种。茶叶生产企业通过与基地农户或茶叶专业合作组织签订茶叶收购协议来保证原材料的供给。以上模式中农户均能免费获得技术培训和茶叶采摘的权利，并将采摘的茶叶卖给加工大户或茶叶生产企业后获得收入。形式上公司承担了市场风险，解决了加工大户或农户的茶叶销路问题，不管农户或加工大户有多少茶叶都须按照协议价格收购。而事实是农户容易受到利益的驱使，春茶家家户户做茶，并将茶叶卖给非协议对象，茶叶大户和茶叶生产企业春季均收不到上等的古丈毛尖，这是导致古丈毛尖标准不统一的主要原因之一。而夏秋茶的时候，很多农户都不愿意采摘，原因主要是鲜叶价格低，夏天天气炎热并且有虫害，这也是导致古丈茶叶采摘不完全、绿茶产量低的主要原因。基于此，这种"公司 + 基地 + 农户"或"公司 + 茶叶专业合作组织 + 农户"的经营模式并没有收到预期的效果。目前主要仍为茶农销售靠大户（卖鲜叶），大户销售靠企业（交付初制品），企业销售以送精品茶为礼品的链条化经营的模式。

（三）缺乏统一的质量标准

古丈县茶叶生产还停留在"一家一户搞生产，千家万户闯市场"阶段，75%为家庭式经营，规模小，实力弱，管理水平低，加工工艺不统一，标准化生产水平低，茶叶品质不一。消费者无法只通过品牌来选购古丈毛尖。在选购的时候还是传统的评判标准，主要从茶叶的颜色、形状、汤色、口感等方面做出判断，这增加了选购的难度，且只适合散装茶。这主要是因为古丈毛尖几乎全由家庭小作坊分散生产经营的，没有统一的质量标准、没有统一的包装和品牌标识等[10]。

六、对策

（一）加强基地建设，突破规模制约

充分发挥古丈的生态、土壤和气候优势，着力建设有机茶园、生态茶园。按照"生态化、良种化、有机化、规范化"的要求，进一步加强示范基地建设、品种改良和低产茶园改造。出台灵活的土地流转政策，鼓励企业建设自有基地，鼓励大户承包集体茶园，鼓励农户建设家庭茶园。着力推进品种改良，引进特色品种，实现标准化建园、标准化栽培、机械化加工。抓好现有茶园管理，对基地进行分等定级，改造低产茶园，建设丰产茶园。

（二）实施标准化生产经营，确保茶叶品质

茶叶的标准化生产需要从茶园的培育、茶叶的采摘、茶叶的初加工、茶叶的精加工、茶叶的包装等几个阶段进行规范和统一。加大技术培训力度，通过举办培训班等对农户进行茶园培育和茶叶采摘技术的培训，确保鲜叶质量标准化；推进科技创新，针对茶叶大户进行标准化加工技术培训，大力推广机械加工，确保茶叶初制品质量标准化；茶叶质量安全检测部门在茶叶栽培、采摘、加工的全过程为企业和农户提供及时的质量安全检测和指导，提高茶叶安全质量水平；大力推广建立质量统一验收体系，强化茶产品市场准入管理，推行茶产品包装标识制度，统一商品包装，统一品牌，确保标准化经营。

（三）改进"公司+基地+农户"的经营模式，整合好利益关系

首先，要以专业合作经济组织为平台，整合好茶农之间的利益关系。茶农容易受利益驱动而追求高价或竞相压价，这损害了茶农的整体利益。采取"×××＋合作经济组织＋茶农"的形式，将分散的茶农整合为一个整体。在这个结构中，合作经济组织实行股份合作制，由茶农以茶叶基地入股组成，实行民主管理。合作经济组织为茶农提供品种改良、病虫害防治、施肥指导、初级加工等方面的技术服务。加入了合作经济组织的茶农，茶叶要按全县统一的价格出售给合作经济组织，再由合作经济组织统一向外销售。合作经济组织的净收益（主要来源于政府扶持获利、茶叶购销差价），扣除必要积累后根据股份多少在全体茶农之间分配。其次，要以茶叶经销公司为平台，整合好产茶叶大户之间的利益关系。整合茶叶大户之间利益冲突的方法是，采取"公司＋合作经济组织＋×××"的形式，将各茶叶大户整合为一个整体，茶叶大户参股现有的茶叶企业或成立全县性的茶叶合作经济组织，作为发起人参股的茶叶经销公司。公司主要负责市场调查、产品深加工及包装、

---

10 朱海燕，向勇平，符文娟. 试论湖南苗族茶俗的商业化运营. 江西农业学报，2009，21（9）：184-186.

品牌塑造、产品销售、技术指导、人才培训等，各参股公司的合作经济组织，从农户那里购入的茶叶，要按事先约定的价格全部出售给公司，确保公司的原料来源。公司的净利润，属于全体股东共同所有，根据公司章程进行处置。

上述两个整合是一个有机体，互为表里，分工合作，利益共享，风险共担。其重要意义在于：一是避免了重复投入和同室操戈，为打造古丈茶叶名牌奠定了规模基础、组织基础、利益基础；二是建立起了种植、加工、营销、服务（信息、技术、人才等）分工合作的体制基础；三是实现了农工商一体化，减少了供求间的不确定性，降低了交易费用；四是为民间资本搭建起对茶叶产业的投资平台，更便于聚集发展资金。

（四）培育龙头企业，加大带动作用

政府部门及时制定和出台扶持龙头企业的优惠政策，支持龙头及骨干企业数量和规模的扩张，培育壮大起点高、规模大的龙头企业。大力争取国家和省州扶助茶业发展的补助资金，在项目报批、贷款贴息等方面予以优先支持，通过贴息补助和税收优惠等政策，支持龙头企业开展技术引进和改造。以大城市为重点，以大商场和超市为载体，通过奖励扶持等政策，支持龙头企业在外地设立形象品牌店、连锁店和开发经销商，实现多种终端渠道并存的营销体系，有效提高辐射带动能力。

（五）加大宣传力度，打造强势品牌

立足实际实施创品夺牌战略，制定操作性强的实施方案，明确政府和企业的责任，积极支持和引导茶叶企业创建驰名商标和知名品牌。进一步实施品牌塑造宣传工程，充分利用宋祖英、何继光、黄永玉等名人的广泛影响力，加大古丈毛尖品牌的宣传和推广力度，有效提高市场美誉度。加强茶叶文化基础设施建设，深入挖掘茶文化，整理具有少数民族特色的茶歌、茶话、茶文等古丈茶文化产品，扩大古丈毛尖的知名度和影响力，打造能代表古丈茶叶形象的强势品牌。

（六）增加政策扶持力度

自 2009 年始，古丈县整合发改、扶贫、国土、水务、农业、移民、交通等相关部门项目资金，集中投入良种茶叶基地建设和相关基础设施建设，以项目推动茶叶开发。制定出台奖励扶持政策，对新扩茶叶基地每亩给予 1 300 元的购苗、肥料、劳务等补贴费用，并鼓励茶叶下田，对稻田全部改制的农户和部分改制（1 亩以上）的农户分别补助 400 元、300 元，均连补 3 年。同时，实行县级领导联系乡镇负责制，全面推行书记、县长联络员制度，及时解决茶叶产业开发中遇到的各类问题，取得了显著成效。

（七）建立古丈毛尖茶树选育扩繁苗圃

根据古丈县茶叶产业化进程要求，每年需要大量的茶叶苗木作为保障，如果古丈毛尖

苗圃建设不能及时跟上，盲目引进外来品种，不利于保护"古丈毛尖"地方品种的保护。应尽快与湖南农业大学茶学系建立科技协作，培育适合古丈自然生态条件，萌发早、产量高、抗性强、品质优的地方品种。因此建设高规格高标准"古丈毛尖"地方优质品种苗圃基地势在必行。

执笔人：李俊年

吉首大学生物资源与环境科学学院

附录 1　古丈县双溪乡梳头溪茶叶专业合作社简介

合作社成立于 2011 年 7 月，由湖南英妹子茶业科技有限公司发起，古丈县双溪乡梳头溪村民自愿参加，旨在为茶农提供产前、产中、产后服务。

现有社员 178 户，覆盖双溪、高峰、铁马洲、狮子口、红石林 5 个建制乡、村，覆盖茶园面积 30 000 多亩。

合作社以土地、茶园、资金入股，实施"双溪大坳明洞 1 200 亩有机茶基地开发项目"。茶农社员享受年租金、茶青销售分红，经营赢利分红。

双溪大坳明洞千亩茶叶基地建成 1 200 亩高标准茶叶种植机机耕道、集水池、工作道、培管站、收购网点等基础设施建设。按有机茶的标准种植、培管、生产加工。

发展目标：合作社在开发双溪大坳明洞 1 200 亩有机茶园基地成功的基础上，对梳头溪营盘山顶 3 000 亩有机茶园集中连片开发，带动农户开发茶叶 2 000 亩，争取在古丈县入社农民 3 000 户，有机茶叶面积达到 10 000 多亩。配套扩建 4 个 2 000 m² 清洁化加工厂，6 个 400 m² 茶叶初制加工厂，1 个 2 000 m² 英妹子茶文化传播中心（营销窗口），实现年产值 8 000 万元以上，茶农每亩增收 10 000 元以上，依托茶叶专业采摘队，形成种植培管、采摘、生产、销售专业化产业链。

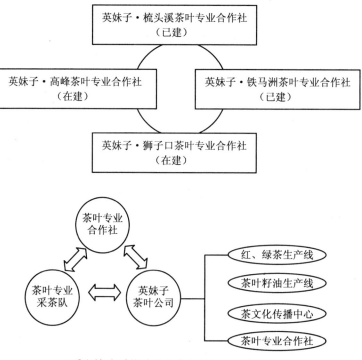

双溪乡梳头溪茶叶专业合作社产业结构分布图

附录 2　古丈县双溪乡梳头溪茶叶专业合作社章程

第一章　总　则

第一条　为适应社会主义市场经济发展的需求，充分发挥专业合作社为农服务的宗旨，提高农民生产经营化程度，增加农民收入，实现共同富裕，由古丈县双溪乡梳头溪村支两委发起，各村茶叶种植大户自愿联合起来的农民专业合作经济组织，本合作社定名为"古丈县双溪乡梳头溪茶叶专业合作社"。

办公地点设在：古丈县双溪乡梳头溪村，2011 年 7 月 1 日，申请登记经营时限为 5 年，以工商部门登记为准。成员出资额：50 万元人民币。

第二条　本专业合作社是以从事茶叶种植、加工的农民为主题，在家庭承包经营的基础上，按照社员制方式生产、经营、分配和管理的互助经济组织。其宗旨是为社员提供生产、营销、技术、信息等方面的服务，维护社员的合法权益，增加社员的经济收入，在本合作社内部不以盈利为目的，是非营利性的经济组织。

第三条　本合作社遵守国家的法律法规，接受县茶叶局、县农村经营管理部门、县农办的指导和监督。坚持"民办、民管、民受益"的原则，实行民主管理，自主经营，社员享受平等权利，入社自愿，退社自由。依法组织生产经营，在经济活动中承担一定的责任。

第四条　本社主要开展下列服务活动：

1. 为社员提供市场信息，采购生产资料；

2. 引进新品种、新技术，组织有关专家和技术人员对社员进行不定期的技术指导和培训；

3. 推广标准化生产和品牌化经营，努力提高产品品质；

4. 协调各方关系，维护社员利益；

5. 提供其他社员所需要的服务。

第五条　本社经工商部门注册登记后，依法享有独立法人资格，其合法权益受法律保护。

第二章　社　员

第六条　凡从事与本社生产经营项目相同的农民或相关事业的个人，年满十八周岁，具有民事行为能力，承诺并遵守本章程者，并经理事会审查批准，即为本社社员，由本人提出书面入社申请，并经理事会审查批准，即为本社社员。

第七条　社员享有下列权利：

1. 参加社员大会（或社员代表大会，下同），并有表决、选举权和被选举权；

2. 享有本社提供的各种经济和技术服务，利用社内设施的权利；

3. 享有社内购买物资和销售产品的权利；

4. 享有本社共同成果的受益和分配权；

5. 有权对本社的工作提出质询、批评和建议，进行监督；

6. 有权建议召开社员（代表）大会；

7. 有权拒绝不合法的负担；

8. 有退社自由权，社员退社需在一个月前向理事会提出书面申请，退社不退费。

第八条　社员的义务

1. 遵守本社章程和各项规章制度，执行社员（代表）大会和理事会的决定；

2. 维护本社利益，保护本社的共有财产，爱护本社的设施；

3. 积极参与本社组织的活动，优先与本社开展业务往来和交易，促进本社发展；

4. 接受本社技术指导，按照规定的质量标准从事生产，履行登记的合同中各项协议，发挥互助合作精神；

5. 按规定缴纳入社费。

第九条　属于下列情况之一，经教育无效者，经理事会决定予以取消其社员资格。

1. 不遵守本社章程、内部管理制度，不执行社员（代表）大会、理事会决议，不履行义务的；

2. 给本社正当权益带来严重危害的；

3. 从事与本社利益相违背活动的；

4. 连续两年不缴纳社员费的；

5. 违反国家法律、法规，被依法惩处的；取消会员资格，必须有 2/3 以上的理事出席，并有出席理事半数以上的票数通过，方能生效。取消会员资格，结清所有债务。

第三章　管理机构

第十条　本社设立社员（代表）大会、理事会。社员大会是本社的最高权力机构，由全体社员组成。召开社员大会有困难时，可召开社员代表大会，履行社员大会职权。社员代表由社员直接选举产生，代表人数不应少于成员人数的 1/10。代表任期 3 年，可连选连任。

第十一条　社员（代表）大会职权：

（一）通过和修改本社章程，决定有关本社的解散、合并、联合等重大问题；

（二）选举或罢免理事会成员；

（三）审批批准本社理事会的工作计划和报告，以及财务计划和报告；

（四）审查批准本社生产经营项目、业务发展规划及规章制度；

（五）讨论并决定其他重大事项。

第十二条　社员（代表）大会每年召开 1～2 次。遇有下列情形之一时，可以召开临时社员（代表）大会。

（一）理事会认为必要时；

（二）1/5 以上社员或 1/3 以上社员代表提出。

第十三条　理事会应严格遵守各种报告制，定期向社员大会提出有关业务、财务等工作报告。

第十四条　理事会负责经营业务，保护本社一切财产，如有违法失职、徇私舞弊造成损失时，追究当事人的经济责任。情节严重者，须负法律责任。

第十五条　理事会实行充分协商一致原则，对生产经营计划、人事和财务管理等重大事项由理事会集体讨论，并经 2/3 以上理事同意方可形成决定。理事会由理事长主持。理事个人对某项决议有不同意见时，须将其意见记入会议记录。理事会开会可邀社员代表列席，列席者无表决权。

第十六条　监事会是本社的监察机构，代表全体社员监督和检查理事会的工作，监事由社员大会选举产生。监事会由 3 人组成，监事会选举监事长一人，副监事长两人。监事任期三年，可连选连任。

第十七条　监事会的职权

（一）监督理事会对社员（代表）大会决议和本社章程的执行情况；

（二）监督检查本社的生产经营业务和财务收支情况；

（三）监督理事会和本合作社工作人员的工作情况；

（四）向社员大会提出监察工作报告；

（五）列席理事会议，向理事会提出改进工作的建议；

（六）如发现理事会有违法或徇私舞弊的行为，可要求理事会召开临时社员大会，并报告主管部门指导解决。

第十八条　监事会由监事长召集，会议决议应以书面形式通知理事会。理事会接到通知 10 日内作出响应，否则为理事会失职。

第十九条　监事会应当有 2/3 以上的成员出席方能召开，各项决议应当经半数以上监事同意才能生效。监事个人对某项决议有不同意见，应将其记入会议记录。

第二十条　理事会与监事会的成员不得相互兼职。理事的近亲属不得担任监事。

第四章　服务职能

第二十一条　本社根据生产经营发展及社会的需要，以摄影为主要对象，开展以下服务：

（一）对社员无偿进行茶叶技术指导和服务，引进新技术、新品种，开展技术培训、技术交流活动，组织经济、技术协作；

（二）兴办社员生产经营所需要的加工包装、储藏运输、贸易、交易试产等经济实体，推进农业产业化经营；

（三）采购和供应社员所需的生产资料和生活资料；

（四）收购和推销社员生产的产品；

（五）向社员提供有关科学技术、市场、经济信息；

（六）提高本社农产品质量安全，开拓新的品牌；

（七）承担国家、集体或个人委托的科研项目和有关业务。

第二十二条　接受与本社专业有关的单位委托，办理供销等业务。

第二十三条　对外签订合同，开展与企业、科研单位及其他经济组织的合作，并以本社为实施单位，进行项目建设和兴办经济实体。

第二十四条　办理本社成员的文化、福利事业，培养互助合作精神。

第五章　财　务

第二十五条　本合作社自有资金来源包括：

（一）社员会费；

（二）本社每年度从结余中提留的公积金、公益金等；

（三）兴办经济实体的利润收入；

（四）接受的捐赠款；

（五）政府和有关部门的扶持资金；

（六）其他自有资金。

第二十六条　本社服务和管理过程中的费用开支应严格执行有关财务、会计制度。费用开支范围主要包括：

（一）本社日常办公费；

（二）科研、咨询、培训、推广和宣传教育等支出；

（三）对特困社员的补助；

（四）工作人员工资和福利费用；

（五）本社福利事业支出；

（六）社员和工作人员的物质奖励；

（七）其他符合财会制度规定的支出。

第二十七条　本社会费定为每个社员每年 12 元。会费不足时，经社员大会讨论决定，可以补缴一定数额的会费。

第二十八条　本社接纳外部无偿资助，均按接收时的现值入账，作为本社的共有资产。经社员大会讨论决定，本社可以按决定的数额和方式参加社会公益捐赠。任何单位与个人无权平调、挪用本社的资产。

第二十九条　本社按日历年度对技术与经济服务活动实行会计核算。理事会须在每一季度初将上一季度财务收支情况向社员公布一次，并及时解答社员提出的问题。理事会须于每年 1 月 31 日前透明向社员（代表）大会提供上年的资产负债表、损益表、财务状况变动表等。同时，提出本年度的财务支出预算，交社员（代表）大会讨论，经审查批准后执行。

第三十条　扣除当年服务成本后，年终结余按下列项目分配和使用。

（一）公积金，按税后利润一定比例提取，用于扩大服务能力；

（二）弥补亏损；

（三）公益金，按税后利润一定比例提取，用于文化、福利事业；

上例各项的具体和提取比例以及分配数额，由理事会提出方案，由社员（代表）大会讨论决定后实施。

（四）除去以上费用后，盈余按社员出资额进行年底分红。

第三十一条　本社聘用职工计划及其工资标准，需经社员（代表）大会批准。所付工资及对模范社员和职工的物质奖励计入服务成本。

第三十二条　本社独资或与外单位联合兴办的经济实体，实行独立核算。本社作为产权单位行使监督权，享有收益权。

第三十三条　本社如有亏损，以公积金弥补，不足部分用以后年度的公积金弥补。

第三十四条　本社财会人员实行持证上岗，会计和出纳不得相互兼任，理事及其近亲属不得担任本社的财会人员。

第六章　变更、终止

第三十五条　本社名称、地址、法定代表人、业务范围等发生变化时，须向主管部门申请办理变更手续。

第三十六条　本社遇下列情况之一时，经社员大会决定，报有关准管部门批准后，予以解散。

（一）社员人数少于 10 人，并无法开展正常活动；

（二）与其他专业协会经济组织合并；

（三）严重经营亏损不能继续经营；

（四）本专业生产消亡；

（五）本社 2/3 成员要求解散或重组。

第三十七条　在批准解散或重组后，理事会应在一个月内向社员和合作社宣告解散或重组。

第三十八条　本社决定解散时，应由社员（代表）大会选出 10 人的清查小组，对本社的资产和债权、债务进行清理，并制定清偿方案报社员（代表）大会批准。本社共有资产依下列顺序清偿：（一）雇用人员工资；（二）应缴税款；（三）外部债务；（四）欠社员的债务。

第七章　附　则

第三十九条　发展合作社间合作与联合。本社经社员（代表）大会讨论同意后，可以与其他农民专业合作社组成产业联合会或行业协会。联合会、行业协会与各成员是协作关系，提供生产、营销、信息、技术、培训等服务，维护成员和行业的利益。

第四十条　本章程未尽事宜，由理事会负责修订，或制定其他管理制度，经社员大会讨论修改，2/3 以上社员通过有效。

第四十一条　本章程由成立大会表决通过后生效，报主管部门备案。本章程由理事会负责解释。

第四十二条　本章程有关条款若与国家颁布的法律法规抵触，应按国家有关法律法规进行修改。

（2011 年 7 月 1 日召开成立大会，由全体会员一致通过）

附录 3 古丈县双溪乡梳头溪茶叶专业合作社制度

民主管理制度

为确保本社日常工作的顺利开展，为合作社实施民主管理和监督提供保障，特制定本制度。

一、本社按照"民办、民管、民受益"原则，实行民主管理，自主经营和"入股自愿，退股自由"的原则，实行自我服务、民主管理，鼓励社员入股、实行利润返还、权利平等、利益共享、风险共担。

二、社员代表每三年换届一次，社员代表直接从社员选举产生。

三、成立理事会和监事会。理事会是合作社的执行机构，负责日常工作，对社员（代表）大会负责。理事会由社员（代表）大会选举生产，任期 3 年，可连选连任。监事会代表全体社员监督和检查理事会的工作。

四、跨乡镇社员，其所在乡镇社员超过 20 人（户）的，作为本社分设设置的前提条件，每乡镇原则上只设一个分社，是否设置分社，由理事会决定。

五、本社重大事项由成员（代表）大会讨论决定。

财务管理制度

为规范本合作社资产管理，严肃财经纪律，特制定本制度：

一、为管好用活集体资产，本合作社按业务需要设会计员 1 名，出纳员 1 名，保管员 1 名，实行账、钱、物分管，做到日清月结，每月 5 日前向县主管部门上报资产负责表 1 份。

二、本合作社财产、物资不准私自占用，社员因生产上的困难确实需要扶持的，所借用的财产物资，应向本合作社出示书面借据，并参照信贷部门标准适当收取资产占用费，当年借用财产物资，需当年收回，逾期加罚占用费。

三、本合作社一切收支必须纳入账内核算，一切开支，经理事会审核盖章后方可报账、做账；在资金开支上，小额资金 200 元以内由理事长审批；除工资表册支付外，凡 200 元以上 1 万元以下的开支由理事会集体审批，1 万元以上开支由社员代表大会审议批准。

四、理事会须在每一季度终了时将上季度财务收支情况向社员张榜公布，及时解答社员提问。

五、理事会须于每年 1 月 31 日前向社员（代表）大会提供上年度资产负债表、损益表、财务状况变动表，同时提出本年度的财务预算，交社员（代表）大会讨论，审查批准后执行。

六、本社的财务档案管理，建立财务档案室（柜），实行统一管理，专人负责。

安全生产制度

为了提高社员的科技水平，使社员获得最佳经济效益，严格生产和销售上的管理，特制定本制度：

一、严格遵守章程，本社只对按（章程）规定取得社员资格的农户在生产、技术、物资、资金、信息、销售上实行一体化的产前、产中、产后服务。

二、严格统一管理。在品种引进上，由合作社统一引进优良品种；在茶叶采摘、运输、销售上，统一指导，按级别分类执行。

三、严格病虫害防治。社员发现带有传染性病虫害时，由合作社组织人员及时进行销毁，杜绝病虫害传播，出现病虫害时一定要在合作社的统一指导下进行用药，保证产品品质。

四、严格统一质量检验。凡是本社生产的产品，都要经过监事会严格检验方能包装出售。

盈余分配制度

为了保护社员的合法权益，体现合作的本质，依据《中华人民共和国农民专业合作法》、农业部《农民专业合作社示范章程》和财政部《农民专业合作社财务会计制度（试行）》，特制定本制度：

一、本社盈余分配的人员为持有本社《社员证》的社员。

二、合作社在进行年终盈余分配工作以前，要做好财产清查，准确核算全年的收入、成本、费用和盈余；清理财产和债权、债务。合作社的盈余按照下列顺序进行分配。

1. 提取盈余公积。盈余公积按不低于 10%的比例提取，用于发展生产，可转增资本弥补亏损。

2. 提取风险基金。按照章程或成员大会决议规定的比例提取，用于以丰补歉。

3. 向社员分配盈余。合作社的盈余经过上述分配后的余额，按照上交茶叶鲜叶的数量按比例向社员返还，返还比例不低于 60%；按照出资额、成员应享有公积金份额、国家财政扶持资金及捐赠份额和社员返还，返还比例不超过 40%。入社不满一年的社员，根据社员出资入社时间，按比例按时间段进行分配。

三、农民专业合作社盈余分配方案要经过社员大会或社员代表大会讨论通过后执行。按交易量（额）比例返还金额及平均量化到社员资金份额。

品牌统一制度

为适应社会主义市场经济大致的要求，提高本社产品知名度，特制定本制度：

一、统一基地管理，本社社员的茶叶基地统一培管、统一时间防病治虫，统一时间施肥。

二、统一茶叶鲜叶收购，统一茶叶收购的茶源、采摘时间和采摘标准。

三、统一加工，社员采鲜叶统一交本社厂房，统一加工、制作。

四、统一包装、销售，按茶叶季节分级统一包装，由合作社统一管理。

五、统一品牌，由合作社定品牌，社员不得随便宣传，按茶样标准，统一品牌，即定为"梳头溪"品牌。

案例研究十六

三都马尾绣惠益共享

一、调查区域概况

（一）三都县自然地理

三都水族自治县是全国唯一的水族自治县。位于贵州省黔南布依族苗族自治州东南部，地处月亮山、雷公山腹地，地跨东经 107°40′~108°14′，北纬 25°30′~26°10′。东邻榕江、雷山，南接荔波，西接独山、都匀，北连丹寨。东西宽 56 km，南北长 78 km，距省城贵阳 230 km，距州府都匀 85 km，全县总面积 2 400 km²。全县辖 10 镇 11 个乡 270 个村委会 4 个居委会 2 413 个村民小组，总人口 35.6 万人，其中少数民族人口 33.1 万人，占总人口的 96.7%；水族人口 23.8 万人，占总人口的 66.7%。全国水族 40.7 万人，60%以上的水族人口居住在三都，县境内居住着汉、水、布依、苗、瑶等 14 个民族。

县境处于云贵高原的东南斜坡，地势自西北向东南倾斜，平均海拔在 500~1 000 m，最高为西北面的更顶山，海拔 1 665.5 m；最低处是坝街附近的都柳江出境处，海拔 303 m。境内山岭连绵，溪流交错，其间夹着若干起伏的丘陵和平坝，在总面积中耕地占 9.4%，林地占 55.6%，草山占 29.7%，水面占 1.3%，有"九山半水半分田"之称。县境内森林资源得到较好保护，森林覆盖率 50.08%，是全省十个重点林业县之一。属中亚热带温润季风气候类型，特征为夏长冬短，春秋分明，夏无酷暑，冬无严寒，年平均气温 18℃，无霜期平均为 328 d，年平均降雨量 1 349.5 mm[1]。

境内有尧人山国家森林公园、都柳江省级风景名胜区和五个省级文物保护单位，还有古朴迷离的民俗民风和令人神往的自然景观，旅游资源别具特色。在人类发展的历史长河中，水族人民在长期的生产生活实践中，创造了丰富多彩的民族文化和独特的民族风情，水族有自己的语言、文字和历法，有"端节"、"卯节"等传统节日，《水书》被誉为中国象形文字的活化石。民歌形式多样，有双歌、单歌、蔸歌、调歌、诘歌，尤以蔸歌堪称民

---

1 引自 http://www.sdx.gov.cn（2013-10-25）.

歌奇葩，说唱结合，内容丰富，音调独具一格，被收入贵州曲艺园地的一个新曲种。有粗犷奔放的斗角舞，庆祝丰收的铜鼓舞，庄严的水族祭祀仪式，有古朴典雅的"干拦式"建筑，有工艺精湛、闻名遐迩的水族马尾绣、剪纸、服饰和风味独特的传统饮食，有一泻三迭的中和飞瀑、浑然天造的塘州仙人桥、通天测地的"晴雨石"、玄机难解的"产蛋崖"、闻歌起舞的"风流草"等。

（二）板告村概况

板告村位于三都水族自治县三洞乡，距县城 36 km。乡人民政府所在地为下街村；面积 127 多 km²，现有耕地 793.33 hm²，森林覆盖率达 65%，辖 17 个行政村：下街村、板闷村、寨罗村、板劳村、达便村、乔村、板告村、善哄村、水根村、古城村、良村村、定城村、板龙村、群力村、邑炮村、板南村、板厘村，120 个村民小组，1.87 万人，水族占总人口 98%，海拔 740 m。

板告村是公认的水族马尾绣核心起源地，全村共有 278 户 1 548 人，分居于 7 个自然寨，绝大部分是水族。板告村居民的生产方式以传统的小农生产为主，用牛、马作役力，用翻锹翻地，生产工具比较简易、古朴，生产的农产品有稻、麦、油菜、玉米等。

作为水族文化、水族语言的中心村，板告村有着悠久的民族风情和文化艺术，特别是马尾绣和银饰品制作工艺及水牛角雕刻独具特色，远近闻名。全村妇女均会制作马尾绣，农闲时间房前屋后都会小至六七岁年长至于七八十岁的女性三五成群地聚在一起刺绣，相互交流心得和技艺。板告村是的水族技艺代表性传承人韦家贵、宋水仙、韦桃花等人的出生地，从这里嫁出去的年轻女性也把马尾绣带到三都其他村寨。贵州名匠第一人，马尾绣传承人韦桃花嫁入三洞乡的板龙村后也把技艺带入板龙，积极发展马尾绣学习班，带动妇女制作马尾绣。其他水族女性嫁入的村寨也带动当地妇女学习马尾绣，如中和，塘州等乡镇。

二、马尾绣的历史、特点及分布

马尾绣是水族妇女世代传承的以马尾作为重要原材料的一种特殊刺绣技艺。它是水族独有的传统工艺，源于板告，流传于三都境内三洞、中和、廷牌、塘州、水龙等乡镇的水族村寨，是现存最古老而又最具有生命力的原始艺术，被称为刺绣的"活化石"，是研究水族民俗、民风、图腾崇拜及民族文化的珍贵艺术资料。

板告村流传着一个关于马尾绣起源的传说。很久以前，水族居住在海边，因为部落战争不得不往内地迁徙。马匹是唯一的交通工具。水族依靠马匹驮东西，驮人逃离追兵。最后来到很宽很宽的大河边，马又驮着水族游过湍急的河水，摆脱追兵。很多马死在了迁徙的路上。水族认为是马救了大家的性命，把它视为庇护民族的动物。为了纪念水族的大迁徙和死去的马匹，祈求马神的庇护延及水族子孙后代，水族就以马尾为线，缝制、刺绣民族服饰。水族葬礼要杀马祭祀，马尾毛一般都是从葬礼上杀死的马匹身上收来的。

图 16-1　精美的马尾绣（李丽摄影）

现在会马尾绣传统技艺的妇女非常多。以三洞乡为例，60%的妇女会制作马尾绣，并以此为重要经济来源。

三、马尾绣工艺特点

（一）制作工序

1. 第一步打布壳

在需要制作刺绣的布料底部粘贴一至二层白色粗布。过去使用米汤调制的糨糊，现在使用的是工业生产的单面带胶硬衬。

2. 第二步绘制图案

在布壳上绘制需要的图案。工艺高超的刺绣者对图案烂熟于心，不需要绘制就可以直接刺绣。

3. 第三步缠马尾

用白色丝线缠住三根马尾毛。

图 16-2 丝带绣（李丽摄影）

4．第四步绣马尾

在布壳上绣上缠好的马尾线，用另外一根丝线环绕马尾线，固定马尾线，组织成需要的图案。

5．第五步填彩线

白色马尾线勾勒出图案后，再用彩色丝线填充白色绣线之间的空隙。填充刺绣空隙的丝线制作方式有三种：辫绣——每绣一针都要编一个结连续不断的结填充空隙；丝带绣——丝线编织彩带后缝在空隙中；打籽绣——每绣一针打一个结，一个图案由无数的结填充。

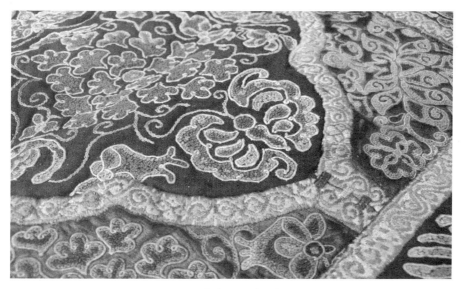

图 16-3 打籽绣（李丽摄影）

（二）工艺特点

从制作技法上看，马尾绣的核心工艺是用马尾线勾勒图案再填充色彩。相似的技法有黔东南侗族地区的轴线绣。轴线绣是线缠线，材料上有根本的不同。

从艺术效果上看，马尾绣和黔东南侗族的轴线绣效果相似，但是马尾绣的图案更为形象和具体。

（三）变化趋势

1. 用途

过去，马尾绣只用于装饰儿童背带，衣服上的马尾绣出现时间才十几年。纯马尾绣装饰的水族女装，第一件衣服的刺绣者是韦桃花，而图案设计是宋水仙和韦佳敏。产品发展过程中出现旅游纪念品性质的香包、背包、钱包、高跟鞋和银饰浮雕搭配装裱用的绣片等。在马尾绣被评为非物质文化遗产后，市场对马尾绣的认可度大大提高，也使得水族人对自己的工艺认可度提高。年轻女性婚礼时以拥有一套马尾绣的盛装为荣。

2. 图案

传统的图案极富水族特色。通常经由母系传承，主要有太阳、文字（水书）、蝙蝠、凤凰、鸟、闪电、丝瓜、石榴树、葫芦等。刺绣者也会从水族的古碑上选取图案，比如龙凤等。年轻妇女能通过电视等途径学习到一些富有现代特征的图案。

3. 马尾绣开发对图案的影响

马尾绣品生产公司的订单中，会提供图案。定制方提供的图案不一定适合马尾绣的构图，图案设计者会根据马尾绣的构图规律做修改。刺绣图案设计者通常是由传承人、极其擅长刺绣并能绘制图案的妇女来修改。

马尾绣为了适应市场需求，在保持核心技艺不变的前提下，技艺纯熟的传承人开始设计制作大型绣品，刺绣图样出现人物。出于水书的保护和发展考虑，马尾绣开始出现纯水书的卷轴式作品。刺绣内容也开始借鉴汉族传统图样，比如说寿星、宋代的百鸟图等。2008年奥运会期间，创作了马尾绣福娃、北京奥运会标志等旅游纪念品。这些产品是为了适应时代发展和满足市场需求而出现的。

传统的马尾绣绣品，布料以水族人自制的深蓝、深黑色布匹为主。丝线色彩主要是冷色调，多选用复色，较少使用纯色。红色选用暗红、粉红、浅玫红；黄色选用土黄、棕色等。其余是灰色调的蓝、绿、紫色等。缠马尾的绣线只用白色。马尾绣开始大规模的市场化以后，水族妇女们就开始尝试各种材料。布料出现了化纤、绒布；色彩也变得更为丰富。制作布壳的糨糊也逐渐被单面带胶硬衬代替。缠马尾的线开始使用彩色丝线，不过用量不多。填充用的丝线色彩开始变得艳丽，暖色调变多。

辫绣依然流行，也还是纯手工制作。丝带绣有所变化。传统的丝带纯手工编织，现在机器生产的丝带已经逐步取代了手工的丝带。打籽绣基本失传。年轻妇女认为打籽绣视觉效果不佳，工艺繁琐。

图 16-4 大型水书主题马尾绣——"水族人民热烈庆祝党的十八大胜利召开"（李丽摄影）

（四）马尾绣面临的挑战

1. 传统

传统的图案和工艺是马尾绣的核心价值，恰是这种价值无法融入大众消费的市场，必然是属于稀有的产品。优点在于其独特的文化价值，缺点是难以跟上时代步伐。

2. 材质改变

传统的刺绣材质多为纯正的丝线、棉线，现在均由涤纶线代替。涤纶线的色彩并不如传统色系那么柔和，产品的艺术价值略受影响。

3. 机绣逐步出现

机绣只能模仿马尾绣的图案和款式，并不能模仿其真正的效果，认识马尾绣的人也能一眼看出来。但机绣具有批量生产、品质、工艺可控、售价较低廉等特点，会对手工马尾绣的市场带来冲击。

四、马尾绣的传承状况

（一）传承方式

马尾绣的制作方式一般由母亲口头传授、亲自示范给女儿。小女孩六七岁时就开始学习缠马尾，长大一点开始学习刺绣。妇女们在农闲时节创作马尾绣，也相互交流经验。

马尾绣商品化以后，出现了传习班，有妇女自发的筹钱请优秀传承人来教，也有传承人和社区妇女主任一起组织大家学习，也有在文化部门的组织下请传承人一年一次的培训。

（二）传承状况

马尾绣的传承在过去一段时间内出现了严重的断代。只有 50 岁以上的人会，30 岁左右且技艺精良的简直是凤毛麟角。马尾绣的核心技艺只有板告等村寨的少数人掌握。

图 16-5　正在绣马尾的水族妇女（李丽摄影）

20 岁以上的女性，如果在社区内从事农业的，在农闲时间会绣。技艺优秀的还会全职教授刺绣技艺。但 20～30 岁的青年妇女很多都已经到外乡读书或务工，很少有学习马尾绣的机会。30～50 岁的妇女，传习马尾绣的主力军，甚至有较大一部分以创作和出售马尾绣维持生计。

韦某在镇上经营自己的马尾绣商店，自己创作、出售、收购马尾绣背带、饰品、服装等。她的顾客主要是三洞乡的水族群众；而一些小绣片也供应给外来客商。因为韦某擅长图样设计，所以给人绘制图样也是经济来源之一。绘制一份背带的花样收费150～170元，一套衣服的花样收费150～180元，一双鞋20元。由花样的复杂程度和精密程度决定。

以前，旧的马尾绣通常会被烧毁。随着马尾绣知名度的提高，收购马尾绣的人越来越多，旧绣品会被仔细保存，出售给收购者。收购价格从几十元至上千元不等。

（三）家庭博物馆

韦某是三都县三洞乡板告村村民，妻子潘某是国家级非物质文化遗产——水族马尾绣的传承人。

韦某的家里收藏了大量的民族文物，有各个时期的马尾绣和平绣、布贴等，水族的竹编和草编器具，水族的白铜和纯银首饰、烟盒等物品，水书古籍，布依文古籍等，以及周覃、茂兰一带的布依族织锦、土布、豆面染（类似蓝印花布）等织物。

图 16-6　韦某和他的马尾绣博物馆（李丽摄影）

韦某的家庭博物馆藏品相当丰富，是当地的文化宝库，对水族文化及周边少数民族研究有着非常重要的意义。保存的古代马尾绣背带等是传统图案宝库，可以作为水族文化传承机制的研究样本。板告虽然一直在规划成为旅游村，但是基础设施落后，游客极少，博物馆也很少有游客参观。不过，还是有游客慕名前来参观，韦某都免费接待。韦某的家庭博物馆对文物的保护能力非常有限，尤其是纺织类物品，只能折叠后随意堆放，有的绣品已经发霉，处理的方式只是每年夏天拿出来晒而已。运营缺乏科学的技术指导，藏品的管理较为粗放和随意。

地方政府并不重视韦某的博物馆，也无实际的支持。黔南州政协委员、水家学会会长胡某到板告考察时，参观韦某的家庭博物馆后，从黔南州政府申请文化保护资金给韦某加建厢房以陈列文物，并由州政府拨款给韦某。但是三都县政府并没有通知韦某领取经费。胡某询问韦某后得知经费没有拨到，胡某才让韦某主动去县政府领取。领取经费时，韦某还交纳了一笔税费，实际发到他手上的钱只有两万元。

韦某的博物馆对传播马尾绣的声名有较大影响，但是在文化传承上并无太多建树。首先是当地人对自己传统的文化重视的程度不够，也没有去韦家贵家学习、传承古代背带图案的意识。

五、马尾绣和社区文化、生计的关系

马尾绣在水族社会生活中有较高地位。社区中对马尾绣的传统认知是马尾绣背带是母亲必须送给女儿的嫁妆。不论自己制作还是购买，都必须有一床背带。没有的则认为妇女不能干，不贤惠，男人也会觉得没有面子。

马尾绣背带是为纪念水族迁徙过程中死去的马匹而制作的。水族也认为马是护佑水族人民的动物。马尾绣图案中的太阳，水书（多为吉、寿），蝙蝠，凤凰，葫芦等都有其文化意义，保佑水族子孙健康幸福。马尾绣背带、马尾绣服饰一般在年节、赶集、社区集会、走亲戚、婚丧嫁娶等重要场所时使用。

马尾绣曾经是自给自足的物品。通常也只是制作背带时才会全部使用这种工艺。在鞋子、服饰上只是极少的点缀，并不普遍。背带是母亲送给出嫁的女儿，作为第一个外孙出生时的唯一礼物。娘家人同时还会送布贴背带、平绣背带、水绣背带等 4~6 床。马尾绣背带是只送一次，改嫁或者生第二胎也不会再送。马尾绣背带是传家的物品，会一直给子孙保留、使用。因而叫做"传家背带"，不到严重破损不会烧毁。这也是马尾绣得以传承的重要文化因素。

自从变成市场认可和接受的产品以来，外界对马尾绣的认可，刺激了水族人尤其是水族妇女对马尾绣的认可，最直观的是经济的改善。尤其是水族马尾绣被评为国家级非物质文化遗产、2006 年韦某等人被评为非物质文化遗产传承人、贵州名匠以来，一批优秀的传承人在妇女中的地位大大提高，大家认为刺绣马尾绣能获得如此荣誉是非常值得荣耀的。

市场需求量的扩大，妇女们开始自主的找传承人们学习刺绣，逐步开发出产品以来，妇女们能从刺绣中获利，便有越来越多的人认可这项技艺，并开始加入传承技艺的队伍中来。从而催生传习班的开办，提高了妇女们学习马尾绣的热情。妇女的月收入也提高到1 500～3 000元。

因为经济状况的改善，水族妇女在社区和家庭中的地位也产生了变化。过去，农活由妇女包揽；现在为了支持主妇创作和经营马尾绣，男性也挑起了扁担。妇女收入提高，独立意识也提高，经济支配的空间也增加。妇女对家庭事务的发言权和决定权增大，并得到男性的认可。刺绣能手带来的经济效益会得到整个村寨的认可，她的丈夫也会为自己的妻子骄傲。

六、马尾绣的惠益分享状况

(一) 企业及其经营模式

1. 公司+艺人

金凤凰马尾绣有限公司（以下简称"金凤凰"）是一家私营企业，是三都水族自治县首批微型企业之一。创办人王某出生于塘州乡灯光村三组，初中文化水平。曾经在深圳龙华服装厂、浙江金华服装厂打工十余年，2002年，王某返乡后用打工赚来的7 000元钱开办起服装加工店，后又尝试餐饮服务，结果血本无归，后来经过市场调查，决定把水族马尾绣传承推广。2006年，王某放弃了其他投资，他自筹资金5万元，聘请了两位民间马尾绣民间艺人，把自家300多m²的用房改造为加工作坊，申请成立金凤凰马尾绣有限公司。金凤凰创立之初并未注册，技术工3人，绣工18人。2007年新增加缝纫机7台，技术工新增到7人，绣工增加到30人。自创办以来，共接外来订单1 000余件，产量达6 000余件，产值达12万余元，税收1万余元。

金凤凰与当地马尾绣制作者的合作模式是，金凤凰提供需要刺绣的面料以及画好的底图，刺绣者在家中制作，每月领取计件工资。金凤凰的图案绘制师每月领取基本工资，按照绘制的数量计件提成。绘制师和刺绣艺人并不署名，也不参与企业的利润分配。公司根据订单情况，聘请工艺师（传承人）对接受订单的妇女进行培训。

除了金凤凰，当地还有同类型的马尾绣开发公司，如县文化馆职员开办的"凤之羽"，也采用同样的经营模式。

马尾绣的经销链有三个环节：生产者（水族妇女）、收花者（本村寨中的人，他们负责控制妇女绣品的质量，负责和外界商业开发公司打交道）、外地商贩或开发公司（他们大多不从生产者处购买，因为无法用水语和当地妇女交流，当地妇女对汉语方言都不太能掌握，所以直接从收花者处订货、批量购买）。

开发公司是以订单形式收货。开发公司确定好需要刺绣的款式和大小，找人做一个刺绣样品之后，把样品复印，交给村寨中的收花者，由收花者去分发纸样、沟通和控制质量。

订单不签合同。因为社区中水族妇女普遍文化程度不高，法律意识不足。绣品刺绣所需的时间无法确定，尤其是背带、盛装，短则一年，长则三年，艺人也不愿用协议来强制约定。

妇女普遍的不识汉字，担心协议内容于己不利，常抵触签协议。凤之羽文化传播公司是在和妇女的多次合作和培训之后取得信任，一手交钱一手交货。妇女按手印来确认自己的刺绣被购买并拿到相应报酬。口头条款由定制者自己规定货品质量、大致的交货时间，与刺绣者共同商量价格。

如果艺人没有按时完成的，开发公司和收花者会催促，但是不会要求追究责任，也不会扣钱。如果需要赶时间制作的，就会加钱。因为艺人不懂任何法律，但是对自己的保护意识非常强。如果自己做不完，会找社区中其他妇女帮自己做。如果因为质量不合格的，刺绣者也会坚决保护自己权利，认为自己也花了精力和时间来制作，不能允许少付一分钱。如果开发公司要求过高，或者要求扣钱的，刺绣者就不会再和这家公司或者收花者合作。由质量带来的风险就由开发公司或收花者承担。

2．传承人+妇女

在三都，韦某、宋某等知名传承人也开办了自己的马尾绣开发公司，并注册商标。

与一般开发公司相比，传承人的公司不通过收花人，而是直接跟会刺绣的妇女打交道，同时承担纹样设计绘制、工艺指导和培训等多重角色。选择刺绣者的方式是看绣品的针脚是否细密，配色是否协调。

传承人收来的绣品，或者委托妇女做的订单，一般以传承人的名义售卖。与一般开发公司相比，传承人的采购价略高，20元的小绣片，从村寨里收来的价格15元左右。

传承人韦某有两个小门面，一个展示，一个是加工和制作，长期合作的妇女有十多个。此外，传承人每逢赶集就去收绣片，加工成画框出售。一些县城里会做刺绣的，有产品也会找上门要求传承人收购。还有一些外出打工的妇女，带着订单模板出门，回家时把绣品卖给传承人。

20世纪90年代初期，很多外国游客来板告收集老旧的绣品，也购买一些新绣片作为旅游纪念。宋某意识到这是一个商机，便开始制作一种马尾绣的钱包，并以此为模板向当地妇女传授并回购。当时三洞制作马尾绣的妇女都开始制作这种钱包卖给宋某。刚刚开始她出价12元一个，就有非常多的妇女送货上门。但限于资金有限，她便把价格降到6元。妇女们依然非常有制作热情。1996年，宋某就开始向贵阳的旅游商品公司供货，如黔艺宝、黔粹行等。这些公司会不定期地到三都来收购宋某的马尾绣。

（二）开发动机和规模

马尾绣的开发，除了经济效益，还有社会效益。在三都，由于马尾绣的开发，提高了当地农民尤其是水族妇女的收入。此外，会刺绣的妇女一般不外出打工，留在社区和家庭中能够照料家务，照料老人、孩子；妇女收入的提高，也提高了其在家庭和社区的地位。同时，马尾绣的开发，带动很多人从事传统手工艺的发展和制作中来，使得水族传统文化得以延续和传承。

马尾绣是水族独有的，最能体现其审美情趣、情感和文化，且群众基础浓厚的传统手工艺，纹样独特丰富，工艺精美，内涵深厚，在工业产品为主导的现代市场中，极具开发潜力。在贵州旅游业大发展的社会背景下，马尾绣已经占有一定的市场份额。马尾绣已经出现三种类型的产品：第一种是工艺较为简单的旅游纪念品，第二种是水族人必须置办的婚嫁礼仪性盛装服饰，第三种是工艺精细、制作精良，价格高昂的收藏级绣品。这也是马尾绣产业未来发展的三个产品群。

水仙马尾绣开发公司成立的动机原本只是建立一个小型的马尾绣工作工厂，但是当地政策支持建立微小企业并能申请贷款，于是就决定成立公司获得这项贷款。但是宋某认为依然走低端的旅游产品路线，靠产量来拉动的话，马尾绣将会面临工艺水平降低、竞争力减弱的困境。因此她决定以自己收藏的古老精品为依托，尝试创制新的精品。她的计划能够申请到国家支持的贵州家庭博物馆的项目经费，展示其收藏品，并制作精品来维持经济的运作。

韦某开设自己公司的时间要早，在被认定为省级传承人和贵州名匠时她就意识到了自己的品牌价值。于是开设了自己的桃花马尾绣公司，但是在当时并无扶持政策，她也没有能力申请贷款。于是就借钱来成立自己的公司。她的计划是在三洞乡成立马尾绣艺术馆，依托板告村吸引外宾。目前正在建设三都至荔波的二级公路，经过三洞、中和、周覃等水族、布依族聚集区。建成通车以后，将和荔波的旅游景点衔接起来，外地游客大量地来三洞观光。她计划在自己的艺术馆里展示马尾绣等民间技艺，以展带销；还展示水族、布依族等当地民族的一系列传统手工艺作品。但她的投入规模和她的预期还很遥远。她现在只有一个加工店面和一个展示店面，面积均不超过 50 m²。她希望能得到政府的帮助，建立起这座艺术馆，并带动更多妇女改善生计。

（三）开发进展评估

马尾绣的产业链主要由绣片制作、绣片收购、成品加工、出售等四个步骤。成品加工环节企业多、规模大，但加工出来的产品仅是简单的、小件的旅游纪念品，而且类别少，技术含量低，产品附加值也低。最终产品的艺术价值和商品价值还有很大的提升空间。

目前的产品有装饰画框的绣片，包袋，服装等，都根据市场价格，定价是根据手工的细致程度，图案的复杂程度，按市场价格确定。以一幅装裱好的马尾绣作品为例，交给刺绣者的绣片制作价格为 1 000 元左右，装框 200 元左右，最终售价为 1 600～1 800 元。以钱包为例，收购价 30 元左右，批发价 40～50 元，零售价 80～120 元不等。

就传承人而言，缺乏资金，难以扩大生产规模和提升产品价值，更缺乏设计产品的能力。传承人对设计的认识停留在图案设计上，没有产品设计的概念。传承人多为农村妇女，缺乏市场信息的获取和跟踪能力，缺乏与政府沟通的渠道。就非传承人而言，资金也是问题。马尾绣并不是大众生活必需品，所以市场需求量不稳定。同时产品也缺乏设计，均是简单的修片装框等纪念品。他们的优势在于文化程度比传承人高，更有办法与政府和外商打交道，能够与外商签约购销合同等。以凤之羽为案例，曾经设计出几款马尾绣的时尚背包，公司决定找浙江、广东等厂家加工一批产品。但是背包制作厂家要求制作少则 1 000，多则万件同款包包才愿意接受加工。其中公司就面临几个难题，一是没有能力收集上千件同款的绣片，也没有资金能力找厂家加工上千件；二是如果能加工出来，也担心上千件的马尾绣背包没有销路，造成产品的积压。

（四）"祥云神虎"事件

2010 年，新华社等多家媒体报道了"三都县宏芸水族文化产业投资发展有限公司"及其开发的三都水族套绣。三都县宏芸水族文化产业投资发展有限公司创办人宋某，为抢救濒临失传的水族套绣工艺，于 2005 年筹资 30 万元，承包了独山县民间刺绣厂，新招 100 多名工人，并请几位老艺人来做培训。该公司开发的手工套绣"祥云神虎"被联合国教科文组织评为"世界杰出手工艺品徽章认证"，是中国刺绣类唯一获此殊荣的手工艺品，被中国刺绣博物馆收藏。"祥云神虎"的套绣工艺于 2008 年获得国家专利；此外该公司的工艺类、玩具类、动画类、动漫类系列产品已申请注册商标。

布贴老虎实际上是独山县布依族传统的手工艺品，是一种布贴工艺，也叫堆绣工艺。曾经在 20 世纪七八十年代非常兴盛，由独山刺绣厂生产，远销海外。90 年代开始，遭到工业化工艺品的市场冲击，退出市场。"祥云神虎"就是以布依族布贴老虎为底本，再经水族马尾绣传承人韦某等人镶嵌金线创作而成。媒体的报道中被称为"水族套绣"，实际上水族并无这种传统工艺，只是对布贴金线镶嵌工艺的笼统描述而已。布贴和镶金线工艺，在三都、独山等地的布依族、苗族、水族妇女都会，而与马尾绣并无关系。仅仅是水族的马尾绣传承人参与了"祥云神虎"的制作过程。

七、马尾绣的管理机制

（一）法规制度

当地政府在马尾绣方面没有专门的法律法规和管理制度，没有直接的经济扶持政策，但是在推广马尾绣方面做了很大努力。每年组织一批传承人参加国内外各类展会和手工艺比赛，拍摄传承人的宣传片，制作宣传册，用于展会的展示，以此来提升马尾绣知名度，扩展传承人视野。国家非物质文化遗产保护方面，有马尾绣专项资金的，并未直接扶持企业，而是用于马尾绣的展示馆建设，如为了配合三都产蛋岩景区开发，专门用 20 万元资金建设景区附属的马尾绣展馆，用作商业性质的展示厅。

在政府扶持方面，如文化局附属的商业性质马尾绣展示厅，政府免去其三年房租作为优惠补助，以及马尾绣起源地三都板告的韦某马尾绣家庭博物馆，政府补助他两万元。但是这种补助方式并不普遍，三都县城还有其他传承人独立的小型加工坊或者公司均未得到政府的政策优惠和补助。

（二）开发政策

贷款：现在并没有以保护开发非遗项目的贷款资金。只有当地的微小企业贷款，15万元至45万元。该贷款分为三个层级，企业成立时第一批贷款15万元，发展到一定规模和人数时再放贷15万元，达到第三个规模和人数级别再放贷15万元。这类贷款需要抵押财产，对于一些从村寨里走出来的传承人来说也无力承担。贷款条件有两个。一是房屋抵押。但是传承人只有村寨中的一套旧木房，估价不过5万元，无法满足规定。二是需要贷款者有在政府或者事业单位工作的担保人签字，才允许贷款。所以传承人就没有这些资格获得贷款。2010年左右有妇联牵头的妇女创业无息贷款，但也需要抵押。

税收：马尾绣产业并无税收优惠。和普通商品一样的税率。县文化馆工作人员曾经到税务局协商申请非物质文化遗产行业的税收优惠事宜，希望以此减轻马尾绣产业从事者的经济负担，刺激更多妇女加入其中。税务局表示须提供国家颁布的政策优惠文件，才可减免。实际上国家并无此类文件。

（三）地方政府的规划

三都县把马尾绣视为改善民生和打造水族文化的产业。并扶持其成为三都的名片，借发展旅游的契机来推动马尾绣的发展。国家的水族文化保护项目中，水书和马尾绣是重点，但是掌握水书的人不多，而且不能立即变现产生商业价值。马尾绣的群众基础较广，商业价值显著，已经初具规模。所以三都在力图推广民族文化从而吸引游客，带动经济。以三洞乡镇板告村为例，三都县至荔波县的二级公路由此经过，想借荔波的游客来带动沿线的发展。文化局方面正在作马尾绣外观专利保护方面的申请，借此保护马尾绣的地域性特产专利。

当地政府认为马尾绣是三都的一张名片，也是发展三都旅游产业的带头产业。并以此为对外宣传的文化亮点，政府非常认可马尾绣给三都带来的知名度，常年组织马尾绣传承人带着马尾绣参加国内外的文化展会，马尾绣产品也是政府主办的各类活动中送给外宾的礼品。

八、建议

马尾绣以其独特的工艺和深厚的文化内涵，不仅在水族人民的生活中具有不可替代的价值，在现代化和工业化背景下也日益凸显出巨大的市场价值。近年来，马尾绣的初步开发和商业化已使当地人，尤其是水族妇女的收入得到明显提升；同时增强了文化自豪感，使这种一度濒临于失传的传统知识得以恢复传承，焕发出新的活力。

马尾绣的传承动力，一方面来自旅游开发带来的商业机会，另一方面也来自社区内部的文化动力。社区尚保存着较为强大的传承机制，代际传承仍在以传统方式沿袭；同时，一些水族文化精英，如韦某，已具备文化觉醒意识，开办了马尾绣的家庭博物馆。此外，在传承人参与开发的过程中，社区逐渐形成代际之外新的传承方式，即由传承人通过商业订单对社区展开培训。

马尾绣入选国家非物质文化遗产后，当地政府采取了积极措施，促进了马尾绣的保存和传承。一是通过遴选传承人，并给予精神和物质的激励，提升了当地对马尾绣的传承意识，强化了传承机制；二是由政府出资，推广传播马尾绣，提升了马尾绣的知名度和市场价值。

目前马尾绣的传承与开发，也存在很多困难和问题。

（1）马尾绣在商品化过程中，出现传统图案和工艺的流失，而这是其作为工艺品和水族文化载体的核心价值。

（2）马尾绣的开发仍处于较低层次，开发企业大部分面临资金、设计和高端市场平台等困难。

（3）当地政府和民间均萌发了品牌打造和保护意识，但仍缺乏知识产权意识和相应的管理机制，导致这种传统知识面临被外来公司和个人窃取盗用的风险。

马尾绣纹样和制作工序可任由旅游者、考察者和开发商拍摄；马尾绣制作者，包括部分传承人，均无署名的意识或要求；与外来开发商合作时，缺乏提出并实现分享知识产权的意识和能力；尤其值得注意的是，大部分马尾绣制品是以半成品或原材料方式出售，且流向和用途不明，这也意味着原生社区和传承人在整个商业开发的链条中处于最上游，难以获得合理的惠益分享。

大部分艺人仅作为劳务输出者而非精神作品的创造者，得不到相应的尊重并体现其市场价值。长此以往，马尾绣的创造动力将被逐渐抽离，失去文化传承和创新的深厚土壤。从某种程度上说，马尾绣在近年出现的核心价值流失，部分归因于这种不合理的惠益分享机制。

综上所述，笔者建议：

（1）结合国家"非遗"保护的政策措施，进一步制定和实施地方保护和发展马尾绣的较长期规划；

（2）强化地方传统知识产权意识，并建立相应的管理机制，防止传统知识在招商引资和研究合作中被窃取盗用；比如，在招商引资和研究合作中，引入传统知识的产权和惠益分享条款。

（3）探索多样化的传统知识产权转让和惠益分享方式。

（4）优先支持传承人创业，在资金、税收、市场推广和信息平台等方面给予有效支持，提升当地人参与市场开发的能力，在产业链中"争上游"。

（5）在"非遗"保护工作的基础上，强化对马尾绣作为传统知识的基础调查和研究，明晰资源规模、数量和范围，以待国家相关立法出台时尽快明确权利归属的同时，进一步挖掘其文化和市场价值。

（6）就民间对马尾绣及其他水族文化事项的自发保护传承行动，给予更多关注和支持。

（7）就马尾绣难以市场化而又极具工艺和文化价值的部分，由政府进行收藏、整理和保护。

如果开发措施得当，惠益分享合理，马尾绣这种被誉为"刺绣活化石"的古老工艺，以及其中附着的文化内涵，不仅能够传承、丰富和创新，成为水族文化传播交流的重要载体，也能给创造和传承这一工艺的水族社区和妇女带来更多财富，成为支持当地可持续发展的重要技能和资源。

执笔人：韦祥龙　李　丽
贵州日报社

案例研究十七
贵州民族医药惠益共享

一、贵州民族医药概况

贵州位于云贵高原东部，是一个隆起于四川盆地和广西丘陵之间的亚热带高原山地地区。境内山峦起伏，地貌类型复杂，气候温和。其地理位置及其特有的地形地貌，使贵州高原在中国历史发展过程中成为古代民族交汇的大走廊和民族集结地。华夏族系、氐羌族系、苗瑶族系、百越族系的诸民族及蒙古、回、满等民族于不同时期、不同方向进入贵州，与原住贵州之濮人相交汇，逐渐形成多民族大杂居小聚居的局面。贵州境内聚居着苗族、布依族、侗族、土家族、彝族、亿佬族、水族等 17 个世居民族。各民族的传统医药知识是在相对封闭的自然环境中产生和形成的，发展较为缓慢（表 17-1）。

表 17-1　贵州主要少数民族传统医药知识情况

民族	主要医药理论	疾病的诊断	疾病的治疗	用药理论
苗族	"两纲五经"理论、十二主经理论、苗医生成学、五基成物学说、人体构成的基本组分、苗医三界学说、苗医九架组学说、三肚学说、交环学说、六大关节论等	先辨冷热，再辨五经、三十六症、七十二病。手法主要有：望（看）、听诊、摸诊、问诊等	内治、外治和奇治；热病冷治、冷病热治，弱漏用补、邪重宜攻，毒用九治法，常病外治、怪病奇法；治毒，通散，补法，保胃，外治，治伤，治身，治心	药物三性、药物属经、药物走关与入架、药理毒性
侗族	冷病与热病，病症分为风、症、痢、惊、痛、疮、痧、伤寒、霍乱、妇人病、小儿病及杂症等 12 门、568 种	方法主要有望、划、号、触、问等五种	刮、拔、放血、炸炒火、针挑、针灸、按摩推拿、滚蛋，含水唒、手法疗、拔毛、捏擦、化水止痛、药浴、药洗、药熨	
土家族	三元理论：体架、脏器、孔窍。三元物质：筋、肉、骨	看、问、听、摸、号、指、掌、卦	药俗，舒筋活血，祛风祛寒，强筋壮骨，防治疾病，增强免疫能力	
布依族	人体由精、气、血沿血管流动而循环往复，自然相存，互不相撞，碰撞绞结导致病变	主要有望诊、问诊、脉诊、摸诊、看米诊、蛋诊等	药物疗法（内服法和外用法）和非药物疗法（水煎外洗、取汁涂搽、药物外敷）	
水族	巫医：患者如恶鬼入侵	内治和外治	"用药"和"用鬼"	

　　1951 年，《全国少数民族卫生工作方案》颁布实施，贵州省开始文献化整理少数民族的传统医药知识。经过努力，1953 年出版了《贵阳民间草药验方录》。1956 年，贵州省卫生厅编写《贵州中医验方秘方》两册，搜集整理贵州民间药方 3 496 个。1958 年，黔东南州整理出苗、侗药标本 1 212 种，单验方 2 831 个。贵州省中医研究所从 1958 年至 1965 年，先后访谈 100 多名苗医和民间医生，搜集秘方近 1 000 个，采集各种药物标本 5 000 多份，其中对各民族药的种类、分布、用法、主治等提出了研究报告。在"文革"期间，贵州省中医研究所编写出版《贵州草药》、《贵州中草药验方选》、贵州省战备中草药编印《中草药资料》。改革开放后，1981 年，贵州省卫生厅牵头成立"民族传统医药调查研究办公室"，在全省范围内整理出了万余份民族药物标本。1984 年《中国民族药志》（第一集）出版，正式将苗族常用、来源清楚、疗效确切、比较成熟并经试验研究和临床验证的"苗药"40 余种收入其中。以后陆续编印或出版了《乌江流域中下游中草药资源调查研究分析》、《沿河土家民族医药调查研究综述》、《中国少数民族科学技术丛书·医学卷》、《贵州省民族医药研究与开发》、《黔东南民族医药新探》、《关岭民族药物志》（第一集）、《草木春秋》、《百零八救世奇症仙方》、《苗族药物集》、《贵州彝族医药验方选编》、《侗族医学》、《仡佬族医药》、《水族医药》、《布依族医药》、《贵州苗族医药研究与开发》、《苗族医药学》、《中华本草·苗药卷》等。总体上看，贵州省的少数民族传统医药知识文献化，虽然在一定程度上公开了传统知识，但是信息流失的风险并不高。相对来说，流失风险更大的却是以下几种情况：政府组织公开调查，但未公开出版；科技行政管理部门资助的基础研究，但成果应用不了了之。

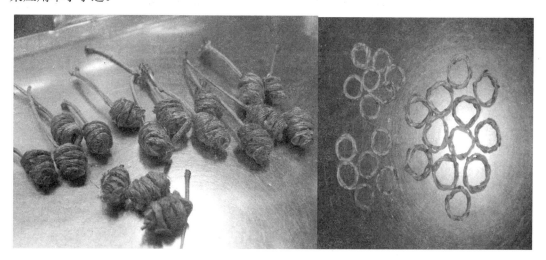

图 17-1　布依族用石斛（*Dendrobium nobile*）制作的"风斗"和指环（李发耀摄影）

　　贵州的少数民族传统医药知识具有较强的地域代表性。第一，从类别上看，它涵盖入药品种、药材识别、药材采集、药材保鲜、药材栽培、诊疗手段、药方开处、药材炮制等一系列传统医药知识；第二，从传承方式上看，它以口传心授为主，文字记载少；第三，从特征上看，祖传秘方、单方、验方众多，有"苗药三千，单方八百"之称，遭受生物海盗可能性较高；第四，从药用生物资源的储量上看，贵州省现有中药材资源品种4 800多种，位列全国第二。2011年，贵州中药材种植和野生抚育总面积18.26万 hm²，其中，草本类中药材6.29万 hm²，木本类（林产）中药材12.88万 hm²。单品种植面积上万亩的品种有29个。总产量接近60 t，总产值34亿元。其中，以苗族药物为主的有天麻、艾纳香、八月爪、半荷枫、鹅不食草、透骨香、头花蓼等1 500多种，常用药材在300种以上。

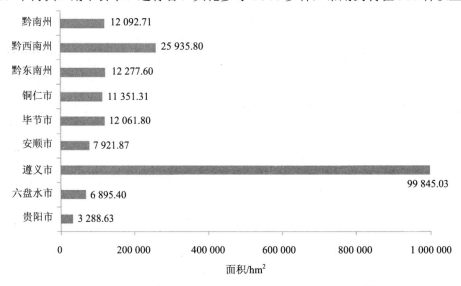

图 17-2　2011 年贵州省各市（州）中药材种植面积总分布情况

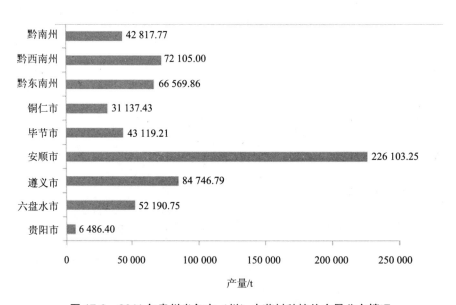

图 17-3　2011 年贵州省各市（州）中药材种植总产量分布情况

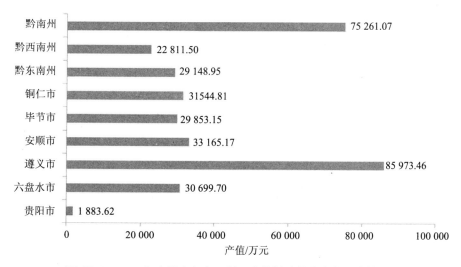

图 17-4　2011 年贵州省各市（州）中药材种植总产值分布情况

二、开发与惠益分享现状

（一）以公司为主体，以医药工业园为形式

近年来，贵州少数民族传统医药资源开发快速推进，民族药制造业基本保持在 20% 左右的年均增长速度，总产值进入全国前五位。目前，贵州建成了东风、花溪、清镇、安顺、扎佐、遵义红花岗、龙里等 7 个医药产业工业园区。这些医药园区开发的药物皆以民族传统医药为主。随着贵州工业强省战略的推进，民族医药工业园区的发展将更加快速。2011年，贵州医药工业总产值 200 亿元左右，其中中药民族药实现总产值 150 多亿元。截至目前，贵州有中药民族药品种 660 个左右，药品批准文号 1 190 个左右。其中，154 个民族药品种具有自主知识产权的独家品种；40 多个品种入选《国家基本药物目录》；20 余个中药民族药品种销售收入超亿元；20 多个产品获国家名牌产品称号；2 个品种入选国家保密品种；7 个商标为中国驰名商标；具有规模以上中药民族药制药企业接近 100 家，其中，30 家企业年主营业务收入上亿元，5 家企业进入全国中药企业 50 强，5 家企业成功上市；全省医药行业有 122 家企业通过 GMP 认证，30 家企业获得高新技术认证；全省有 3 个通过 GAP 种植基地认证企业，分别是贵州昌昊中药发展有限公司（其品种何首乌、太子参主要分布在施秉县、凯里市、从江县、岑巩县、锦屏县、黄平县、雷山县等）、贵州威门药业股份有限公司（其品种头花蓼主要分布在施秉县）和贵州同济堂制药有限公司（其品种淫羊藿主要分布在龙里县红岩村和莲花村、修文县农场镇、雷山县丹江镇固鲁村等）。

苗族医药在贵州的民族医药产业发展中一枝独秀。据调查统计，目前，贵州省生产苗族药品的企业已有 70 多家，占全省制药企业总数的 38%；共有药品批准文号 500 多个，其中民族药成方制剂品种160个，占全省中西药制剂品种总数的30%左右，且均为全国独家生产品种；研发了一批疗效确切、毒副作用小、功能独特、市场潜力较大的拳头产品，其中有15家民族药品实现单品种产值过亿元；剂型有胶囊、喷雾、颗粒等27种，树立了苗药的品牌。产品不仅畅销全国，还出口东南亚、日本等地。年产值从20世纪90年代初零起步，以年均20%以上的速度增长，到2011年已达150多亿元。此外，还有3家苗药生产企业进入我国中药制药工业的50强，7家进入100强。苗药产业在民族医药产业中遥遥领先，成为我国民族药产业的典范和旗帜。

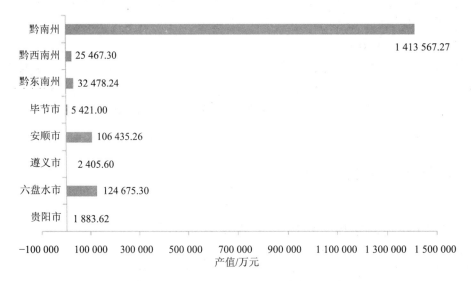

图 17-5　2011 年贵州省各市（州）医药行业实现中成药工业总产值分布情况

（二）创新利益与创新源头加速发展

截至2011年末，贵州中药领域累计建设了9个省级以上重点实验室，分别是：贵州省中科院天然产物化学重点实验室、贵州省医学分子生物学重点实验室、贵州省发酵工程与生物制药重点实验室、贵州省中药生药学重点实验室、贵州省药物制剂重点实验室、贵州省中药材繁育与种植工程实验室、贵州省药用植物繁育与种植重点实验室、贵州省细胞工程重点实验室和贵州省基层药理重点实验室等；10个工程（技术）研究中心：贵州（信邦）中药工程技术研究中心、贵州省实验动物工程技术研究中心、贵州苗药制剂工程技术研究中心、贵州省新型剂释系统药物工程技术研究中心、贵州省中药民族药固体制剂工程技术中心、贵州省干细胞与组织工程技术研究中心、贵州省民族医药（中药）复方制剂工程技术研究中心、贵州省药物制剂国家地方联合工程研究中心、贵州省民族医药经皮给药制剂工程技术研究中心、贵州省中药材种子种苗繁育及推广工程研究中心等；18个国家和省级企业技术中心：贵州威门药业股份有限公司、贵州联盛药业有限公司、贵州千叶塑胶有限公司、贵州太和制药有限公司、贵州信邦制药股份有限公司、贵州瑞和制药有限公司、贵州同济堂制药有限公司、贵州万胜药业有限责任公司、贵州三仁堂药业有限公司、贵州远程制药有限公司、贵州百花医药集团股份有限公司、贵州新天药业股份有限公司、贵州益佰制药股份有限公司、贵州科晖制药厂、贵州本草堂药业有限公司、贵州健兴药业有限公司、贵州景峰注射有限公司、贵州百灵企业集团制药股份有限公司等，集聚了一批科技创新人才团队。2011 年，全省中药领域 10 家相关事业单位、70 家制药企业共拥有科研人员 3 600 多人；承担实施中药领域科研项目（课题）近 570 项，项目经费支出达 2 亿多元；申请专利 160 多件，获得授权专利 40 余件；发表科技类论文（著作）1 000 余篇（部），获省科技进步奖 10 项。贵州初步建立了"中药材种植，活性物质筛选，药效及安全性评价，临床实验，中成药生产技术、工艺及质量控制"等较为完整的中药民族药创新体系，实施了一批国家级、省级中药民族药研发及产业化项目，成功开发上市新药近 160 个，正在研发 120 余个中药民族药新药，从创新受益者的角度考察，公司、科研人员、产业下游的进入者成为实际受益人。

（三）民族医药商业流通体系已逐渐形成

目前，贵州的民族中药材主产区形成了关岭岗乌、施秉牛大场、赫章河镇中药材产地交易市场，年交易量达到 5 000 余 t，交易额近 8 亿元。经整合，贵州逐步形成了多种所有制并存的集约化配送制、连锁制医药流通体系，全省现有通过 GSP 认证的药业流通企业 10 000 余家。2010 年，西南最大民族医药物流交易中心在龙里奠基。西南民族医药物流交流交易中心项目是一个集医药交易、物流仓储、展示加工、办公商住、休闲娱乐等为一体的大型综合项目，总投资 7 亿元人民币。年营业额达 50 亿元，每年创利税超亿元。截至 2011 年年末，全省药品批发和零售企业商品购进总额达到 170 多亿元，商品销售总额达 160 多亿元，实现利润总额近 2.4 亿元。根据贵州省的规划，到 2012 年末，争取启动建设贵阳市中药材专业市场和施秉县中药材产地市场，在全省建设 125 个简易市场；2013 年，启动建设大方县和碧江区中药材产地市场，建设 125 个简易市场；2014 年，启动遵义县中药材产地交易市场，建设 125 个简易市场；2015 年，启动其他中药材交易市场，建设 125 个简易市场。中药民族药商业及流通业发展，为贵州民族医药资源走向大市场提供了平台。

（四）民族医药传承人逐渐减少

据统计，贵州省现有民族医药从业人员仅为 4 280 人，市州级以上的仅有 80 人。民族医师必备的资格考试——国家民族医师资格考试——至今没有将苗药纳入其中。而我国现已有藏医、维医、蒙医、傣医四个民族医开通了国家的民族医师资格考试。从 2010 年开始，执业医师资格考试取消了中药（含民族医）中"师承和确有专长人员"考试中的西医内容。增设壮医、朝医和傣医考试。民族医药的发展需要以医带药，而贵州面临着有药无医的现状，民族医药产业的持续发展面临很大的障碍。民族医师资格考试不适用于苗族、侗族等民族医药的从业资格核准，造成贵州省无合法的民族医执业者，长远来看将对贵州民族医药产业产生极其不利的影响。一些民族民间医生十分注重培养自己的子女学习民族医药知识，一些民族医生的子女还出国深造，归国后想以民族医生为业，但因拿不到从业资格证，只好改投西医。尽管贵州当前还有一些民族医生，但因没有合法的行医资格，他们的发展空间越来越有限。

迄今贵州的民族医生数量逐年减少。据 20 世纪 80 年代的有关学者和部门统计，全省的苗医达到 10 000 人左右。关岭县五岗乡有一苗族村寨，该村寨只有 500 人左右，但其中有 300 多人都会看病，被誉为"苗医之乡"。该村的苗医往往以 3～5 人为一组，配备一定的传统草药，行走全国各地行医。这些地区的苗医今天仍然保留了远出行医的传统。他们弥补了农村医药资源的严重不足，为农村的医疗事业发挥了积极的贡献。但他们当中，绝大部分一直都没有取得合法的行医资格，有的已经去世，年轻一代又忙于外出打工而没有传承父辈的医疗知识，导致了民族传统医药知识失去了传承的载体。

（五）民族传统医学的生存空间逐渐缩小

现代医疗技术的进步和医疗卫生制度的失衡，致使民族传统医学的生存空间日益缩小。贵州民族医学的主要存在形式包括：绝大部分散在少数民族社区的"兼职"医生，少部分纳入国家医疗体制的民族医院和民族医科室、民族医个体诊所等。随着国家医疗事业的发展，乡镇医疗机构的改善，以及国家新农村建设的推进，即使是在边远的少数民族地区，也不断地建立了村级卫生室，农民看病贵、看病难的问题将有所缓解，村民到正规医院机构就诊也可以获得高比例的报销，在这样优惠政策的利好下，村民逐渐放弃了传统的就诊方式，而是转向官办医院就诊，民族医生不再受到青睐。民间民族医生大多时候只能"捡漏"，接诊极少数的病人。通常是那些身患绝症、难以救治的病人才向他们求医。病人和家属也只是抱着"死马当活马医"的态度，或者是向他们寻求"偏方"而来。在贵州的少数民族地区，传统上，患者求医时一般带上 6 kg 大米，1.2 元或 12 元，有时候另加 6 kg 酒等，并选择吉日到当地民族医生家"讨药"。民族医生诊断病人的病情后，施药治病。若病情十分严重，民族医生要亲自到患者家里治疗。如果能够将病人治好，患者家属为了答谢民族医生，还要向其送去一只鸡或一只鸭以及糯米饭等。民族医生表现出了救死扶伤的传统美德，具有极高的社会威望，民族医学受到人们高度信任。而今，这种现象正在逐渐消失，民族医生的知识和社会威望正在被人们遗忘，民族医学的生存空间越来越小。

（六）民族传统药方日渐流失

贵州的少数民族众多，每个民族都有很多知名的民族医生。他们创造或掌握了很多独特的诊断技术、医疗方法以及学术思想，是贵州民族医药的传承人。不过，贵州民族医生大都年事已高，而民族医技、医术、秘方正随着这些民族医生离世而逐渐失传。传承方式对民族医学的发展也产生很大的影响。贵州的少数民族大都没有本民族文字，传统知识主要依靠口头传承，这导致民族医药文献化的资料较少。另外，民族医生普遍有"传子不传女，传内不传外"的习惯法，亦致使大量秘方、验方失传。例如，荔波县水族群众使用传统工艺制作酒曲，其原料包括约 120 种药物。这种酒曲酿造出来的米酒具有滋阴壮阳的作用，还可以治疗一些妇科病。当地熟知这 120 种药物的都是中老年妇女，且规定只能传女，不能传男。当前农村青壮年劳动力大量流失，青年人也不愿意学习传统知识、技术和工艺，传统的家传诊治方法失传，不少良方、古方遗失。抢救民族医药资源、培养民族医生人才、振兴民族医药产业的工作在当前显得十分紧迫。

（七）民族药材资源减少和濒临枯竭

民族医药开发和规范化种植给野生民族药材资源的保护带来了冲击。以苗药为例，贵州省是中国最大的苗药生产基地和药材产区，素有"道地药材库"、"中药资源库"美称。但随着国内外药材市场需求增加和道地药材的交易日益火爆，享有盛誉的贵州苗药材和中药材需求与日俱增。在中草药价值日益攀升的情况下，破坏性、掠夺性采挖野生药用植物的现象屡见不鲜，导致了贵州省中药民族资源遭到严重破坏。部分野生中药材品种因被过度采挖而濒临灭绝。一些民族医生反映，随着药材价格不断上涨，一些过去在山上容易采到，从农民手中也容易收购到的品种，近几年来已经很难采到和收购到。即使市场有售，价格也远高于从外省采购的价格。因此，他们所用的不少药材依靠从外省采购。一些稀有的苗药更是难以找到，只能用药效相同的药材代替。另外，贵州省近年来已发展不少中药材规范化种植基地，但是规模有限，珍贵的民族药材品种更有限，种植的药材集中在几个大众化品种上。很多药材品种因种质资源开发有限，没有得到规模化种植。野生中药资源保护抚育不力，药材品质得不到有力保证。

目前，贵州民族医药"道地药材"遭受严重冲击，究其原因主要是在贵州推进民族医药产业发展的背景下，全省各地掀起了种植药材的热潮，贵州省还把种植中草药作为扶贫攻坚的重要手段之一。根据贵州"十二五"发展规划，在"十二五"期间，贵州重点建设 7 个中药材发展区域，到 2015 年，种植中药材面积达到 33.33 万 hm^2，总产值达到 15 亿元。在这一政策的诱导下，很多药农会盲目种植，将带来许多的负面影响。药农为了提高中药材产量，不得不实行野生变家种、引种栽培、种苗繁殖等，这种做法不仅满足不了规模化生产的需要，也严重影响了中药材的质量。药农还会单一化种植价格高的药材品种，或者从省外甚至国外引进一些价格高昂的药材品种进行种植。贵州的"道地药材"反而被药农所抛弃。值得注意的是，一些进口药材品种还有可能形成生物入侵的危险，危及生态安全。

（八）民族医药资源开发面临科技难题

贵州不仅是经济欠发达的省份，同时也是科学技术欠发达的省份。在缺乏科学技术支撑的情况下，贵州民族医药资源的可持续开发面临着十分困难的局面。贵州的民族医药一直都是处于失衡发展的状态，导致了民族医药名老专家医技医术的继承与研究水平参差不齐。从民族医药临床科研工作情况来看，除了苗医具备一定的规模和层次之外，其他民族医学的科研水平非常低，不适应当前社会发展的需要，如瑶族"药浴"等绝大部分还处于经验的挖掘、收集、整理的初始阶段。一些人口较少的民族，如毛南族等的传统医药文化还未被外界了解。很多有效的疗法、药物还没有得到充分的宣传、研究和开发应用。水族医药有巫医并存的特点，具有科学合理性的部分可进行研究开发，而迷信色彩较浓的部分却不适合开发应用。此外，贵州省的中草药材野生变家种、引种驯化、提纯复壮和种苗繁育等技术也不能满足大规模生产的需要。中药材品种选育和复壮提纯工作严重滞后于产业发展。大部分中药材和种质来源主要是依靠野生采集或从省外引进，经当地人工筛选驯化并推广应用的品种不到栽培品种的10%。生产规模较大的施秉太子参和赫章半夏等品种甚至出现了种质退化情况。中药材优良种子种苗生产繁殖基地建设滞后，造成中药材优良种子种苗供给严重不足，直接影响到全省中药材生产的可持续发展。专业从事栽培、育种、加工和新药研发的高级人才奇缺，基层技术体系中的专业技术人员较少，优质高产栽培技术、病虫害防治、测土配方施肥以及加工储藏等技术推广困难，种植水平亟待提高。

三、管理现状及能力需求

(一) 管理能力严重缺位

当前少数民族社区的传统医药知识的持有者存在多种情况。第一种是由某个家庭的父辈传承下来的知识，这些知识有的只能传给子女，其知识产权归属于某一个人或某一个家庭；第二种是由某个家族的祖祖辈辈传承下来，当然有的可能只属于男人或女人，其知识产权归属于这一整个家族；第三种是由整个社区的世世代代传承下来，其知识产权归属于该社区里的每一个人。这种复杂关系使其社区的管理能力在不同程度上被削弱，其知识产权保护也就面临诸多不确定性的安全问题。属于个人或家庭的知识产权相对安全，因为很多民族的传统医药知识都被赋予了丰富的文化内涵，例如，严格要求只传给其子女或者外甥等，如果违反将招致"药神"的报应，"药神"的惩罚可致其死亡。因此，这些民族医生不敢轻易打破这一规定。属于整个家族的医药知识产权的安全系数次之，一般情况下，该家族也是有着比较严密的规定，不许泄露。例如，上文所述的水族酒曲制作知识、技术和工艺只传给妇女。酒曲的制作过程不允许男人观看，有时候甚至要将男人们赶出村寨，还要用石灰洒在村寨的各个路口，将茅草、刀具等插在制作酒曲现场的周围，以警示男人们不许进入。在制作酒曲的过程中，村寨上任何一家有来客，都被安顿在寨子的周围，待制作完毕后，再邀请入寨。整个过程十分神秘，要想"盗窃"这一技术相当困难。相比较而言，社区公开的医药知识就没有那么幸运了。传统社区往往会制订习惯法来加以保护，但随着少数民族习惯法被削弱后，社区对传入医药知识的保护与管理能力也就急剧下降。

目前，民族医药外泄的"秘方"，往往都是社区享有知识产权的那一类。社区里的某些成员为了获得经济利益，在其他成员不知情的情况下，将药方以低价卖给制药企业。社区或农民与当地政府和开发公司之间在没有任何沟通渠道，双方之间也没有签订任何协议，企业仅花较少的资金就获得了民族医药秘方。企业获得秘方后研制成药品，并申请发明专利。这种将自己社区的药方外卖的情况将随着民族医的深入开发而越来越猖獗。而一些企业设有专门的医药信息调查员，专职在少数民族地区收集民间单验房和秘方，应用于新药研发或制剂功效改良。在贵州的少数民族地区"调查"民族医药知识的不乏外籍人士，来自美国、加拿大、日本和韩国等国家。有的以华裔身份掩护，有的则是打着学术交流活动名义，通过各种途径窃取贵州民族医药知识，这是一个非常严重的问题。

（二）知识产权保护意识非常淡薄

就贵州少数民族地区而言，传统医药知识被窃取的可能性很大程度上取决于当地群众对知识产权的敏感度。从目前的情况来看，贵州绝大部分的少数民族社区对知识产权保护的敏感度几乎为零，基本上都没有意识到保护知识产权的重要性，他们对传统医药知识传承与发展的认知度日益下降，对传统医药知识产权保护意识非常淡薄。我们在长期的田野调查中发现，在很多民族村寨里，一些民间民族医生对自己掌握的药方并没有进行严格的保密。例如，有的民间民族医生在自家的菜地里开辟药圃，将自己掌握的药物品种移植到药圃里。这种做法使药物品种完全被暴露；有的民间民族医生甚至有时候直接将药方告诉病人，收取的药费非常低，一般只收 1.2 元、12 元、120 元不等，有时候还不收现金，患者只需要向他们送去一只鸡或一只鸭，或者给予几斤大米即可，以表对"药神"的尊重。这种做法虽然充分体现了民间民族医生救死扶伤的美德，但在某种程度上反映了他们对知识产权保护的敏感度不够，对其医药文化的保护相当不利。

（三）民族传统医药惠益分享不足

贵州民族传统医药知识是建立在贵州各少数民族优秀传统文化的基础上，是贵州各族人民智慧的结晶，他们既是传统医药知识的创造者，也是传统医药知识的持有者。按理说，贵州民族医药所产生的经济效益，有一大部分应该归属于少数民族所有，但现实并非如此。贵州省卫生厅曾在 20 世纪 80 年代末至 90 年代中期，组织了一次大规模的苗药普查，数百种苗药秘方被挖掘开发。此次普查到的苗药成了贵州各企业竞逐的目标。从此，贵州有关部门对民族医药普查从未中断，每年都组织有关人员深入到少数民族地区进行民族医药普查，很多制药企业正是依靠这些医药秘方而获得发展壮大。

目前，贵州仅苗药生产企业就有 70 多家，苗药品种有 150 多个。各企业发展主要靠秘方交易。一种方式是通过并购获得苗药秘方；另一种主要是直接从民间购买秘方。例如，贵州百灵企业集团制药股份有限公司的企业技术中心就是专门收集、研究与评价民族医药秘方的机构。该机构每年都要组织近百人次到少数民族地区进行药方收集、研究。据百灵集团有关人士介绍，多年以来，源源不断的苗药秘方被主动送上门。这当中，有个体药商推销上门、未经任何研发的民间秘方；有科研单位已做基础研究的药品；有在临床上使用多年的医院制剂；有直接来源于民间的秘方。这些秘方的价格最为便宜，有几万元到几十万元，最高就 100 万元左右。

案例：2009 年，贵州百灵就以 3 000 万元的价格从贵州省中科院天然产物化学重点实验室、贵阳中医学院等机构手中买下了抗乙型肝炎病毒的一类新药 Y101，打破了苗药的最高收购价格纪录。但一般情况下，百灵比较青睐于收集民间的秘方，因为其价格最低。目前，该公司拥有的 7 个苗药发明专利都是从民间收集而来的秘方，购买这些秘方总共只几百万元。但这些产品光是在 2009 年就为贵州百灵企业贡献出 1.12 亿元净利润的 65%。其中，该公司利润贡献最大的产品是咳速停糖浆（及胶囊），该药品的秘方就是在贵州省卫生厅于 20 世纪 80 年代末至 90 年代中期组织开展苗药普查中被挖掘出来的。该药品在 2009 年销售额达到 1.86 亿元，占贵州百灵药品工业收入的 26%。

苗族秘方为百灵企业带来了丰厚的利润，但贵州苗族人民并未因此而获得相应的经济利益，更谈不上其他的惠益分享。贵州少数民族主要集中在黔东南、黔南和黔西南 3 个民族自治州，他们理所当然是贵州民族传统医药产业的最大贡献者，但从贵州省 2011 年各市（州）医药行业实现中成药工业总产值分布情况来看（见图 17-5），全省 135 家企业实现中成药工业总产值达 2 091 471.95 万元，但处在 3 个民族自治的企业实现中成药工业总产值加起来只有 144 366.06 万元，占总数的 8%，而贵阳占了总数的 78.7%。毫无疑问，若单以工业总产值而论，非苗族主要聚居区的贵阳最高，其当地居民获得的经济利益就远远高于黔东南、黔西南、黔南。各民族自治州虽然是贵州民族医药尤其是苗药的最大贡献者，但它们获得的经济利益没有得到相应的体现。这种产业布局导致了经济效益的不公平分配，严重损害了各少数民族的权益，传统医药知识获取与惠益分享不可能在短时间内得以实现。

（四）民族传统医药开发缺乏龙头企业

民族传统医药知识只有通过开发、利用，才会使其得到更好的传承与发展，作为医药知识的持有者也才有可能获得相应的惠益。但在开发中，市场的规范和开发企业的实力对传统医药知识获取与惠益分享起到关键性的作用。近年来，贵州民族传统医药产业化发展，尤其是苗医药产业发展方面取得了一定的成绩，主要体现在培育出几个大的产业集团，药材规范化种植基地和农民专业合作社的药材种植规模日益扩大，药材生产和加工实现了现代化和机械化等。但是，目前与中医药产业化水平相比，民族医药还具有很大差距。贵州还有相当部分民族医药企业在产品开发方面创新能力不够，民族医药品种技术创新水平不高。多为国家六类新药物的传统药剂，是复方或多成分的粗制剂，技术含量较低，在第一、第二代剂型水平上徘徊，制备工艺技术创兴不足，生产企业产品结构比较单一，尚未建立适应时代要求的民族医药及民族医药产业自主创新体系。这主要是贵州目前缺乏龙头企业的带动。比如说，龙里县是贵州苗药主产区，该县为了提高苗药产品的科技含量和工业产值，不断地加大新品种药的研究开发力度，并根据贵州大力支持大集团、大企业推进产业整合的政策，积极扶持龙头企业发展，并依靠龙头企业带动苗药产业化开发。但是，在推进中，产业整合进展缓慢，效果欠佳，该县的制药企业现在仍然是各自为政。有的制药企业生产方式还比较落后，产品的质量、疗效、稳定性缺乏保证，有的还缺乏原始创新和自主知识产权，在短时间内难以构建产品的知识及技术壁垒，产品结构单一比较明显。既加剧了苗药市场的不正当竞争状况，也极大地削弱了企业的市场竞争力。贵州在缺乏龙头企业的带动下，一些传统医药知识资源将有可能被发达省份抢占，贵州少数民族传统医药知识的持有者的利益就更容易遭到损害。

（五）民族医药知识保护制度缺乏

2011 年，贵州省涉及民族民间医药的专利申请和授权情况是：专利申请受理数 163 件、发明专利 115 件、实用新型 15 件、外观专利 33 件、专利授权数 42 件（表 17-2）。

表 17-2 贵州省中药现代化产业领域企事业专利申请和授权情况

主要指标	2011 年专利数/件	2010 年专利数/件	增长量/%
专利申请受理数	163	119	37.0
发明专利	115	85	35.3
实用新型	15	8	87.5
外观专利	33	28	17.9
专利授权数	42	31	35.5

由上述情况可知，贵州民族传统医药的知识产权保护具有一定的基础。但实际情况是，现行的知识产权保护手段不管是在制度设计上，还是在具体规定上，对实现保护贵州省少数民族传统医药知识的传承和发展都是难以实现的。究其原因，我国目前没有专门针对民族传统医药知识的保护和惠益分享而设计和制定的法律，而只能借助商标法、执业医师法、专利法、著作权法、商业秘密法、文物保护法等来保护民族医药知识。然而，只依靠现行的知识产权制度来保护民族医药知识存在诸多不足。民族医药知识自身独特的特点，决定了其诸多内容不能被现行知识产权制度保护，哪怕是民族传统医药发明所得到的保护力度也是相当有限的。例如，现行专利制度虽然可以通过授予独占性的权利保护民族医药持有人利益，但它难以解决一些制药公司对民族医药的不当开发等问题，民族医药持有人的利益终将招致损害。"辩证论治"是民族医药治病的特点之一。处方是根据患者的病情、性别等的不同，经过加减变化的排列组合后，可以衍生出诸多不同的具有很强的针对性的组方。但是，现行的国际专利没有考虑到民族医药知识的这一特点。苗药等传统医药在国际专利分类表中被列在 A61 k35/00 项下，被视为各个独立的组方。这种处理方式忽视了组方之间在苗医药理论中的关联性，导致把专利权误授给增减组方后的"发明"。显然，专利

制度并不适用于民族医药的保护。

贵州民族医药产业的很多利益相关方都不提倡本土的中药药方申请专利保护。他们认为，用这样的方式保护少数民族医药知识，会适得其反。例如，黔东南州科学技术协会主席张厚良认为，民族处方大多是复方，处方及成分具有自身的特殊性，处方申请专利后要向社会公示，一个药方里面含多少味药材、分别是哪种，外界都能一览无遗。在技术和资金上占有优势的公司只要分离提取出活性成分，或者稍加更改、删减个别药材，就能堂而皇之地变成他们的创新药。因此，对专利持有人来说，专利虽在手，药方却流失在外了，最终专利也只能沦为一张废纸。一些国外公司和科研机构利用民族医药专利审查中的这一严重缺陷，在已公开的民族复方药的基础上研制出创新药物，而回避和复方专利权人或者提供国分享任何惠益。据人民网报道，美国国立卫生研究院新药筛选中心有 6 个机器人，每天不停地筛选中草药，每筛选出一个新成分，就注册申请专利[1]。"也许用不了多长时间，中草药就要变成美国的专利了。"因此，研究制定保护民族医药知识的制度迫在眉睫，是实现少数民族传统医药知识获取与惠益分享，维护国家和民族利益的迫切任务。

四、案例研究

以下案例是在田野调查中收集，这些案例从不同侧面反映了贵州少数民族传统医药知识的独特性。

案例一：水族独特的用药与"用鬼"双重疗法

2011 年夏天，调研组共 3 人深入到黔东南苗族侗族自治州榕江县某一水族村寨调查。该村寨距离公路有 40 多 km，下车后需步行几个小时才能到达。据调查，该村寨居民祖祖辈辈依靠当地的水族医生使用独特的用药与"用鬼"双重疗法来护卫他们的身体健康，当前掌握这一疗法的是蒙某，该疗法也是他父辈传授给他的。本村寨或周边的村寨一旦有人患病，都要请他治疗。在调查期间，我们借宿在蒙九公家，当地水族同胞十分热情好客，每天晚上都乘上美酒待客。调查第三天的晚上，正当我们喝得正酣时，我们调研组的韩某因喝醉而扑在了酒碗上，酒碗被打破为两瓣，同时韩某的额头也被酒碗割了一条约 8 cm 的刀口，顿时鲜血直流，我们想尽了一切止血的办法都不起作用。正在焦急万分时，蒙九公立即请求蒙某前来救治。不到几分钟，蒙某就赶到了现场，通过观察伤口后，他请蒙九公的儿子前往寨子的水井里舀来一碗水，只见蒙某在楼梯口的地板上抓了一把灰尘放进从水井舀来的这一碗水里，再加一口酒，然后嘴里在不断念念有词，词的内容是来源于"水书"中的"黑书"，大概念了 20 秒钟后，将已准备好的那一碗水往自己的嘴里倒，然后立即向伤口处，用力地喷了一大口，并将碗里剩下的水一并洒到伤口上。就这么一个看似非

---

1 引自人民网：http://www.people.com.cn/GB/shehui/45/20021211/885446.html（2013-10-22）.

常简单的疗法，伤口不到半分钟就得到了止血。韩某的伤口再也不需要其他药品加以治疗，不到一周时间就开始愈合，且在炎热的夏天也没有发炎。蒙某的这一用药与"用鬼"的双重治疗法，让我们调研组的所有人员惊呆，直呼其十分神奇。

案例二：黄平县获第一项中医药发明专利授权

2009 年 5 月，贵州省黄平县野洞河乡张氏中医祖传继承人张某申请"接骨膏及其制备方法"发明专利，历时 3 年时间，于 2012 年 5 月 23 日获国家知识产权局授权。这是黄平县第一项中医药类授权专利，实现了零的突破。

张某是黄平县野洞河乡卫生室村医，他自幼就向父辈学习了"接骨膏及其制备方法"，医术精湛，在当地享有很高的社会威望。他于 2006 年撰写的医学论文《骨折的超前特色疗法》入编《当代中国传统医学优秀技术成果通鉴》一书。"接骨膏及其制备方法"是属于中医药技术，临床实验结果显示，使用接骨膏止痛效果明显，骨伤愈合快速，无毒副作用，对皮肤无刺激作用，深为广大病患者所接受。

案例三：贵州黔东南雷山县乌东村苗族医药知识的传授法

黔东南雷山县乌东村位于贵州雷公山国家级自然保护区西部边缘线上，该村约有 300 年的历史，森林覆盖率 73.4%，全村 100 余户，500 余人，该村野生动植物丰富，当地苗族同胞利用药用动植物资源治病疗伤的传统延续至今。乌东村人基本上人人都能认识山中各种草药，利用草药来为人们治病疗伤。

在乌东村，苗医在年老时，都会把自己的医术传给自己的后代，包括自己的子女，本村寨的其他人员，以及自己的亲属等，并且选择的传人的生肖最好是鸡、虎，且勤奋好学、乐于治病救人的成年人。他们认为，属相为鸡，则人如鸡一般灵巧，像啄米一样把苗族医药学好学精，下药治病才能达到效果；属相为虎，则人有威风，能威慑疾病等邪恶。拜师学艺时，往往向师父送去 1.2 元、1 只公鸡、6 kg 酒、6 kg 大米，这些礼信是用来供奉"药神"的。当地苗医说，如果没有这些礼信，即使学会了医术，将来在行医时也是不灵的，同时对师父也不利，有的师父会因此而招致祸害。师父收到礼信后，选择吉日向求学者传授采药的礼仪、药物的保存管理以及医德等，并亲自带徒弟上山识别药物，教会徒弟诊断疾病及对症下药等医药知识。

案例四：龙里"草药警察"

龙里县草原乡派出所民警许某，31 年如一日坚守在工作岗位，在做好本职工作的同时，利用工作间隙拜访草药名师、采挖草药、出资购买书籍等，用自己配制和提炼的草药免费为周边县市的群众治疗各种疾病，群众亲切地称他为或"草药警察"或"许草药"。

许某因工作关系，下乡时遇到民间很多草药师傅，就虚心向他们学习。他第一个真正意义上的草药师傅是草原乡金谷村的闫某。那是在 1987 年下村了解治安工作时认识闫某的，老人家看到他对草药特别感兴趣而且为人谦虚诚恳，就将自己掌握的治疗良性肿瘤、恶性肿瘤早期等病症的治疗方法告诉了许某。25 年来许某先后拜访了近 20 名民间草药师傅为师。许某综合这些草药知识不断提炼和配制了一些在山区比较实用的治疗骨伤、扭伤、结石等方面的草药。这些药用到山区群众跌打损伤等各种病上，直到药到病除。

1991 年，当时民乡（后改名为草原乡）乡政府有一个叫李某的干部下村开展工作时不慎摔伤，尤其是腰部受伤严重，动弹不得，许某就用闫某传授的方法炮制的草药擦在他身上。想不到第二天李某居然能自己翻身了。再经过半个月的休养，又能下乡开展工作了。第一个病人的成功治愈让老许树立了信心。一直以来，许某坚持用自己配制的草药免费为辖区群众治疗骨伤、扭伤、结石的患者，连他也记不清有多少个。渐渐地，他这个"赤脚"医生开始出名了，邻近的湾寨乡、摆省乡、羊场镇的群众也不断找他看病。就连周边的花溪区、贵定县、惠水县也前来求医问药。不管是来自哪里，老许都免费送药坚决不收一分钱。十里八乡的群众都亲切地称他为"草药警察"或"许草药"。

案例五：黔东南州 187 名民间民族医生上岗行医

2000 年以前，因受政策限制，黔东南各地的民族医行医准入十分困难，许多中青年继承人和无证人员纷纷弃医从商，外出打工挣钱，导致各县民族医药人员得不到发展扩大。许多当地群众想找中医、民族医看病都很难。2005 年，黔东南州卫生局出台了扶持政策，举办全州民族医生培训班，经考试考核合格者，发"民族医执业医师证"和"培训上岗证"，作为"地方粮票"，允许在户籍所在地开设民族医疗机构。2005 年以来先后两批通过培训、考试、考核工作，为 187 名民间民族医生发放了行医资格证。2006 年，黔东南州政府召开首届黔东南州民族名医大会，为全州 100 名民间名医颁发了黔东南州民间名医证书。这些民间民族医生医德高尚，医术高明，经验丰富，特别是治疗常见病、多发病、疑难病疗效显著、治愈率高，在当地均有一定知名度。自从 2006 年开始，黔东南各县市民间民族医生热情高涨，在家的老民族医生纷纷动员外出打工或经商的继承人和学医者返回家乡重操行医旧业。

苗、侗族由于没有通用和普及文字，其医药文化都是靠口传脑记流传下来。苗侗民间医生的民族医药知识普遍以师传父授为主，或以苗谚歌诀为传播方式。这些苗侗民间医生虽然文化程度低，但都掌握一定的千百年流传下来的苗侗药秘方和民族医药疗法。据统计，这些民间医生掌握的病种约有 200 多种，涉及内、外、妇、儿、神经、精神、骨伤、皮肤、寄生虫及各种传染病、流行病。他们一般采取内治法和外治法治疗疾病，其外治法尤为丰富，并体现了浓郁的民族特色和治疗特点，如刮治法、滚蛋疗法、佩戴疗法、火针疗法、外敷疗法、热熨疗法、针挑疗法、外洗疗法等。例如，侗医张某为一位苗族女患者治疗的全过程。他分别使用了九星火针、瓦针、拔竹罐、散罐疗法、拉罐疗法、刺猬毛放血、刮痧、贴膏等 11 种方法综合治疗。这样的治疗，一次收费仅 30 元。这些民间民族医生医德良好，有广泛的群众基础，他们给人看病不分贵贱，收钱甚少，有的不见疗效不收钱。为当地民间医疗事业作出了特殊贡献。

五、政策建议

（一）增强民族医药知识的产权保护意识

贵州各少数民族地区均有大小、规模不等的民间中草药市场。主要特征有：第一，从交易对象看，多以鲜药交易为主，兼售饮片；第二，从交易品种看，覆盖各种类型的中草药，也包括野生红豆杉等珍稀树种；第三，从传统医生数量看，根据地域不同，药市交易规模从数十人到数百人不等；第四，从交易周期看，一般每周一次，或逢二、逢五赶场；第五，从交易特点看，民间自发，秩序井然，政府基本不干预（主要负责卫生管理）。其中，州政府所在地凯里市草药市场规模最大。该药市每周日进行，交易品种多样，以鲜药为主。在中草药的交易过程中，由于传统医生缺乏保密意识，存在信息流失可能。主要体现在：从卖方看，主要有三类药贩：一是通晓民族医药知识，有祖传秘方或一技之长、以行医为生的传统医生；二是对民族医药有所掌握、间或行医的传统医生；三是只能识别草药，对药效、药性、用法有了解，但不以行医为生的采药人。而从买方看，主要有三类：一是当地开办诊所的传统医生，以凯里市为主，多定期到药市购买；二是当地熟悉、信赖民间中草药并知晓用法的老百姓，多定期购买；三是不熟悉民间中草药但对其感兴趣的老百姓或其他人，一般需询问草药功能，多不定期购买。在上述买卖双方交易过程中，第三类卖主与第三类买主构成信息流失的可能性较高。第三类卖主虽不通药理，但经过长期耳濡目染，对何种药物能够治疗何种疾病比较熟悉，又因其以推销草药为生，交易中经常知无不言，言无不尽。虽然当前买方多以当地老百姓为主，但随着市场规模扩大，流动人口增多，民族传统医药信息流失可能性不断增加。

总体来说，大部分民族缺乏保护意识，少部分传统医生有保护意识，但是缺乏保护手段，主要体现在：直接使用鲜药/干药，药方流失可能性高。如黔东南地区，民间医生多使用鲜药；在离农村稍远的县城，则将鲜药变成干药治疗为多，黄平县杨秀林治疗胰腺炎时，用药直接使用干药，药方极易流失。对药物仅进行简单加工，药方流失可能性高。而简单加工的"成药"，很容易被人利用现代制药手段破解药方组成。另外合作开发中要求提供样品或原药材，药方流失的可能性也很高。上述情形均发生在日常医疗和合作开发的过程中，传统医生缺乏有效的自我保护手段，直接增加了传统医药知识被盗用的可能。

（二）建立特殊许可制度和审查制度

目前，科研机构或制药企业常以科研的名义，派遣信息调查员到少数民族社区，收集和记录单方、验方、秘方，如万胜药业。信息员主要有两种：一种是固定支付报酬的信息员；另一种是非固定信息员，按所采集药方的价值支付报酬。一些传统医生一方面正在开发自身掌握的验方，又四处拜师学艺，积累大量祖传秘方和民间验方，借此开发更多的商业化药品。例如，贵州省黔东南州苗山苗族药物制品有限公司总经理余黔林，自述从 8 岁开始四处拜师学艺，积累了大量祖传秘方与民间秘方，药方均来源于民间，疗效显著可靠。目前，该公司已开发出 20 多种苗药产品，获得多个食品和消毒产品的省级批文，并注册"苗由"商标。主要产品三种：苗岭乌蛇活络通经液（食药两用），苗岭活络去风液（一次性使用医疗用品），苗山除湿净肤液（一次性使用医疗用品）。

民族传统社区的"科学研究调查"为一般许可。外来人员进入传统社区调查传统知识（包括物种、基因、标本、药方、工艺等），应携带当地相关部门开出的许可证明，进入传统社区的调查人员应征得村民委员会及当事人的同意。采集的过程和采集的结果除向传统社区展示外，应该回到基层政府的关联部门进行备案登记。把科学研究调查列为一般许可，一是考虑到科学调研是比较普遍的活动，其活动目的相对明确以及大多数活动是有组织的活动；二是考虑到该活动的对象人群主要是省内高校、科研单位等非营利性质团体的专业科研人士，科学研究调查的目的大部分是教学、研究之用。

（三）完善民族医药知识申报和审查制度

关于药监环节导致的传统医药知识流失的问题，主要体现在：第一，申请人申报新药时，药监部门对申请的新药是否侵权不作实质审查。第二，尽管药监部门可以凭借法院或专利行政机关有关药品侵权的判决或裁定来依法撤销新药的注册，但当地的药监部门反映这种事后的补救对相关权利人的保护力度不足，因为这种侵权的诉讼或申诉的成本较高，且由于上述对"雷同"性质的把握不够准确，常常会面临败诉的风险。第三，由于上述"雷同"的判定存在不确定因素，因此在药监环节过早地提供传统医药的处方，很容易被他人改头换面地加以变换，造成"流失"的问题。第四，目前药品管理法中有关药品的临床前研究的规定，实际上是让已经过多年民间临床验证的传统医药返回到偏离直接验证目标更远的动物试验，该环节可能造成加速传统医药"流失"的后果。

关于专利环节流失，主要体现在：专利信息公开后会引发一系列情况。这种现象的产生主要归结于当事人对专利制度的不了解或者不善于利用，但从民族传统医药持有者、研发者、药厂、政府机关（含科技、知识产权、药监等部门）等各环节较为一致的反馈来看，专利环节引起的流失值得高度重视。包括：同样是民族传统医药，他人在专利基础上稍作加减，再申请新药或申请新专利，导致权利丧失。或为以剂型改造为主的新药申请者做嫁装。与此同时，专利信息公开后，也为西方研究机构提取化合物分子式提供生物海盗路线图。而民族地区单方、验方很多，如果把单方信息拿走研究出新药，对民族医药损失非常大，如辉瑞公司就在网上征集药方。

（四）建立民族医药知识的市场交换平台

模式一是采取在与开发方签订开发合同时，政府介入进行证据保全的方式。模式二是采取政府提供民族传统医药交易平台、作为公信机关介入的方式，保护民族传统医药知识。

总体上看，在民族传统医药的产业链上，对于开发民族民间秘方，传统医药知识的持有者（传统医生）、研发机构（研究所、研发中介）、生产厂商（药厂），都具有较强烈的开发意愿。

大多数传统医生表示愿在一定前提下对药方进行合作开发，使祖传秘方发扬光大，造福百姓，甚至部分传统医生表示愿无偿献方给国家开发。其中，模式一的主要功能是：通过成立民族传统医药信息平台，以公示形式将相关信息公开，促进民族医药的转化。该模式为民间自发形成的保护模式。模式二是采取政府提供传统医药交易平台、作为公信机关介入的方式保护传统医药。它是模式一的进一步发展。主要功能是：通过成立传统医药信息平台，以公示形式将相关信息公开，促进传统医药转化。具体步骤：第一，采取传统医药免费登记制度。第二，进行疗效验证，对药方进行筛选。登记制度是疗效验证步骤的前提。登记条件：建议开展毒理实验，但实验结果不影响登记；或者要求毒理实验，但不强制通过。登记信息选择：平台应当选择一些疑难病症，如癌症、甲亢等疑难病症。如果公布太多就没有意义了（如果不做毒性实验等，可能成为发布虚假广告的平台）。信息发布：第一，公布信息应当有简介：该药方能治疗什么病。第二，不涉及药方本身。筛选方式：可以进行一些筛选，通过初步疗效验证做初步筛选。初步疗效验证：在完成毒性实验前提下，直接找病人医治，或通过寻访病人了解。相关责任：平台应与 TMK 持有人签订协议，如果流失，平台要承担责任。公开条件：可由传统医药研发方要求平台公开，它是市场运作的结果，但平台应保障权益分享。权益归属：如申请专利，可由平台申请专利，我（传统医药持有人）不要了。权益可以归平台所有，也可以归研发方所有。

执笔人：李发耀　蒙祥忠
贵州大学